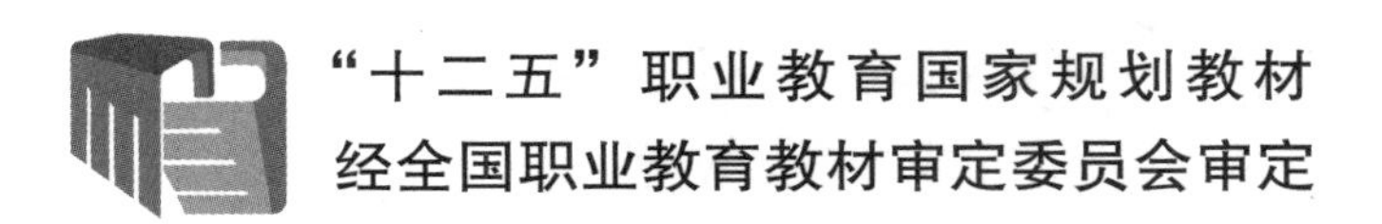

数据库应用基础

（Access 2010）

魏茂林　主　编

電子工業出版社
Publishing House of Electronics Industry
北京 · BEIJING

内 容 简 介

本书根据教育部颁发的《中等职业学校专业教学标准（试行）信息技术类（第一辑）》中的相关教学内容和要求编写而成。

本书主要讲述了 Access 2010 数据库基础知识、数据库的创建、数据查询、数据访问、数据报表、数据管理等内容。全书共分 8 章，由浅入深地对 Access 2010 进行了详细的讲解，主要内容包括 Access 数据库设计、表的操作、数据查询、窗体设计、报表设计、宏的设计、数据库维护与管理、数据库应用实例等。本书注重实践，只要按照任务要求去做就可以掌握 Access 的基本知识和基本操作。每个章节给出了都思考与练习，章后给出了习题，有利于初学者比较系统地学习 Access 2010 数据库知识，提高数据库的应用能力。

本书可作为计算机应用专业的核心教材，也可作为中等职业学校计算机应用专业的教材，还可以作为对数据库有需求的人员的自学教材。

本书配有教学指南、电子教案和案例素材，详见前言。

图书在版编目（CIP）数据

数据库应用基础. Access 2010 / 魏茂林主编. —北京：电子工业出版社，2016.3

ISBN 978-7-121-24953-2

Ⅰ. ①数… Ⅱ. ①魏… Ⅲ. ①关系数据库系统—中等专业学校—教材 Ⅳ. ①TP311.138

中国版本图书馆 CIP 数据核字（2014）第 275688 号

策划编辑：柴　灿
责任编辑：郝黎明
印　　刷：涿州市京南印刷厂
装　　订：涿州市京南印刷厂
出版发行：电子工业出版社
　　　　　北京市海淀区万寿路 173 信箱　邮编　100036
开　　本：787×1 092　1/16　印张：13.5　字数：345.6 千字
版　　次：2016 年 3 月第 1 版
印　　次：2024 年 9 月第 18 次印刷
定　　价：29.80 元

凡所购买电子工业出版社图书有缺损问题，请向购买书店调换。若书店售缺，请与本社发行部联系，联系及邮购电话：（010）88254888，88258888。

质量投诉请发邮件至 zlts@phei.com.cn，盗版侵权举报请发邮件至 dbqq@phei.com.cn。

本书咨询联系方式：（010）88254617，luomn@phei.com.cn。

编审委员会名单

序 | PROLOGUE

当今是一个信息技术主宰的时代，以计算机应用为核心的信息技术已经渗透到人类活动的各个领域，彻底改变着人类传统的生产、工作、学习、交往、生活和思维方式。和语言和数学等能力一样，信息技术应用能力也已成为人们必须掌握的、最为重要的基本能力。职业教育作为国民教育体系和人力资源开发的重要组成部分，信息技术应用能力和计算机相关专业领域专项应用能力的培养，始终是职业教育培养多样化人才，传承技术技能，促进就业创业的重要载体和主要内容。

信息技术的发展，特别是数字媒体、互联网、移动通信等技术的普及应用，使信息技术的应用形态和领域都发生了重大的变化。第一，计算机技术的使用扩展至前所未有的程度，桌面电脑和移动终端（智能手机、平板电脑等）的普及，网络和移动通信技术的发展，使信息的获取、呈现与处理无处不在，人类社会生产、生活的诸多领域已无法脱离信息技术的支持而独立进行。第二，信息媒体处理的数字化衍生出新的信息技术应用领域，如数字影像、计算机平面设计、计算机动漫游戏、虚拟现实等；第三，信息技术与其他业务的应用有机地结合，如与商业、金融、交通、物流、加工制造、工业设计、广告传媒、影视娱乐等结合，形成了一些独立的生态体系，综合信息处理、数据分析、智能控制、媒体创意、网络传播等日益成为当前信息技术的主要应用领域，并诞生了云计算、物联网、大数据、3D 打印等指引未来信息技术应用的发展方向。

信息技术的不断推陈出新及应用领域的综合化和普及化，直接影响着技术、技能型人才的信息技术能力的培养定位，并引领着职业教育领域信息技术或计算机相关专业与课程改革、配套教材的建设，使之不断推陈出新、与时俱进。

2009 年，教育部颁布了《中等职业学校计算机应用基础大纲》，2014 年，教育部在 2010 年新修订的专业目录基础上，相继颁布了“计算机应用、数字媒体技术应用、计算机平面设计、计算机动漫与游戏制作、计算机网络技术、网站建设与管理、软件与信息服务、客户信息服务、计算机速录”等 9 个信息技术类相关专业的教学标准，确定了教学实施及核心课程内容的指导意见。本套教材就是以此为依据，结合当前最新的信息技术发展趋势和企业应用案例组织开发和编写的。

本套系列教材的主要特色

- **对计算机专业类相关课程的教学内容进行重新整合**

本套教材面向学生的基础应用能力，设定了系统操作、文档编辑、网络使用、数据分析、媒体处理、信息交互、外设与移动设备应用、系统维护维修、综合业务运用等内容；针对专业应用能力，根据专业和职业能力方向的不同，结合企业的具体应用业务规划了教材内容。

- **以岗位工作过程来确定学习任务和目标，综合提升学生的专业能力、过程能力和职位差异能力**

本套教材通过工作过程为导向的教学模式和模块化的知识能力整合结构，体现产业需求与专业设置、职业标准与课程内容、生产过程与教学过程、职业资格证书与学历证书、终身学习与职业教育的“五对接”。从学习目标到内容的设计上，本套教材不再仅仅是专业理论内容的复制，而是经由职业岗位实践——工作过程与岗位能力分析——技能知识学习应用内化的学习实训导引和案例。借助知识的重组与技能的强化，达到企业岗位情境和教学内容要求相贯通的课程融合目标。

- **以项目教学和任务案例实训作为主线**

本套教材通过项目教学，构建了工作业务的完整流程和岗位能力需求体系。项目的确定应遵循三个基本目标：核心能力的熟练程度，技术更新与延伸的再学习能力，不同业务情境应用的适应性。教材借助以校企合作为基础的实训任务，以应用能力为核心、以案例为线索，通过设立情境、任务解析、引导示范、基础练习、难点解析与知识延伸、能力提升训练和总结评价等环节引领学者在任务的完成过程中积累技能、学习知识，并迁移到不同业务情境的任务解决过程中，使学者在未来可以从容面对不同应用场景的工作岗位。

当前，全国职业教育领域都在深入贯彻全国工作会议精神，学习领会中央领导对职业教育的重要批示，全力加快推进现代职业教育。国务院出台的《加快发展现代职业教育的决定》明确提出要“形成适应发展需求、产教深度融合、中职高职衔接、职业教育与普通教育相互沟通，体现终身教育理念，具有中国特色、世界水平的现代职业教育体系”。现代职业教育体系的建立将带来人才培养模式、教育教学方式和办学体制机制的巨大变革，这无疑给职业院校信息技术应用人才培养提出了新的目标。计算机类相关专业的教学必须要适应改革，始终把握技术发展和技术技能人才培养的最新动向，坚持产教融合、校企合作、工学结合、知行合一，为培养出更多适应产业升级转型和经济发展的高素质职业人才做出更大贡献！

2014 年 11 月于大连

前言 | PREFACE

为建立健全教育质量保障体系，提高职业教育质量，教育部于 2014 年颁布了中等职业学校专业教学标准（以下简称专业教学标准）。专业教学标准是指导和管理中等职业学校教学工作的主要依据，是保证教育教学质量和人才培养规格的纲领性教学文件。在“教育部办公厅关于公布首批《中等职业学校专业教学标准（试行）》目录的通知”（教职成厅[2014]11 号文）中，强调“专业教学标准是开展专业教学的基本文件，是明确培养目标和规格、组织实施教学、规范教学管理、加强专业建设、开发教材和学习资源的基本依据，是评估教育教学质量的主要标尺，同时也是社会用人单位选用中等职业学校毕业生的重要参考。”计算机应用专业的职业范围如下表所示。

本书特色

本书根据教育部颁发的《中等职业学校专业教学标准（试行）信息技术类（第一辑）》中的相关教学内容和要求编写而成。

本书主要讲述 Access 2010 数据库基础知识、表的操作和数据库应用，以提高学生对 Access 数据库的操作技能和应用能力。全书共分 8 章，主要内容包括创建 Access 2010 数据库和表、表的基本操作、数据查询、窗体设计、报表设计、宏的设计、数据库维护管理、学生成绩管理应用实例等。以鲜明的结构“任务—任务分析—任务操作”组织内容，任务要求明确，分析简明扼要，操作步骤具体详实。全书最后对前面章节的内容进行了整合，形成了一个完整的学生成绩数据库应用管理系统实例。

本书在编写过程中始终围绕学生成绩管理这个典型的事例进行讲解，每章给出了学习目标，章节中以任务方式引领，对任务进行分析，抓住重点，给出具体的操作步骤，降低了数据库操作的难度。任务的选取以易于学生理解、可操作性为原则，对于完成同一操作中的多种方法、操作技巧或注意事项等，给出了必要的“提示”；与本节内容相关的知识，给出了“相关知识”，便于学生自学或在教师引领下学习，以拓展知识，培养兴趣；每节后给出了与本节内容相关的“思考与练习”，进一步巩固本节所学的内容；每章给出了大量的练习题，其中操作题围绕图书订购数据库进行操作，可以更好地了解数据库操作过程和方法，有利于学生比较系统地学习 Access 数据库知识，提高数据库的应用能力。在编写本书过程中，编者考虑到中等职业学校学生的知识储备和认知能力，没有介绍 Access 模块内容，但并不影响 Access 数据库的学习，降低了学习的难度。

本书作者

本书由魏茂林等主编，其中，青岛高新职业学校李伟军编写了第 1 章和第 2 章，魏茂林编写了其余章节，在编写过程中编者得到了周美娟、姜玉红、韩健、周莉莉、顾巍、周庆华、孙效彬、张飙、侯衍铭等老师的大力支持。由于编者水平有限，错误之处在所难免，望广大师生提出宝贵意见。

教学资源

为了提高学习效率和教学效果，方便教师教学，编者为本书配备了包括电子教案、教学指南、素材文件、微课，以及习题参考答案等在内配套的教学资源。请有此需要的读者登录华信教育资源网（http://www.hxedu.com.cn）进行免费注册后下载，有问题时可在网站留言板留言或与电子工业出版社联系（E-mail:hxedu@phei.com.cn）。

编　者

CONTENTS | 目录

第 1 章　创建 Access 数据库 …… 1

1.1　创建 Access 2010 数据库 …… 1
1.1.1　认识 Access 2010 窗口 …… 1
1.1.2　创建数据库 …… 3
1.2　创建表 …… 7
1.2.1　使用数据表视图创建表 …… 7
1.2.2　使用设计视图创建表 …… 10
1.3　输入记录 …… 14
1.4　修改表结构 …… 18
习题 1 …… 20

第 2 章　表的属性设置与操作 …… 23

2.1　设置字段属性 …… 23
2.1.1　设置字段格式 …… 23
2.1.2　设置字段有效性规则 …… 26
2.1.3　设置输入掩码 …… 29
2.2　设置主键 …… 32
2.2.1　设置单字段主键 …… 32
2.2.2　设置多字段主键 …… 33
2.3　创建值列表字段和查阅字段 …… 34
2.3.1　创建值列表字段 …… 34
2.3.2　创建查阅字段 …… 37
2.4　记录排序 …… 39
2.4.1　单字段排序 …… 39
2.4.2　多字段排序 …… 40
2.5　筛选记录 …… 41
2.5.1　按窗体筛选记录 …… 41
2.5.2　高级筛选记录 …… 43
2.6　创建索引 …… 45

2.6.1 创建单字段索引……45
2.6.2 创建多字段索引……46
2.7 表间关系……47
2.7.1 定义表间关系……47
2.7.2 设置联接类型……50
2.7.3 编辑关系……52
习题 2……53

第 3 章 数据查询……55

3.1 使用向导创建查询……55
3.1.1 使用简单查询向导创建查询……56
3.1.2 使用交叉表查询向导创建查询……58
3.2 创建选择查询……61
3.3 设置查询条件……66
3.3.1 使用查询条件……66
3.3.2 查询中汇总的应用……72
3.4 创建参数查询……76
3.4.1 创建单个参数查询……76
3.4.2 创建多个参数查询……77
3.5 操作查询……78
3.5.1 生成表查询……79
3.5.2 更新查询……80
3.5.3 追加查询……81
3.5.4 删除查询……82
3.6 SQL 语句……83
3.6.1 简单查询……83
3.6.2 条件查询……86
3.6.3 查询排序……88
3.6.4 查询分组……89
习题 3……90

第 4 章 窗体设计……93

4.1 创建窗体……93
4.1.1 自动创建窗体……93
4.1.2 使用窗体向导创建窗体……96
4.2 使用窗体设计视图创建窗体……100
4.2.1 使用空白窗体创建窗体……100
4.2.2 修改窗体……102
4.3 窗体属性设置……105
4.4 美化窗体……108

4.5 标签和文本框控件 ……110
4.5.1 标签控件 ……110
4.5.2 文本框控件 ……111
4.6 组合框和命令按钮控件 ……115
4.6.1 组合框控件 ……115
4.6.2 命令按钮控件 ……117
4.7 选项按钮、选项组按钮和选项卡控件 ……120
4.7.1 选项按钮控件 ……121
4.7.2 选项组按钮控件 ……121
4.7.3 选项卡控件 ……123
4.8 绑定对象框和图像控件 ……126
4.9 创建子窗体 ……128
习题 4 ……131

第 5 章 报表设计 ……134

5.1 创建报表 ……134
5.1.1 使用报表工具创建报表 ……135
5.1.2 使用向导创建报表 ……135
5.2 使用报表设计视图创建报表 ……139
5.3 美化报表 ……142
5.4 报表排序和分组 ……144
5.4.1 报表记录排序 ……144
5.4.2 报表记录分组 ……145
5.5 报表数据汇总 ……147
5.6 创建子报表 ……149
5.7 打印报表及页面设置 ……152
5.7.1 页面设置 ……152
5.7.2 打印报表 ……153
习题 5 ……153

第 6 章 宏的设计 ……158

6.1 宏的创建 ……158
6.1.1 创建宏 ……159
6.1.2 编辑宏 ……161
6.2 运行宏 ……163
6.3 创建条件宏和宏组 ……167
6.3.1 创建条件宏 ……167
6.3.2 创建宏组 ……169
6.4 定义宏键 ……172
习题 6 ……174

第 7 章　数据库维护管理 …… 176
7.1　数据导入和导出 …… 176
7.1.1　数据导入 …… 176
7.1.2　数据导出 …… 179
7.2　数据库性能分析 …… 181
7.2.1　表优化分析 …… 181
7.2.2　数据库性能分析 …… 183
7.2.3　文档管理器 …… 184
7.3　压缩和修复数据库 …… 186
习题 7 …… 186
第 8 章　成绩管理系统实例 …… 188
8.1　数据库需求分析 …… 188
8.2　功能模块设计 …… 189
8.2.1　主控面板窗体设计 …… 189
8.2.2　数据管理窗体设计 …… 191
8.2.3　数据查询窗体设计 …… 194
8.2.4　报表打印设计 …… 196
8.3　菜单设计 …… 198
8.4　启动项设置 …… 200
习题 8 …… 201

创建 Access 数据库

学习目标

- 了解数据库的基本概念
- 了解 Access 2010 数据库对象
- 能创建 Access 2010 数据库
- 能创建数据表
- 能修改表结构

在信息技术飞快发展的今天，人们每天都要与大量的数据打交道，数据管理由初期的数据存储和应用，而转变为对所需要的各种数据的管理和控制，以数据为中心组织数据，形成综合性数据库，为各应用共享，同时确保数据的独立性、安全性、完整性及并发控制。本书主要学习 Access 2010 数据库管理系统的应用。

1.1 创建 Access 2010 数据库

Access 2010 是 Microsoft Office 2010 套件产品之一，是基于 Windows 的小型桌面关系数据库管理系统，提供了表、查询、窗体、报表、宏、模块等数据库系统对象，使得普通用户不必编写代码，就可以完成大部分数据管理的任务。

1.1.1 认识 Access 2010 窗口

任务 1.1 启动 Access 2010，了解其窗口的组成。

任务分析

本任务通过启动 Access 2010，了解其窗口的组成，便于进行后续数据库操作的学习。

任务操作

（1）启动 Access 2010。当计算机安装 Access 2010 组件后，即可启动 Access 2010。启动 Access 2010 的方法很多，常用的方法是选择“开始”→“所有程序”→“Microsoft Office”→“Microsoft Access 2010”选项，启动 Access 2010，打开 Access 2010 窗口，如图 1-1 所示。

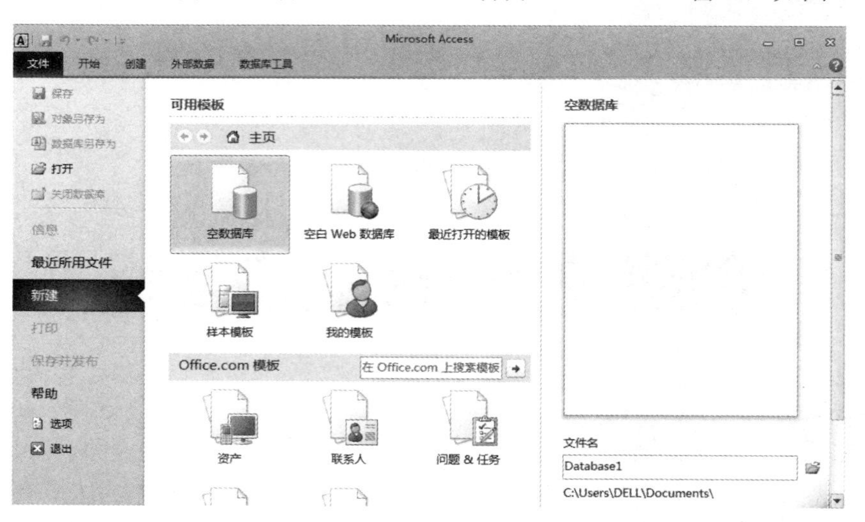

图 1-1　Access 2010 窗口

该窗口默认包含“文件”、“开始”、“创建”、“外部数据”及“数据库工具”选项卡。在“文件”选项卡中可以创建一个新的空白数据库，通过模板创建数据库或者打开最近的数据库；也可以在 Office.com 上搜索 Access 2010 数据库模板。

（2）退出 Access 2010。退出 Access 2010 的方法也有很多，常用的方法有以下两种。

① 通过单击“文件”选项卡中的“退出”按钮退出 Access 2010。

② 通过单击 Access 2010 窗口右上角的“关闭”按钮，可以快速退出 Access 2010。

相关知识

数据库基本概念

数据、数据库、数据库管理系统和数据库系统是数据库的基本概念，下面就来介绍这些概念的含义。

1．数据

数据是数据库中存储的基本对象。提到数据，人们头脑中的第一个反应就是数字。其实数字只是最简单的一种数据，是数据的一种传统和狭义的理解。广义的理解，数据的种类很多，包括文字、图形、图像、声音、学生成绩、商品营销情况等。

信息是以数据为载体，对客观世界实际存在的事物、事件和概念的抽象反映。具体来说，信息是一种被加工为特定形式的数据，是通过人的感官或各种仪器仪表和传感器等感知出来并经过加工而形成的反映现实世界中事物的数据。

数据处理是指对各种类型的数据进行收集、存储、分类、计算、加工、检索和传输的过程。

数据处理的目的就是根据人们的需要，从大量的数据中抽取出对于特定的人们来说有意义、有价值的数据，借以作为决策和行动的依据。数据处理通常也称为信息处理。

2．数据库

数据库（Database，DB）是指长期存储在计算机内的、有组织的、可共享的数据集合。数据库中的数据按一定的数据模型组织、描述和存储，具有较小的冗余度、较高的数据独立性和易扩展性，并可以被各种用户共享。

在 Access 数据库系统中，数据以表的形式保存。一个实际应用的数据库不反包含数据，还包含其他对象，这些对象通常由数据表派生出来，表现为数据检索的规则、数据排列的方式、数据表之间的关系以及数据库应用程序等，Access 的数据库中就存在查询、报表、窗体等对象。

3．数据库管理系统

数据库管理系统（Database Management System，DBMS）是一种操纵和管理数据库的软件系统，用于建立、使用和维护数据库。它对数据库进行统一的管理和控制，以保证数据库的安全性和完整性。用户通过 DBMS 访问数据库中的数据，数据库管理员也通过 DBMS 进行数据库的维护。它提供多种功能，可使多个应用程序和用户以不同的方法在同一时刻或不同时刻建立、修改和询问数据库。其主要功能包括数据定义、数据操纵、数据库运行管理、数据库的建立和维护等。

数据库管理系统是对数据进行管理的系统软件，用户在数据库系统中所做的一切操作，包括数据定义、查询、更新及各种控制，都是通过 DBMS 进行的，常见的 Oracle、Sybase、SQL Server、Access 等都属于 DBMS 的范畴。

4．数据库系统

数据库系统（Database System，DBS）是指引进数据库技术后的计算机系统，一般由数据库、支持数据库系统的操作系统、数据库管理系统及其开发工具、数据库应用软件、数据库管理员（Database Administrator，DBA）和用户组成，它们之间的关系如图 1-2 所示。应当指出的是，数据库的建立、使用和维护等工作只靠一个 DBMS 远远不够，还要有专门的人员来完成，这些人被称为数据库管理员。

近年来分布式数据库系统、面向对象的数据库管理系统、多媒体数据库等得到了不断发展和应用。

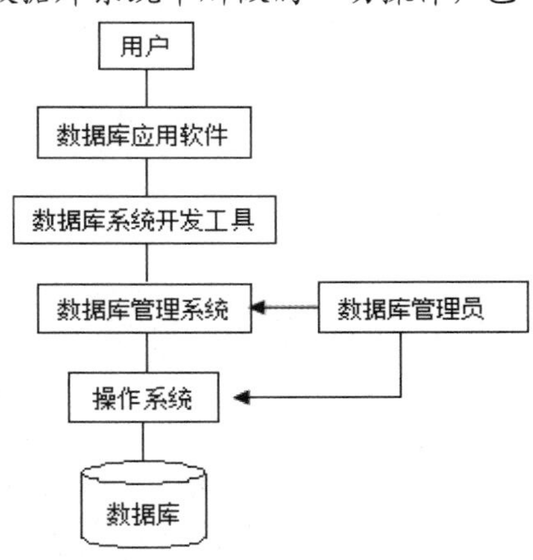

图 1-2 数据库系统

1.1.2 创建数据库

在 Access 2010 中创建数据库常用的方法有两种：一种方法是创建空数据库，然后向该数据库添加表、查询、窗体、报表等对象；另一种方法是使用模板创建数据库，这种方法可以根据模板快速创建数据库，其中包含执行特定任务时所需的所有表、窗体和报表等。

任务 1.2 使用“罗斯文”模板创建一个数据库。

任务分析

Access 2010 提供了许多数据库模板，包括“可用模板”和通过连接网络在 Office.com 中查找获得的模板。使用数据库模板可以使创建更加快捷、科学。

任务操作

（1）启动 Access 2010，单击“文件”选项卡中的“新建”按钮，在中间窗格“可用模板”列表框中单击“样本模板”按钮，弹出样本模板，如图 1-3 所示。

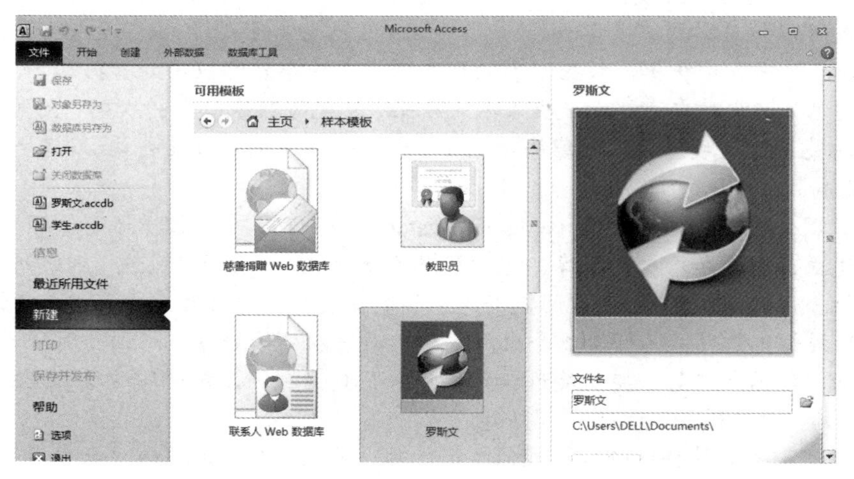

图 1-3　样本模板

（2）选择“罗斯文”模板，在右侧窗格中显示该模板的预览图，然后在“文件名”文本框中输入新数据库名，如“罗斯文”，并选择文件保存位置，最后单击“创建”按钮，创建新的数据库，如图 1-4 所示。

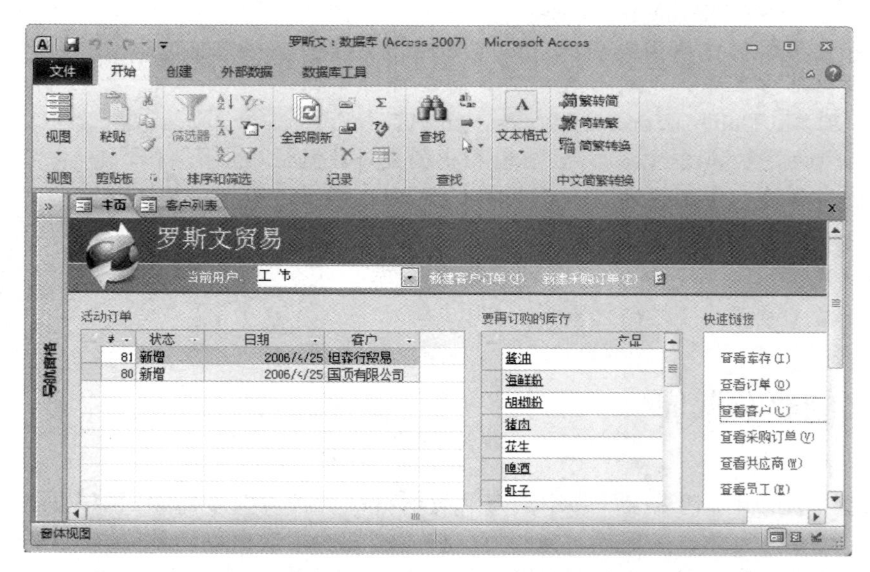

图 1-4　“罗斯文”数据库

通过窗口右侧的各个链接，了解该数据库中的表、查询、报表的构成等。例如，单击“查看员工”链接，打开“员工列表”报表，查看员工数据字段的构成，如图 1-5 所示。

图 1-5　“员工列表”报表

任务 1.3 学校要对学生学习成绩进行管理，要求创建一个名为“成绩管理”的 Access 数据库，用来存储学生的基本信息和考试成绩等。

任务分析

创建“成绩管理”空白数据库，然后向该数据库中添加所需要的学生基本信息表、考试成绩表等。

任务操作

（1）启动 Access 2010，单击“文件”选项卡“新建”选项组中的“空数据库”按钮。

（2）在窗口右侧的“空数据库”窗格的“文件名”文本框中，选择文件夹，并键入文件名，如“成绩管理”。

（3）单击“创建”按钮，Access 自动创建“成绩管理”数据库，并在数据表视图中打开一个名为“表 1”的空表，如图 1-6 所示。

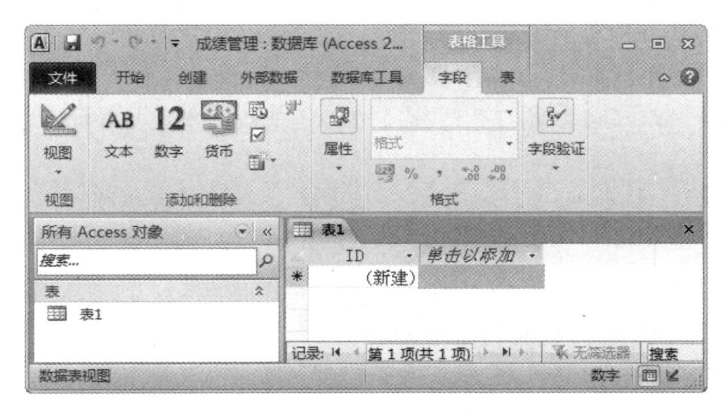

图 1-6　空数据表视图

上述创建的是一个空白数据库，数据库文件的扩展名为.accdb，该数据库未包含任何对象，用户可根据需要添加表、查询、窗体等对象。

提示

设置 Access 2010 默认的数据库读取文件夹，单击“文件”选项卡中的“选项”按钮，在弹出的“Access 选项”对话框的“常规”选项卡中，更改“默认数据库文件夹”路径，如图 1-7 所示。

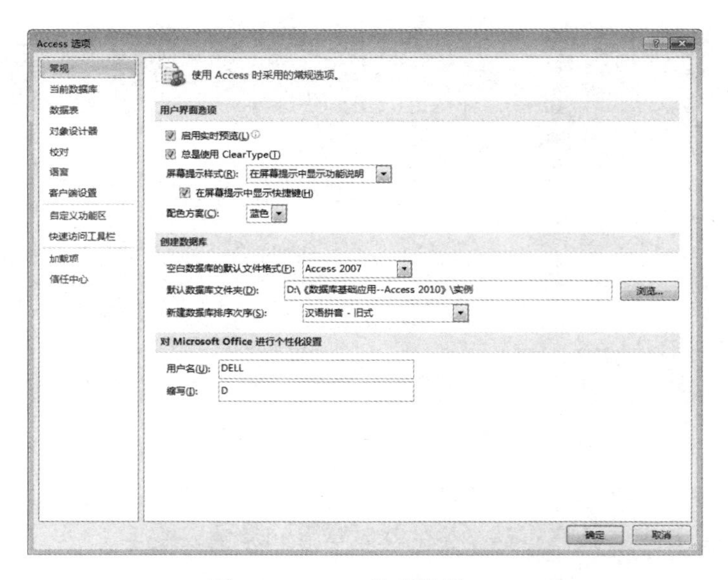

图 1-7　Access 选项设置

保存设置后，在创建或打开数据库时，在设置的默认文件夹中进行操作即可。

相关知识

数据库打开与关闭

1．打开数据库

如果要打开最近使用的数据库，可单击“文件”选项卡中的“打开”按钮，在弹出的“打开”对话框中打开存放数据库文件的文件夹，选择要打开的数据库文件，如选择“罗斯文”数据库，单击“打开”按钮即可打开数据库。

（1）以只读方式打开数据库。如果以只读方式打开数据库文件，则在“打开”对话框的“打开”下拉列表中选择“以只读方式打开”选项即可。以只读方式打开的数据库，只能进行只读访问，以便查看数据，但不能编辑数据。

也可以以独占方式打开数据库，如果有人试图再次打开该数据库，则将给出“文件已在使用中”的消息提示。

（2）同时打开多个数据库。启动一次 Access 2010，只能打开一个数据库。如果需打开第二个数据库，则第一个数据库要关闭。如果要打开多个数据库，则可以在不退出 Access 2010 的基础上，再启动一次 Access 2010，打开第二个数据库。

2．保存数据库

数据库创建完成后，可以向数据库中添加数据库对象，并且执行数据的编辑操作，以对文件进行及时保护，这样可以避免因意外而造成的数据丢失，方法是单击“文件”选项卡中的“保存”按钮。

3．关闭数据库

单击“文件”选项卡中的“关闭数据库”按钮，即可将数据库关闭。

思考与练习

1. 讨论并了解学校学生成绩管理流程，确定成绩管理需要的数据。
2. 使用“样本模板”创建一个“学生”数据库，查看学生常规详细信息所包含的列。

1.2 创建表

要实现对学生成绩的管理，在建立“成绩管理”数据库后，还要在该数据库中建立表，以便将数据输入到相应的表中。表可以通过数据表视图、设计视图、表模板及外部数据来创建。

1.2.1 使用数据表视图创建表

任务 1.4 学校有一批教师任教课程的表格，在“成绩管理”数据库中创建“教师”表来保存这些数据，如图 1-8 所示。

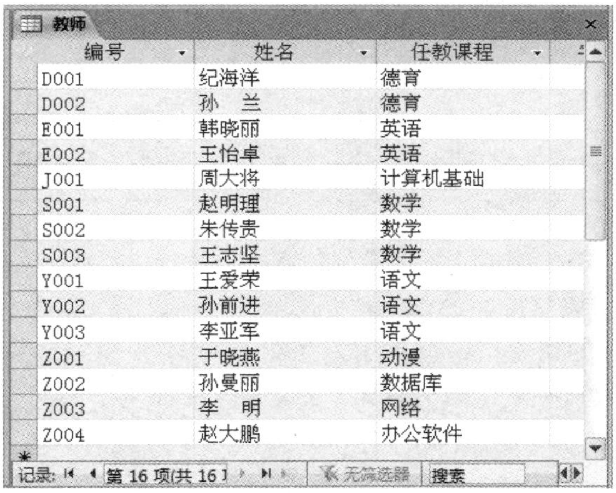

教师

编号	姓名	任教课程
D001	纪海洋	德育
D002	孙　兰	德育
E001	韩晓丽	英语
E002	王怡卓	英语
J001	周大将	计算机基础
S001	赵明理	数学
S002	朱传贵	数学
S003	王志坚	数学
Y001	王爱荣	语文
Y002	孙前进	语文
Y003	李亚军	语文
Z001	于晓燕	动漫
Z002	孙曼丽	数据库
Z003	李　明	网络
Z004	赵大鹏	办公软件

记录: 第 16 项(共 16 项) 无筛选器 搜索

图 1-8　“教师”表记录

任务分析

在数据表视图中通过直接输入数据的方法来创建表，只需在表中添加字段、更改字段名称、输入相关数据即可。

任务操作

（1）启动 Access 2010，打开“成绩管理”数据库。

（2）单击“创建”选项卡“表”选项组中的“表”按钮，在数据库中新建一个表，并在数据表视图中打开，如图 1-9 所示。

图 1-9　新建表视图

（3）双击字段名 ID，此单元格变为可编辑状态，输入“编号”，按 Enter 键或向右方向键，在弹出的字段列表中选择一种数据类型，如“文本”；或在“字段”选项卡的“格式”选项组中将“数据类型”设置为“文本”，然后系统自动添加“字段 1”，如图 1-10 所示。

图 1-10　添加的“字段 1”

提示

表中的“ID”是系统默认的自动编号类型的字段，用来设置主键。

（4）重复上述操作，将“字段 1”字段名修改为“姓名”，数据类型为“文本”，系统会再次自动添加“字段 1”，将该字段名修改为“任教课程”，数据类型为“文本”。

（5）在“编号”下面的单元格中输入第 1 条记录的编号“D001”，在“姓名”下面的单元格中输入第 1 条记录的教师姓名“纪海洋”，在“任教课程”下面的单元格中输入第 1 条记录的任教课程名“德育”，如图 1-11 所示。

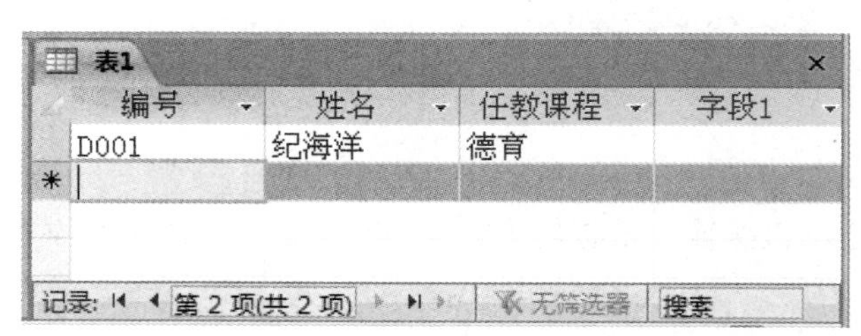

图 1-11　输入第 1 条记录

（6）单击下一行或按向下方向键移到下一行，依次输入图 1-8 中的其他记录。

（7）单击快速访问工具栏中的“保存”按钮，在弹出的“另存为”对话框中，键入要保存的表名称为“教师”，单击“确定”按钮。

在数据表中输入数据后，Access 将根据输入的数据为每个字段指定适当的数据类型和属性值。如果需要更改数据类型或属性值，则可在设计视图中进行修改。

相关知识

数据库设计过程

以“成绩管理”数据库为例，其设计过程可以分为以下步骤。

（1）确定数据库的用途。这是创建数据库的首要工作。最好将数据库的用途记录在纸上，包括数据库的用途、预期使用方式及使用者。对于一个小型数据库，可以记录信息列表等简单内容。如果数据库比较复杂或者有很多人使用，则可将数据库的用途简单地分为一段或多段描述性内容，且应包含每个人将在何时及以何种方式使用数据库。这种做法的目的是获得一个良好的任务说明，作为整个设计过程的参考。

（2）查找和组织所需的信息。收集可能希望在数据库中记录的各种信息。例如，学校登记学生个人的基本信息，每个班级每学期开设的课程，每次考试后汇总这次考试各门课程的成绩等。收集这些文档，并列出所显示的每种信息，以及可能希望从数据库中生成的报表等。例如，可以按班级来生成班级总成绩表，或按科目来生成课程考试成绩表，或生成每个学生 3 年来的总成绩表等。

（3）将信息划分到表中。将信息项划分到主要的实体或主题中，如“学生”表或“成绩”表。每个主题即构成一个表。数据库有如下典型的组织方式。

① 在一个数据库文件中只有一个表。如果只想记录单一种类的数据，则可以使用单一的表。

② 在一个数据库文件中有多个表。如果数据比较复杂，如学生、成绩、教师、课程等，则可以使用多个表。

③ 在多个数据库文件中有多个表。如果想在多个不同的数据库中共享相同的数据，则可以使用多个数据库文件。例如，在学籍数据库、成绩数据库、图书借阅数据库中会用到学生基本信息，可以将学生基本信息单独存储在一个数据库文件中。

设计数据库时，每个事实应尽可能仅记录一次。如果发现在多个位置重复出现相同的信息（如学生的考试成绩），则可将该信息放入单独的表中。

选择了用表来表示的主题后，该表中的列就应仅存储有关该主题的事实。例如，“学生”表只存储每个学生的基本信息，“成绩”表只存储每个学生的考试成绩，“课程”表只存储每门课程的信息。

（4）确定每个表所需的字段。确定希望在每个表中存储哪些信息，应该创建独立的字段，并作为列显示在表中，方便以后生成报表。例如，“学生”表中包含“学号”、“姓名”、“性别”、“出生日期”等字段。在确定表中字段时，应遵循下列规律。

① 不要包含已计算的数据。大多数情况下，不应在表中存储计算结果。当希望查看相应结果时，可以让 Access 执行计算。例如，如果报表中要显示每门课程的不及格学生的分类汇总名单，则可以在每次打印报表时计算相应的分类汇总，而分类汇总本身不应存储在表中。

② 将信息按照其最小的逻辑单元进行存储。如果将一种以上信息存储在一个字段中，则以后要检索单个记录就会很困难。这时可以将信息拆分为多个逻辑单元，例如，为课程名和教师姓名创建单独的字段。

（5）指定主键。每个表应包含一个列或一组列，用于对存储在该表中的每条记录进行唯一标识，这通常是一个唯一的标识号。例如，“学生”表中的“学号”字段。在数据库术语中，此信息称为表的主键。Access 使用主键字段将多个表中的数据关联起来，从而将数据组合在一起。

如果已经为表指定了唯一标识符，则可以使用该标识符作为表的主键，但仅当此列的值对每条记录而言始终不同时才可以。主键中不能有重复的值。例如，不要使用人名作为主键，因为姓名不是唯一的，很容易在同一个表中出现两个同名的人。

主键必须始终具有值。如果某列的值可以在某个时间变成未分配或未知（缺少值）的，则该值不能作为主键的组成部分。应该始终选择其值不会更改的列作为主键。在使用多个表的数据库中，可将一个表的主键作为引用在其他表中使用。如果主键发生更改，则必须将此更改应用到其他任何引用该键的位置。

（6）确定表之间的关系。基于每个表只有一个主题，可以确定各个表中的数据如何进行关联。根据需要，将字段添加到表中或创建新表，以便清楚地表达这些关系。表之间的关系有一对一关系、一对多关系和多对多关系。在关系数据库中最常用的是一对多关系，例如，“学生”表和“成绩”表具有一对多关系，每个学生有多门课程的成绩，而每个成绩仅对应一个学生。

（7）优化设计。分析设计中是否存在错误，创建表并添加几条示例数据记录，确定是否可以从表中获得期望的结果，根据需要对设计进行调整。

确定所需的表、字段和关系后，应创建表并使用示例数据来填充表，然后尝试通过创建查询、添加新记录等操作来使用这些信息。这些操作可帮助用户发现潜在的问题，例如，可能需要添加在设计阶段忘记插入的列，或者可能需要将一个表拆分为两个表以消除重复。

确定是否可以使用数据库获得所期望的答案。创建窗体和报表，检查这些窗体和报表是否显示所期望的数据。查找不必要的数据重复，找到后对设计进行更改，以消除这种数据重复。

（8）应用规范化规则。应用数据规范化规则，以确定表的结构是否正确，根据需要对表进行调整。

此外，根据需要确定是否向其他用户共享数据库，以及其他用户如何访问共享的数据库，是否指定存取权限等。

1.2.2 使用设计视图创建表

在设计视图中创建表，即在表设计窗口中指定字段名称、数据类型和字段属性。使用表设计视图创建表是一种比较灵活的方法，但需要花费较多的时间。较为复杂的表通常是在设计视图中创建的。

任务 1.5 在“成绩管理”数据库中使用设计视图创建“学生”表，表 1–1 给出了“学生”表结构。

表 1-1 “学生”表结构

字段名称	数据类型	字段大小	格式或属性
学号	文本	8	必填字段
姓名	文本	10	
性别	文本	2	
出生日期	日期/时间		短日期
团员	是/否		是/否
身高	数字	单精度	两位小数
专业	文本	16	
家庭住址	文本	30	
照片	OLE 对象		
奖惩情况	备注		

任务分析

使用设计视图创建表，需要事先确定表的字段名称、数据类型、字段大小相关属性等。字段名称要容易记忆，但不能重名；字段大小要适中，应能存放最大的数据。

任务操作

（1）启动 Access 2010，打开“成绩管理”数据库。

（2）单击“创建”选项卡“表”选项组中的“表设计”按钮，打开表的设计视图，如图 1-12 所示。

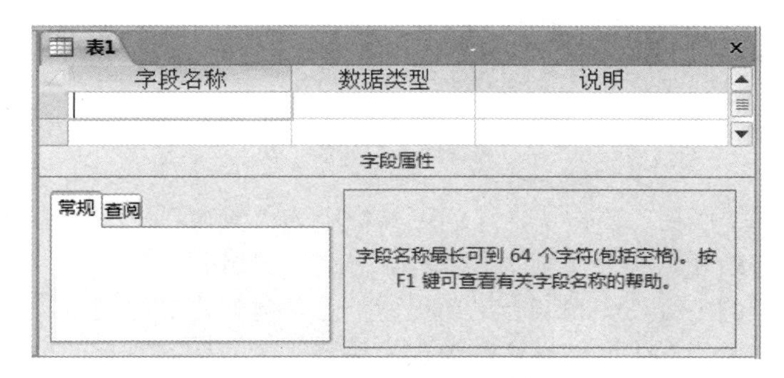

图 1-12　表的设计视图

表设计视图分为上下两部分。上半部分从左到右依次为行选定器、“字段名称”列、“数据类型”列和“说明”列，分别用于选定行、指定字段名称、指定数据类型及键入必要的字段说明。下半部分是字段属性区，用于设置字段属性。

（3）按照表 1-1 的内容，单击第一行的“字段名称”列，输入第一个字段名称“学号”。单击“数据类型”列右侧的下拉按钮，在下拉列表中选择数据类型，如图 1-13 所示，如选择“文本”。Access 2010 提供了文本、备注等 10 余种数据类型。在“说明”列中可以给每个字段加上必要的说明信息，例如，“学号”字段的说明信息为“唯一标识每位学生”，说明信息不是必需的，但可以增强表结构的可读性。在字段属性区中设置“字段大小”为 8，并将“必需”属性设置为“是”，如图 1-14 所示。

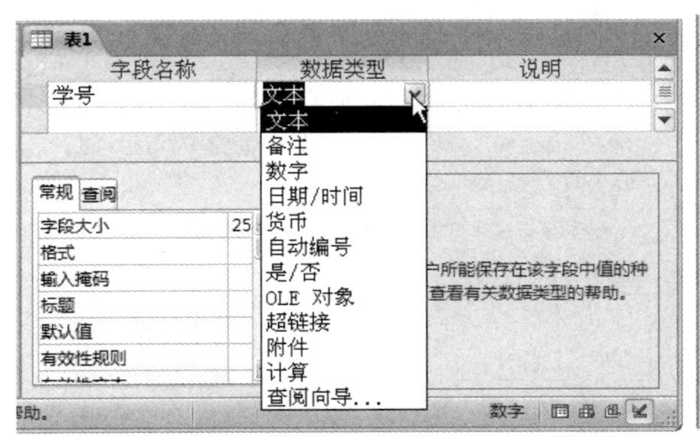

图 1-13　定义字段数据类型

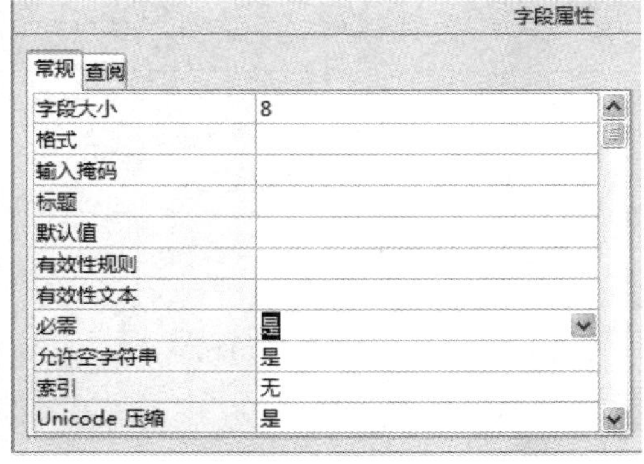

图 1-14　设置字段属性

（4）重复上述操作，依次输入“学生”表的其他字段，选择对应的数据类型，并设置属性值，如图 1-15 所示。

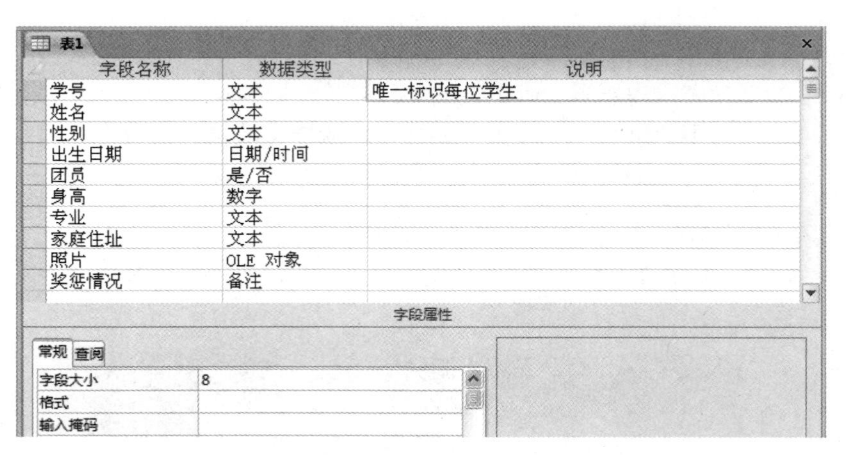

图 1-15　在设计视图中创建的“学生”表结构

（5）定义好全部字段后，单击快速访问工具栏中的“保存”按钮，在弹出的“另存为”对话框中，键入要保存的表名称为“学生”，单击“确定”按钮。

如果没有定义表的主键，则系统会给出提示信息，建议定义主键，本表不定义主键。

至此，已经建立了“学生”表结构，该表中还没有输入数据，是一个空表。

相关知识

Access 2010 数据类型

表中字段不同的数据类型存放不同的值，例如，如果想存储名称和地址数据，则需要设定文本型字段；如果要存储数值，则需要设置数字型字段；如果要存储日期和时间数据，则需要设定一个日期/时间的字段。

Access 2010 中字段可用的数据类型有文本、备注、数字、日期/时间、货币、自动编号、是/否、OLE 对象、附件、超链接、计算和查阅向导，如表 1-2 所示。

表 1-2　Access 2010 中字段数据类型

数 据 类 型	存　储	说　明
文本	字符	最多可存储 255 个字符
备注	文本、数字、字符	用于存储长度超过 255 个的文本字符，最多可存储 65535 个字符，如注释、较长的说明和包含粗体或斜体等格式的段落等经常使用“备注”字段
数字	数值	用于存储在计算中使用的数值，这些数值可以用来进行算术运算
日期/时间	日期和时间	8 个字节，用于存储日期/时间值，存储的每个值都包括日期和时间两部分
货币	货币值	8 个字节，用于存储货币值，在计算时禁止四舍五入，以防影响运算结果
自动编号	添加记录时自动插入一个唯一的数值	用于为添加到表中的每条新记录自动填充一个编号，可作为主键的唯一值，该字段值可以按顺序增加指定的增量，也可以随机选择

续表

数据类型	存储	说明
是/否	逻辑值	用于包含两个可能的值，如“是”或“否”、“真”或“假”，即-1 表示“是（真）”，0 表示“否（假）”
OLE 对象	OLE 对象或二进制数据	用于存储其他 Windows 应用程序的图像、文档、图形和其他对象
附件	图片、图像、二进制文件等	任何支持的文件类型，它可以将图像、电子表格文件、文档、图表等各种文件附加到数据库记录中
超链接	超链接数据	用于存储超链接，以通过 URL 对网页进行访问，或通过 UNC 格式的名称对文件进行访问，还可以链接至数据库中存储的 Access 对象上
计算	数字值	用于计算的结果。计算时必须引用同一张表中的其他字段
查阅向导	查阅向导	实际上它不是一种数据类型，而是一个行为过程。它调用“查阅向导”，显示从表或查询中检索到的一组值，或显示创建字段时指定的一组值

如学号、电话号码、身份证号、邮政编码和其他不用于数学计算的数字，应该选择“文本”数据类型，而不是“数字”数据类型。对于“文本”和“数字”数据类型，可通过设置“字段大小”的值来指定字段大小或数据类型。

数据类型只提供了基本形式的数据验证，这是因为它们有助于确保用户在表字段中输入正确类型的数据。例如，不能在设置为只接收数字的字段中输入文本。

思考与练习

1. 讨论学校“成绩管理”数据库应该包含哪些数据表。
2. 在“成绩管理”数据库中创建“课程”表结构，表结构如表 1-3 所示。

表 1-3 “课程”表结构

字段名称	数据类型	字段大小
课程号	文本	8
课程名	文本	20
教师编号	文本	4

3. 在“成绩管理”数据库中创建“成绩”表结构，表结构如表 1-4 所示。

表 1-4 “成绩”表结构

字段名	数据类型	字段大小	小数位数
学号	文本	8	
课程号	文本	8	
成绩	数字	6	2

1.3 输入记录

建立表后一般需要将数据输入到表中，然后对表中数据进行检索、统计等。在 Access 中，可以通过数据表视图向表中输入数据，也可以通过建立表的方法输入数据，还可以通过窗体向表中输入记录。下面介绍常用的向表中输入数据的方法。

任务 1.6 将如图 1–16 所示的一批数据输入到“成绩管理”数据库的“学生”表中。

学号	姓名	性别	出生日期	团员	身高	专业	家庭住址	照片	奖惩情况
20130101	艾丽丝	女	1998/6/18	☑	1.71	网络技术	市南区大学路7号		2014年获市i
20130102	李东海	男	1998/3/25	☑	1.75	网络技术	市南区江西路35号		2014年获市
20130201	孙晓雨	女	1997/12/26	☑	1.65	动漫设计	市南区闽江路120号		2014年获市i
20130202	赵 雷	男	1998/1/15	☐	1.68	动漫技术	李沧区永安路18号		
20130203	王和平	男	1997/10/17	☐	1.65	动漫技术	市北区延安一路4号		
20140101	张莉莉	女	1999/3/12	☑	1.58	物联网技术	市南区北京路17号		
20140102	李曼玉	女	1998/6/20	☐	1.65	物联网技术	市北区威海路108号		
20140201	王建利	男	1998/7/23	☐	1.76	餐旅服务	李沧区长沙路221号		
20140202	张思雨	女	1998/10/25	☑	1.72	餐旅服务	市南区山东路3		

记录: 第 10 项(共 10 项) 无筛选器 搜索

图 1-16 “学生”表记录

任务分析

建立表结构后，将数据通过数据表视图输入到表中，这是输入记录最常用的方法。在输入数据时，要注意“日期/时间”、“是/否”等类型数据的输入方法。

任务操作

（1）打开“成绩管理”数据库，在窗口右侧“所有 Access 对象”导航窗格中，双击“学生”表，打开数据表视图。如果表已经在设计视图中打开，单击“开始”选项卡“视图”选项组中的“数据表视图”按钮，即可切换到数据表视图，如图 1-17 所示。由于“学生”表中没有输入记录，因此是一个空表。

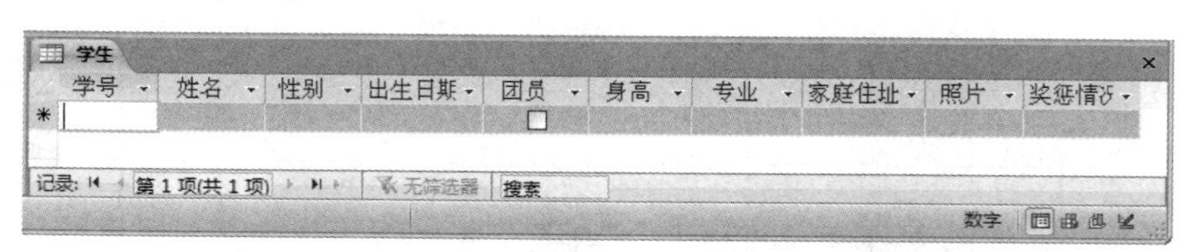

图 1-17 空“学生”表

（2）从第一个字段开始输入记录（如果有“自动编号”字段，则系统自动给予一个值），如输入学号“20130101”，每输入一个字段的内容，按 Enter 键、→键或 Tab 键，插入点移动到下一个字段处，输入下一个字段的内容。

“出生日期”字段为“日期/时间”类型，通常要按年、月、日来输入，中间用“ - ”或“/”间隔。“团员”字段为“是/否”类型，单击该字段处，出现“ √ ”表示逻辑值为真，空白为假。在“奖惩情况”字段处输入“2014 年获市计算机操作比赛一等奖”;“照片”字段内容暂不输入。

（3）输入一条记录后，可以继续输入下一条记录。

在输入数据的过程中，如果输入的数据有错误，则可以随时修改。每输入一个字段的内容，系统自动检查输入的数据与设置该字段的有效性规则是否一致。例如，输入日期/时间型字段的数据应遵循设置日期/时间的格式，例如，日期中的月份值为 1～12 等。

（4）全部记录输入完毕后，单击快速访问工具栏中的“保存”按钮，保存输入的记录。

任务 1.7　在“学生”表中的第 1 条记录的“照片”字段中存储一张照片。

任务分析

“学生”表中的“照片”字段为“OLE 对象”类型，不能直接输入数据。Access 为该字段提供了对象链接和嵌入技术。所谓链接就是将 OLE 对象数据的位置和它的应用程序名保存在 OLE 对象字段中，通过外部程序对 OLE 对象进行编辑修改后，当它在 Access 中显示时，修改后的结果可随时反映出来。嵌入就是将 OLE 对象的副本保存在表的 OLE 对象字段中。一旦 OLE 对象被嵌入，则在对 OLE 对象更改时，不会影响其原始 OLE 对象的内容。

任务操作

（1）在如图 1-16 所示的“学生”数据表视图中，右击第 1 条记录的“照片”字段处，在弹出的快捷菜单中选择“插入对象”选项，弹出如图 1-18 所示的“Microsoft Access”对话框。

如果选中对话框中的“新建”单选按钮，则在“对象类型”下拉列表中显示要创建 OLE 对象的应用程序。如果选中“由文件创建”单选按钮，可以把已建立的文档插入到 OLE 对象字段中。

（2）选中“由文件创建”单选按钮，如图 1-19 所示，在“文件”文本框中输入文档所在的路径，或单击“浏览”按钮，在弹出的对话框中查找图片文件所在的文件夹。

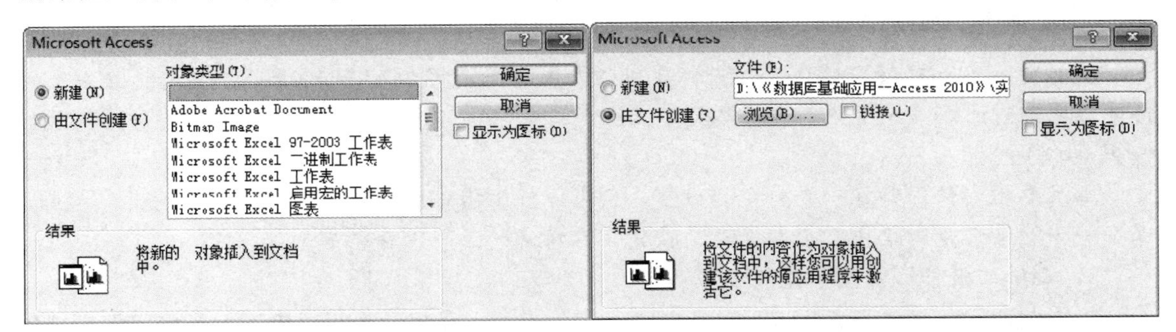

图 1-18　“Microsoft Access”对话框　　　图 1-19　选中“由文件创建”单选按钮

（3）单击“确定”按钮，将选取的对象插入到“学生”表的第 1 条记录中，并在该字段上显示相关信息，这表示嵌入或链接信息的图标，如图 1-20 所示。

学生

学号	姓名	性别	出生日期	团员	身高	专业	家庭住址	照片
20130101	艾丽丝	女	1998/6/18	☑	1.71	网络技术	市南区大学路7号	Bitmap Image
20130102	李东海	男	1998/3/25	☑	1.75	网络技术	市南区江西路35号	
20130201	孙晓雨	女	1997/12/26	☑	1.65	动漫设计	市南区闽江路120号	
20130202	赵 雷	男	1998/1/15	☐	1.68	动漫设计	李沧区永安路18号	
20130203	王和平	男	1997/10/17	☐	1.65	动漫设计	市北区延安一路4号	
20140101	张莉莉	女	1999/3/12	☑	1.58	物联网技术	市南区北京路17号	
20140102	李曼玉	女	1998/6/20	☐	1.65	物联网技术	市北区威海路108号	
20140201	王建利	男	1998/7/23	☐	1.76	餐旅服务	李沧区长沙路221号	
20140202	张思雨	女	1998/10/25	☑	1.72	餐旅服务	市南区山东路3	

记录: 第 1 项(共 11 项　无筛选器　搜索

图 1-20　插入图片的“学生”表记录

如果要对插入的 OLE 对象进行编辑，则可以双击该字段对象，打开相应的应用程序，对文档进行编辑。

对于 OLE 类型字段，如果使用链接，那么可以在 Access 之外使用它；如果使用嵌入，那么只有在数据库内才能够存取。当 OLE 对象在 Access 内进行编辑时，两种方式的外观和行为都是一样的。但嵌入对象比链接对象在数据库中占用更多的存储空间。

相关知识

编辑记录

如果要修改数据表中的数据，则可以在数据表视图中对数据进行编辑。

1．修改记录

在数据表视图中打开表，单击要编辑的字段，在插入点处直接输入新的数据。在编辑记录的过程中，若要删除插入点前后的文本，可用退格键（Backspace 键）和删除键（Delete 键）。

2．添加“附件”类型字段数据

如果表中包含一个附件数据类型的字段，则可以在单个字段上增加和删除文件。例如，如果将 PowerPoint 演示文稿添加到一个字段中，便可以通过 PowerPoint 查看这个演示文稿，而不用在 Access 中查看。

在数据表视图中向“附件”类型字段添加文件的方法如下。

（1）双击或右击“附件”类型字段，在弹出的快捷菜单中选择“管理附件”选项，弹出“附件”对话框，如图 1-21 所示。

（2）在“附件”对话框中单击“添加”按钮，弹出“选择文件”对话框，选择文件后，单击“打开”按钮，要插入的文件显示在“附件”对话框中，再单击“确定”按钮。

此时文件添加到该字段中，该附件字段值在数据表视图中显示为 (1) 图标。在一个附件字段中可以添加多个文件，文件类型不必一致，如添加 4 个文件后，该记录的附件字段值显示为 (4) 图标。

如果要把附件保存在一个特定的位置，则可以在“附件”对话框中单击“另存为”按钮，保存一个附件；或者单击“全部保存”按钮，在特定的位置保存全部附件。

3．删除“附件”类型字段数据

当添加的附件文件不再需要时，可以进行删除操作，在数据表视图中删除字段附件文件的方法如下。

（1）双击或右击“附件”类型字段，在弹出的快捷菜单中选择“管理附件”选项，弹出“附件”对话框，如图 1-22 所示。

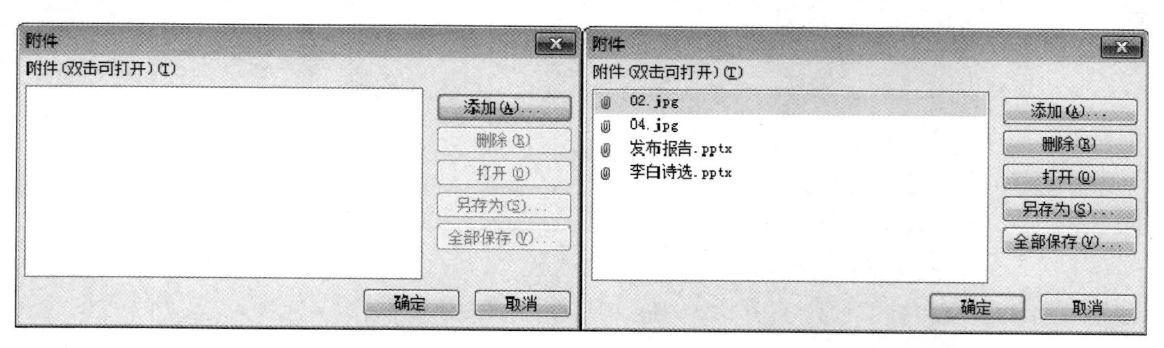

图 1-21　“附件”对话框　　　　图 1-22　添加附件

（2）在“附件”列表框中选择要删除的附件文件，单击“删除”按钮，再单击“确定”按钮。

从附件类型字段中删除文件后，会相应减少附件的个数。

4．删除记录

当表中的某条记录不再需要时，可以从一个表中快速删除一条或多条记录。删除记录的方法很多，常用的方法如下。

（1）在数据表视图中打开表，单击要删除的记录所在的行，单击“开始”选项卡“记录”选项组中的“删除”按钮，弹出如图 1-23 所示的提示对话框，单击“是”按钮，删除当前记录。

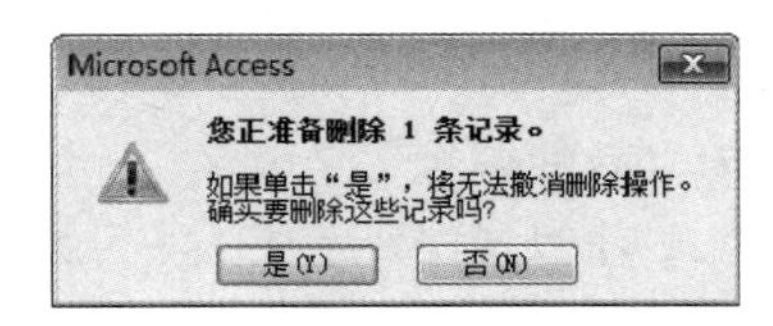

图 1-23 确认删除记录

（2）右击要删除记录的行选择器，在弹出的快捷菜单中选择“删除记录”选项。

在删除记录过程中，一次可以删除相邻的多条记录。在删除操作之前，通过行选择器选择要删除的第一条记录，按住鼠标左键不放，将鼠标指针拖到要删除的最后一条记录上，这之间的记录全部被选中，再单击“记录”选项组中的“删除”按钮，根据提示信息即可将选中的全部记录一次删除。

由于表中的记录删除后无法恢复，因此，在删除记录之前，应当确认记录是否需要被删除。

思考与练习

1. 在“课程”表中输入如图 1-24 所示的记录。
2. 将“学生”表中的专业“网络技术”更改为“网络技术与应用”。
3. 在“学生”表前 5 条记录的“照片”字段中分别插入图片。
4. 向“成绩”表输入记录，如图 1-25 所示。

课程

课程号	课程名	教师编号
DY01	职业生涯规划	D001
DY02	经济政治与社会	D001
DY03	职业道德与法律	D002
DY04	哲学与人生	D002
EY01	英语(一)	E001
EY02	旅游英语	E002
JS01	网络技术基础	Z002
JS02	网页设计	Z001
JS03	二维动画	Z001
JS04	影视制作	Z004
JS05	数据库应用基础	Z003
LY01	旅游概论	Z002
SX01	数学(一)	S001
SX02	数学(二)	S003
SX03	概率论	S002
YW01	语文(一)	Y001
YW02	语文(二)	Y002
YW03	语文(三)	Y003

记录: 第 19 项(共 19 项) 无筛选器 搜索

图 1-24 “课程”表记录

成绩

学号	课程号	成绩
20130101	DY03	87
20130101	JS02	85
20130101	JS05	92
20130102	DY03	70
20130102	JS02	90
20130102	JS05	78
20130201	DY03	90
20130201	JS04	70
20130202	DY03	65
20130202	JS04	85
20130203	DY03	80
20130203	JS04	90
20140101	JS01	83
20140101	SX03	78
20140101	YW01	95
20140102	JS01	77
20140102	SX03	86
20140102	YW01	82
20140201	LY01	56
20140201	SX03	90
20140202	LY01	80
20140202	SX03	60

记录: 第 23 项(共 23 项) 无筛选器 搜索

图 1-25 “成绩”表记录

1.4　修改表结构

在数据库使用和维护过程中，有时需要对表的结构进行编辑修改。表结构的修改在表设计视图的上半部分进行，主要修改字段的名称、字段数据类型，在表中添加字段、删除字段、移动字段的位置等。

任务 1.8　按下列要求修改"教师"表的结构。

（1）删除多余的字段"字段 1"。

（2）将"编号"字段名更改为"教师编号"字段名。

（3）将"教师编号"、"姓名"、"任教课程"字段大小分别设置为 6、12、30。

任务分析

该任务分别是删除字段、更改字段名、修改字段的长度，这些操作都要在表设计视图中进行。

任务操作

（1）打开"成绩管理"数据库，在 Access 左侧的"百叶窗"窗格中双击"教师"表，打开"教师"表，同时在窗口中添加"字段"和"表"选项卡。

（2）单击"字段"选项卡表中的字段名"字段 1"，再单击"字段"选项卡"添加和删除"选项组中的"删除"按钮，删除该字段。

（3）右击"教师"表标签，在弹出的快捷菜单中选择"设计视图"选项，打开表的设计视图，如图 1-26 所示，在"字段名称"列中，将"编号"字段名修改为"教师编号"。

（4）右击"教师"表标签，在弹出的快捷菜单中选择"数据表视图"选项，再单击表的"教师编号"字段，在"字段"选项卡"属性"选项组中，将该字段的"字段大小"属性值更改为 6，更改后如图 1-27 所示。

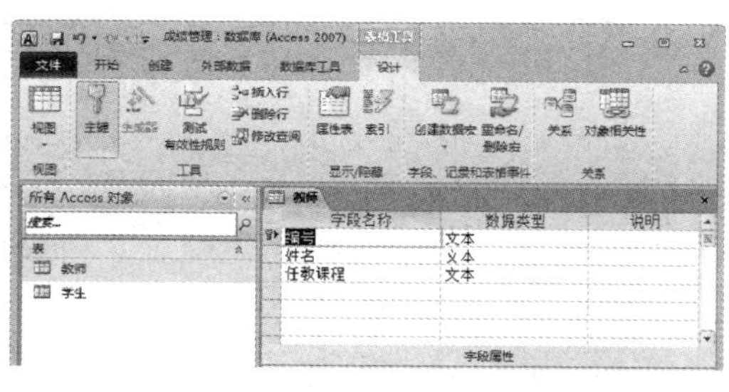
图 1-26　"教师"表设计视图

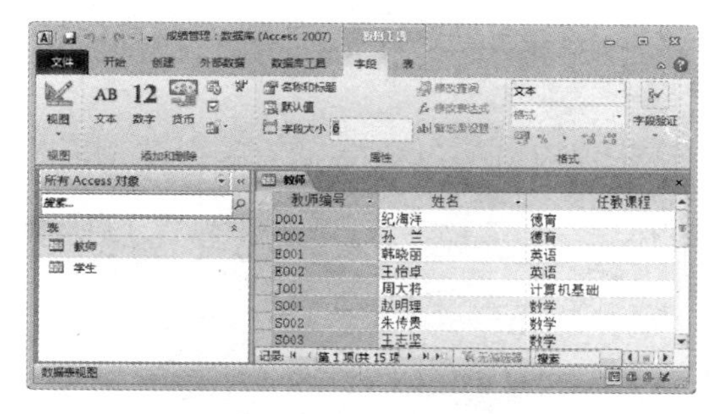
图 1-27　修改"教师编号"字段大小

（5）用同样的方法，分别修改"姓名"、"任课教师"字段的大小为 12、30。

至此，完成该任务的操作。

相关知识

修改表结构

1．插入字段

在表中插入字段，可以在数据表视图和设计视图中进行操作。

在数据表视图中插入字段时，打开要插入字段的表，右击要插入字段的列，在弹出的快捷菜单中选择“插入字段”选项，则插入字段默认的字段名为“字段 1”。在数据表视图中，插入一个字段后，原来右侧的字段将向右移动位置。

在设计视图中插入字段时，打开要插入字段的表设计视图，单击要插入字段的位置，单击“设计”选项卡“工具”选项组中的“插入行”按钮，插入一个空白字段，再输入字段名，设置字段类型、大小等属性。

在表设计视图中，右击一个字段名称，在弹出的快捷菜单中选择“插入行”选项，即可插入一个字段。插入的新字段不会影响其他字段和表中原有的数据。

2．移动字段

表中记录字段的排列次序与创建表时字段输入的顺序是一致的，并决定了其在表中显示的顺序，如果要重新排列字段的先后顺序，则只要在表的设计视图中选中要移动字段前的行选择器，按住鼠标左键，将该字段拖动到新的位置上即可。

如果要在数据表视图中改变字段的显示次序，则单击字段的标题，然后向左或向右拖动字段标题到一个新的位置即可。

3．删除字段

删除字段会造成数据的丢失。删除字段时，保存在该字段中的数据会被永久地从表中删除，所以在删除字段之前，建议对表进行备份。

在数据表视图中可以使用下列方法删除字段。

（1）右击一个选定的列或列的标题，在弹出的快捷菜单中选择“删除字段”选项。

（2）单击列标题，选择整个列，按 Delete 键。

在设计视图中可以使用下列方法删除字段。

（1）单击“设计”选项卡“工具”选项组中的“删除行”按钮。

（2）右击一个字段名称，在弹出的快捷菜单中选择“删除行”选项。

（3）单击行选择器，按 Delete 键。

如果删除的字段中包含数据，则系统会弹出警告信息，提示用户将丢失表中该字段的数据。如果要删除的字段是空字段，则不会弹出警告信息。

如果表的关系或关联对象（如窗体、报表、查询、组件或者宏等）用到被删除的字段，必须针对删除字段调整关系或者对象。如果这些对象取决于被删除的字段，并且这些对象不能够再定位到这个字段，则会产生错误。例如，如果一个报表包含被删除的字段，那么它将产生错误，并给出不能够发现这个字段的错误信息。

思考与练习

1. 在表设计视图中修改“课程”表结构，表结构如表 1-5 所示。

表 1-5 “课程”表结构

字 段 名	数 据 类 型	字 段 大 小
课程号	文本	4
课程名	文本	20
任课教师编号	文本	4

2. 在“教师”表中添加一个“业绩”字段，并设置为“附件”类型，可以在该字段中插入文件，如 Power Point 演示文稿、Excel 电子表格、Word 文档、图片等。

习题 1

一、填空题

1．Access 2010 数据库对象有_______、_______、_______、_______、_______、_______等。

2．表是由一些行和列组成的，表中的一列称为一个_______，表中的一行称为_______。

3．Access 2010 数据库文件的扩展名是_______。

4．Access 2010 提供的数据类型有_______、_______、_______、_______、______、______、_______、_______、超链接、附件、计算、查阅向导。

5．_______类型的字段值不需要用户输入，而系统会自动给它一个值，该字段常用来设置主键。

二、选择题

1．Access 2010 数据库是（　　）。

A．层次数据库　　B．网状数据库

C．关系数据库　　D．面向对象数据库

2．若创建表时建立“工作时间”字段，则其数据类型应当是（　　）。

A．文本　　B．数字　　C．日期　　D．备注

3．Access 2010 中数据库和表的关系是（　　）。

A．一个数据库可以包含多个表

B．一个表可以单独存在

C．一个表可以包含多个数据库

D．一个数据库只能包含一个表

4．在 Access 2010 表中，只能从两种结果中选择其一的字段类型是（　　）。

A．是/否　　B．数字　　C．文本　　D．OLE 对象

5．文本数据类型的默认大小为（　　）。

A．64 个字符　　B．127 个字符　　C．255 个字符　　D．65535 个字符

6．在 Access 2010 数据库中，其他数据库对象的基础是（　　）。

A．报表　　B．查询　　C．表　　D．模块

7．在 Access 2010 中，空数据库是指（　　）。

A．没有基本表的数据库　　B．没有窗体、报表的数据库

C．没有任何数据库对象的数据库　　D．数据库中数据是空的

8．货币类型是（　　）数据类型的特殊类型。

A．数字　　B．文本　　C．备注　　D．自动编号

9．每个表可包含自动编号字段的个数为（　　）。

A．1 个　　B．2 个　　C．4 个　　D．8 个

10．在数据表设计视图中，不能进行的操作是（　　）。

A．修改字段的类型　　B．修改字段的名称

C．删除一个字段　　　　D．删除一条记录

三、操作题

1．启动 Access 2010，打开“罗斯文”示例数据库，分别浏览“订单”、“客户”、“库存”、“员工”等表记录。如果没有安装该数据库，则先安装，再打开运行即可。

2．开发一个图书发行系统，创建一个空白数据库“图书订购.accdb”。

3．在“图书订购”数据库中创建“图书”表，表结构如表 1-6 所示。

表 1-6　“图书”表结构

字段名称	数据类型	字段大小	小数位数
图书 ID	文本	8	
书名	文本	30	
作译者	文本	20	
定价	货币		2
出版社 ID	文本	2	
出版日期	日期/时间		
版次	文本	4	
封面	OLE 对象		
内容简介	备注		

4．在“图书订购”数据库中创建“订单”表，表结构如表 1-7 所示。

表 1-7　“订单”表结构

字段名称	数据类型	字段大小/格式
订单 ID	文本	8
单位	文本	20
图书 ID	文本	8
册数	数字	整型
订购日期	日期/时间	短日期
发货日期	日期/时间	短日期
联系人	文本	8
电话	文本	20

5．在“图书订购”数据库中通过直接输入数据来创建“出版社”表，如图 1-28 所示。

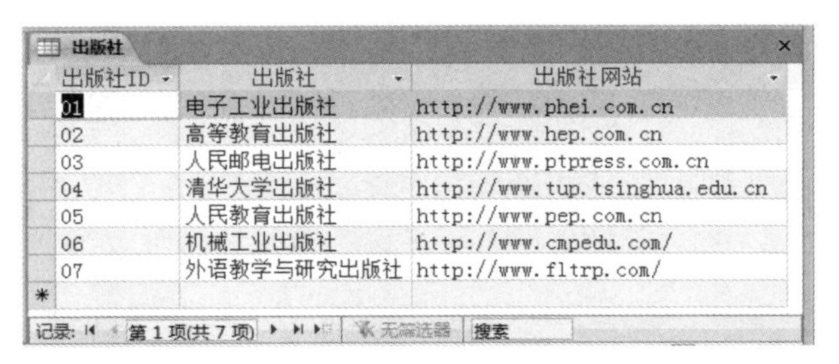

出版社

出版社ID	出版社	出版社网站
01	电子工业出版社	http://www.phei.com.cn
02	高等教育出版社	http://www.hep.com.cn
03	人民邮电出版社	http://www.ptpress.com.cn
04	清华大学出版社	http://www.tup.tsinghua.edu.cn
05	人民教育出版社	http://www.pep.com.cn
06	机械工业出版社	http://www.cmpedu.com/
07	外语教学与研究出版社	http://www.fltrp.com/

记录: 第 1 项(共 7 项)　无筛选器　搜索

图 1-28　“出版社”表

6．在“图书订购”数据库的“图书”表中输入记录，如图 1-29 所示。

图书

图书ID	书名	作译者	定价	出版社II	出版日期	版次
D001	现代推销技术	陶卫东	¥18.00	01	2014/9/1	01
D002	Windows 7 中文版应用基础	魏茂林	¥29.80	01	2014/8/1	01
D003	汽车二级维护保养	刘光华	¥26.00	01	2014/8/1	01
D004	电工基础（第3版）	王英	¥30.00	01	2014/8/1	03
D005	三维动画制作	向华	¥34.00	01	2013/3/1	01
D006	计算机网络技术与应用	史秀峰	¥26.00	01	2013/1/1	01
G001	Photoshop CS5平面设计与制作(第3版)	崔建成	¥58.00	02	2013/7/1	03
G002	中小型网络构建与管理	汪双顶	¥41.90	02	2012/1/1	01
G003	中国传统文化（第三版）	张岂之	¥34.80	02	2010/4/16	03
J001	风险管理	王周伟	¥48.00	06	2014/9/30	01
J002	拓扑学	江辉有	¥49.80	06	2013/3/12	01
Q001	电子商务网站建设与管理	李建忠	¥29.80	04	2012/1/16	01
Q002	游戏角色动画设计	谌宝业、刘若海	¥64.00	04	2011/12/1	01
W001	傲慢与偏见	JANE AUSTEN	¥11.90	07	2008/8/28	
Y001	太阳能光伏组件生产制造工程技术	李钟实	¥35.00	03	2012/1/1	01
Y002	我们都有拖延症	战地小分队	¥35.00	03	2012/3/1	01
Y003	演讲与口才实训教材	王秋梅	¥30.00	03	2011/3/1	01

记录: 第 1 项(共 17 项 无筛选器 搜索

图 1-29 “图书”表记录

7．在“订单”表中输入记录，如图 1-30 所示。

订单

订单ID	单位	图书I	册数	订购日期	发货日期	联系人	电话
1005	蓝色经济学校	D001	200	2014-6-20	2014-8-21	孙伟	89095566
1006	红岛职教中心	D001	300	2014-6-23	2014-8-21	薛明明	88682456
1001	海洋科技学校	D002	50	2014-3-20	2014-4-10	李萍	87656789
1004	黄海电子学校	D002	300	2014-6-10	2014-7-5	孙红凌	84456783
1001	育才中学	D003	100	2014-3-20	2014-4-10	孙海滨	56732786
1004	蓝色经济学校	D003	500	2014-6-15	2014-7-20	孙伟	89095566
1003	海洋科技学校	D005	240	2014-6-2	2014-6-8	李萍	87656789
1002	红岛职教中心	J001	20	2014-8-15	2014-9-12	薛明明	88682456
1003	育才中学	Q001	300	2014-6-5	2014-6-15	孙海滨	56732786
1002	黄海电子学校	Q002	100	2014-5-30	2014-6-6	孙红凌	84456783
1005	育才中学	W001	10	2014-10-10	2014-10-20	孙海滨	56732786
1001	黄海电子学校	Y001	200	2014-3-20	2014-4-5	孙红凌	84456783
1003	蓝色经济学校	Y001	400	2014-6-5	2014-7-1	孙伟	89095566
1002	港湾学校	Y002	300	2014-5-30	2014-6-10	赵菲菲	13705321111
*							

记录: 第 1 项(共 14 项 无筛选器 搜索

图 1-30 “订单”表记录

表的属性设置与操作

学习目标

- 能修改表的结构
- 能设置字段属性
- 能设置表的主键
- 会设置值列表字段和查阅字段
- 能对表记录进行排序
- 能按条件筛选记录
- 会设置索引
- 能创建表间关系

表是 Access 数据库最基本的对象，以行和列的形式记录数据。表的基本操作包括设置字段属性、记录排序、筛选、创建表间关系等。

2.1 设置字段属性

字段属性包括字段大小、格式、标题、默认值、输入掩码等，字段不同的数据类型有不同的属性。要设置字段属性，可在表设计视图上半部分单击字段所在的行，在下半部分的“字段属性”中对各个属性进行设置。

2.1.1 设置字段格式

任务 2.1 将“成绩管理”数据库“学生”表中的“身高”字段设置为“数字”类型中的“单精度型”、2 位小数；“出生日期”字段设置为“日期/时间”类型中的“短日期”格式。

任务分析

表中的“数字”、“日期/时间”、“是/否”类型等字段有多种格式供用户选择，每种格式存储所占用的字节数不一样，数据显示的方式也不一样。

任务操作

（1）打开“成绩管理”数据库中的“学生”表，切换到表的设计视图。

（2）单击“身高”字段，在该字段属性的“常规”选项卡中，单击“字段大小”右侧的下拉按钮，在下拉列表中选择“单精度型”选项，如图 2-1 所示。

（3）在“小数位数”右侧文本框中输入 2。

（4）单击“出生日期”字段，在该字段属性的“常规”选项卡中，单击“格式”右侧的下拉按钮，在下拉列表中选择“短日期”选项，如图 2-2 所示。

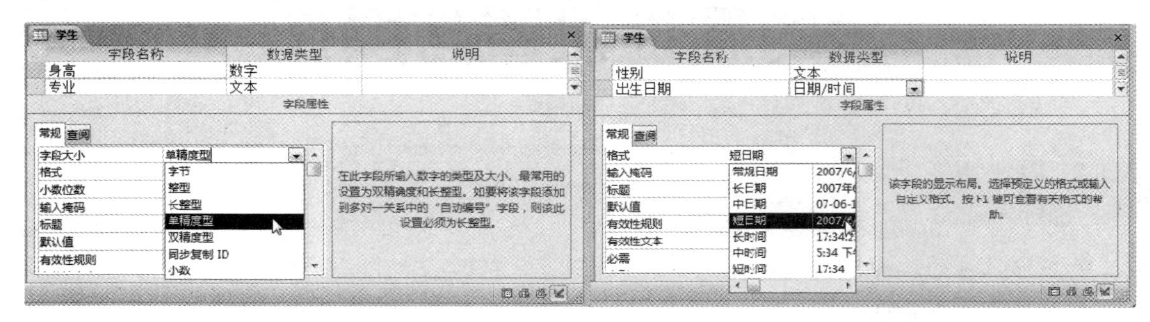

图 2-1　“字段大小”下拉列表　　图 2-2　“格式”下拉列表

（5）保存该表，再切换到数据表视图，查看上述两个字段的显示结果。

相关知识

字段属性设置

1．字段属性

在表设计视图下半部分可以看到“字段属性”面板，在“字段属性”面板中可设置的内容会因字段的数据类型不同而不同。“字段属性”包含“常规”和“查阅”两个选项卡，在“常规”选项卡中可以通过在文本框中输入参数、在下拉列表中选择选项来设置字段属性，表 2-1 给出了“常规”选项卡中的部分属性。在“查阅”选项卡中可以为视图上的查阅字段设置控件类型，如列表框、组合框等。

表 2-1　表的字段属性

字 段 属 性	含　　义
字段大小	设置存储为“文本”、“数字”或“自动编号”类型的数据最大值
格式	自定义显示或打印时字段的显示方式
小数位数	指定显示数字时使用的小数位数
新值	设置“自动编号”字段是递增的还是指定随机值的
标题	设置默认情况下在表单、报表和查询的标签中显示的文本
默认值	添加新记录时为字段自动指定默认值

续表

字段属性	含　义
有效性规则	提供在此字段中添加或更改值时必须为真的表达式
有效性文本	当输入值与有效性规则表达式冲突时显示的文本
必需	要求在字段中输入数据
允许空字符串	允许在“文本”或“备注”字段中输入零长度字符串 ("")（将属性的值设置为“是”）
索引	通过创建和使用索引来加速对此字段中数据的访问
Unicode 压缩	存储少量文本（少于 4096 个字符）时压缩此字段中存储的文本
输入法模式	在东亚版本的 Windows 中控制字符转换
输入法语句模式	在东亚版本的 Windows 中控制字符转换
智能标记	对此字段附加智能标记
仅追加	允许（通过设置为“是”）对“备注”字段执行版本控制
文本格式	选择“格式文本”将按 HTML 格式存储文本，并允许设置多种格式；选择“纯文本”将只存储文本
文本对齐	指定控件中文本的对齐方式

2．设置字段大小

“字段大小”属性为文本、数字或自动编号类型的字段设置的最大数据。对于一个“文本”型字段，该字段大小的取值为 0～255 个字符，默认值为 255。对于一个“数字”型字段，可以从如图 2-1 所示的下拉列表中选择一种类型来存储该字段数据，表 2-2 给出了“数字”型字段大小说明。

表 2-2　“数字”型字段大小

字段大小	小　数	字　节
字节	无	1
整型	无	2
长整型	无	4
单精度型	7 位	4
双精度型	15 位	8
同步复制 ID	无	16
小数	28 位	14

在创建表时，应使用最小的“字段大小”属性设置，较小的数据处理速度快，占用内存少。

如果文本型字段中已经输入数据，那么缩小该字段的大小可能会丢失数据，系统自动截取超出部分的字符。如果数字型字段中包含小数，那么将字段大小设置为整数时，系统自动将小数进行四舍五入取整。

数字型或货币型数据可以设置小数位数，该设置只影响在数据表视图中显示的小数位数，而不影响所保存的小数位数。如果选择小数位数为“自动”，则小数位数由“格式”设置来确定。

3．设置字段格式

字段的“格式”属性决定了数据的显示方式。例如，对于“数字”类型字段，可以选择常规数字、货币、标准、百分比或科学记数等格式，如图 2-3 所示。对于“日期/时间”类型的字段，系统提供了常规日期、长日期、中日期、短日期、长时间等格式，如图 2-4 所示。对于“是否”类型的字段，系统提供了“真/假”、“是/否”、“开/关”及“无”等格式。

图 2-3　“数字”型字段格式

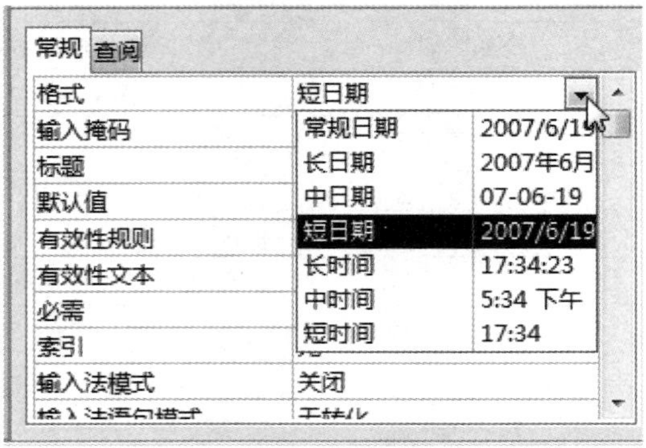

图 2-4　“日期/时间”型字段格式

数据的不同格式只是在输入和输出形式上表现不同，而内部存储的数据是不变的。数据格式统一，会使显示的数据整齐、美观。

4．设置字段标题

通过给字段名设置一个用户比较熟悉的标题，用它来标识数据表视图中的字段，也可以标识窗体或报表中的字段。例如，可以将“学生”表中的“专业”字段名设置为“专业名称”，每当在“学生”表视图中显示记录时，“专业”字段名列表头显示为“专业名称”。如果将英文字段标题指定为中文标题，则查看更方便。

字段名和标题可以是不相同的，但内部引用的仍是字段名。如果未指定标题，则标题默认为字段名。

2.1.2　设置字段有效性规则

除了为字段设置输入掩码属性确保输入数据的准确性外，还可以为字段定义有效性规则。在数据表视图中，在定义了有效性规则的字段中输入数据后，Access 会自动对字段中输入的数据进行检验。当输入的数据违反了字段定义的有效性规则时，系统会给出提示信息。

任务 2.2　在“学生”表中，为确保学生信息的正确性，将“身高”字段值设定为 1.30～2.50，当超出这个范围时，给出“身高必须在 1.30 到 2.50 之间。”提示信息。

任务分析

通过设置字段的“有效性规则”，在向表中输入数据时，系统会自动检查输入的数据是否符合有效性规则，如果不符合有效性规则，则会给出提示信息，显示有效性文本所设置的内容，这样能确保输入数据的正确性。“身高”字段的有效性规则条件表达式为>=1.30 And <=2.50。

任务操作

（1）在“学生”表的设计视图中，单击“专业”字段，在“字段属性”中显示该字段的属性设置。

（2）在“有效性规则”文本框中输入条件表达式“>=1.30 And <=2.50”；或单击“生成器”

按钮…，弹出“表达式生成器”对话框，输入条件表达式“>=1.30 And <=2.50”。

（3）在“有效性文本”文本框中，输入提示信息“身高必须在 1.30 到 2.50 之间。”，如图 2-5 所示。

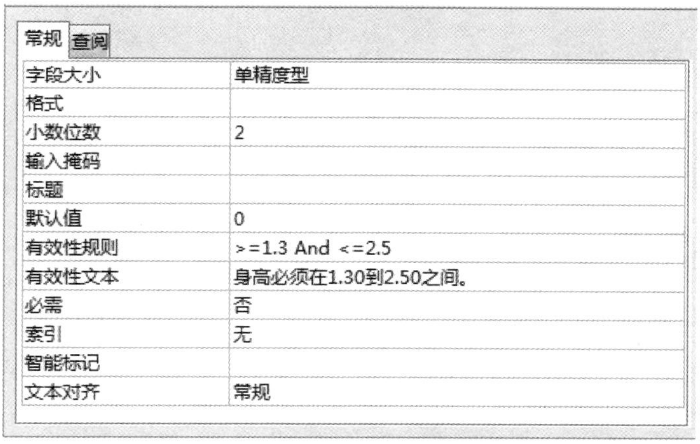

常规　查阅

字段大小	单精度型
格式	
小数位数	2
输入掩码	
标题	
默认值	0
有效性规则	>=1.3 And <=2.5
有效性文本	身高必须在1.30到2.50之间。
必需	否
索引	无
智能标记	
文本对齐	常规

图 2-5　设置字段有效性规则

（4）单击快速访问工具栏中的“保存”按钮，保存所做的修改。

切换到数据表视图，在“身高”字段中输入数据，观察该字段定义的有效性规则是否正确。

表达式“>=1.30 And <=2.50”中的 And 为逻辑运算符，逻辑运算符有 And、Or、Not，分别表示逻辑与、或、非。

下面列出了一些常用的有效性规则的表示方法。

① 表示“成绩”为 0～120 的表达式：>=0 And <=120 或 Between 0 And 120。

② 表示“成绩”大于 80 的表达式：>80。

③ 表示“职称”是“工程师”或“教授”的表达式：职称 In（"工程师", "教授"）。

④ 表示“出生日期”在 2000 年 10 月 1 日以后的表达式：>= #2000-10-1#。

⑤ 表示“出生日期”在 1995 年 10 月 1 日至 2000 年 12 月 31 日之间的表达式：>= #1995-10-1# And <= #2000-12-31# 或 Between >= #1995-10-1# And <= #2000-12-31#。

⑥ 在“团员”为“是/否”类型的字段中，表示是否为团员的表达式：Yes 或 True。

相关知识

设置字段默认值和必需项

1．设置字段默认值

在添加一条新记录时，系统自动把默认值显示在该字段中，避免多次输入相同的内容，提高了工作效率。在一个表中，有些字段中的数据内容相同或大部分相同时，就可以为该字段设置默认值属性。对于设置默认值的字段，仍可以输入其他的数据来取代默认值。例如，将“学生”表中的“性别”字段的默认值设置为“男”，如图 2-6 所示，每当输入记录时，系统自动将“性别”赋值为“男”，可以减少该字段值的输入。

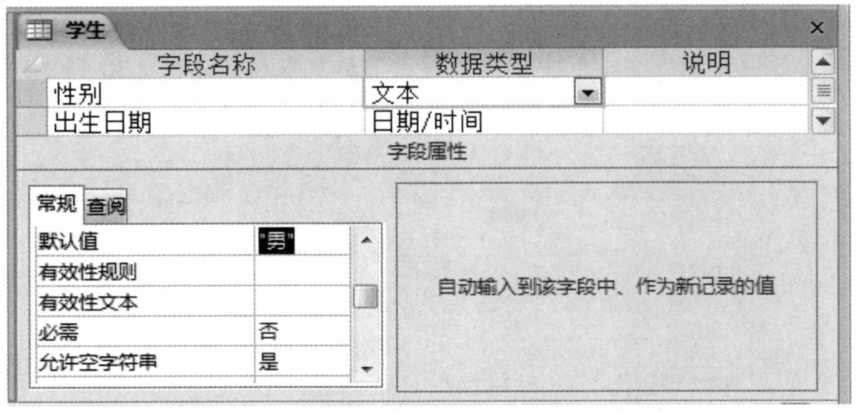

图 2-6　设置字段的默认值

在“默认值”文本框中输入文本时，可以不加引号，系统会自动为文本加上双引号。

2．设置字段必需项

“必需”字段属性用于指定字段中是否必须有值，如果将某个字段的“必需”属性设置为“是”，则在记录中输入数据时必须在该字段中输入数，而且不能为 Null。例如，在“学生”表中，为了确保表中的每一条记录都有一个对应的学号，则应当将“学号”字段的“必需”属性设置为“是”，如图 2-7 所示。如果将字段的“必需”属性设置为“否”，则在输入记录时并不一定要在该字段中输入数据。一般情况下，新创建表的“必需”属性默认设置为“否”。

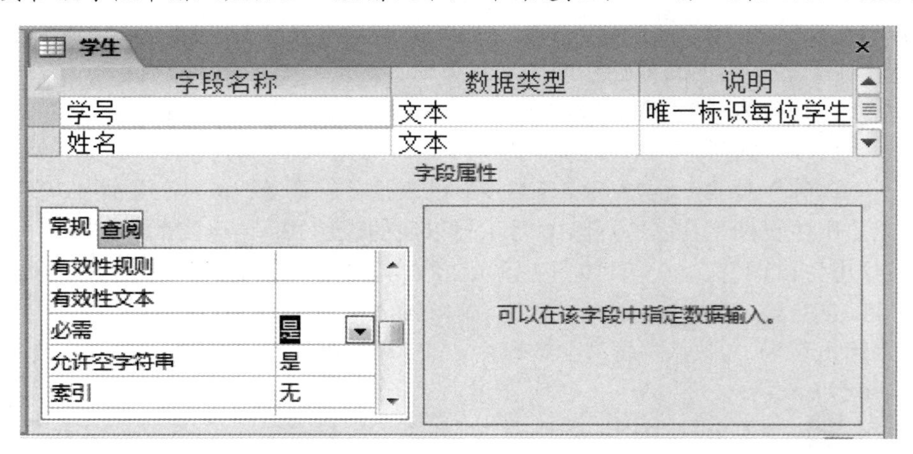

图 2-7　设置字段的必需项

3．空值和 Null 值

在 Access 数据库中，空值表示值未知。空值不同于空白或零值。空字符串和 Null 值是两种可以区分的空值。因为在某些情况下，字段为空，可能是因为信息目前无法获得，或者字段不适用于某一特定的记录。例如，表中有一个用户的“电话号码”字段，将其保留为空白，可能是因为不知道用户的电话号码，或者该用户没有电话号码。在这种情况下，使字段保留为空或输入 Null 值，意味着“不知道”。双引号内为空字符串，则意味着“知道没有值”。采用字段的“必需”和“允许空字符串”属性的不同设置组合，可以控制空白字段的处理。“允许空字符串”属性只能用于“文本”、“备注”或“超链接”字段。“必需”属性决定是否必须有数据输入。当“允许空字符串”属性设置为“是”时，Access 将区分两种不同的空白值：Null

值和空字符串。如果允许字段为空而且不需要确定为空的条件，则可将“必需”和“允许空字符串”属性设置为“否”，作为新“文本”、“备注”或“超链接”字段的默认设置。

2.1.3 设置输入掩码

字段的“输入掩码”属性用于控制在一个字段中输入数据的格式及允许输入的数据，确保输入数据的准确性。例如，通过自定义输入掩码，可以控制用户在文本框或表字段中只能输入字母或只能输入数字，并且能控制输入的字母或数字的位数。

任务 2.3 为“学生”表中的“出生日期”字段定义输入掩码为“长日期（中文）”格式。

任务分析

输入掩码主要用于文本型和日期/时间型字段，也可用于数字或货币型字段。输入掩码使用原义字符来控制字段或控件的数据输入。对于文本型和日期/时间型字段，系统提供了“输入掩码向导”，帮助用户正确设置输入掩码。

任务操作

（1）在“学生”表的设计视图中，选中“出生日期”字段。

（2）单击“常规”选项卡中“输入掩码”右侧的“生成器”按钮，弹出“输入掩码向导”对话框，如图 2-8 所示，选择“长日期（中文）”输入掩码格式。

（3）单击“下一步”按钮，确定是否更改所选的输入掩码，如图 2-9 所示，可以输入“占位符”并单击“尝试”，查看所定义的掩码效果。

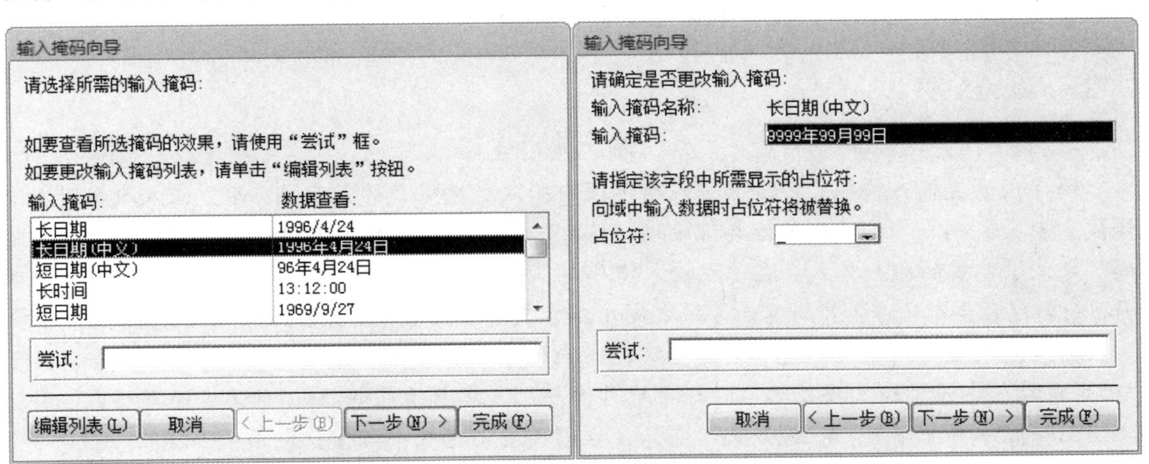

图 2-8 “输入掩码向导”对话框　　　图 2-9 是否更改输入掩码

（4）单击“下一步”按钮，当向导收集完创建输入掩码所需的全部信息后，单击“完成”按钮，保存所定义的掩码。

此时，在“输入掩码”文本框中可以看到使用向导定义的输入掩码，如图 2-10 所示。定义输入掩码后，在数据表视图中输入记录时显示掩码的格式。

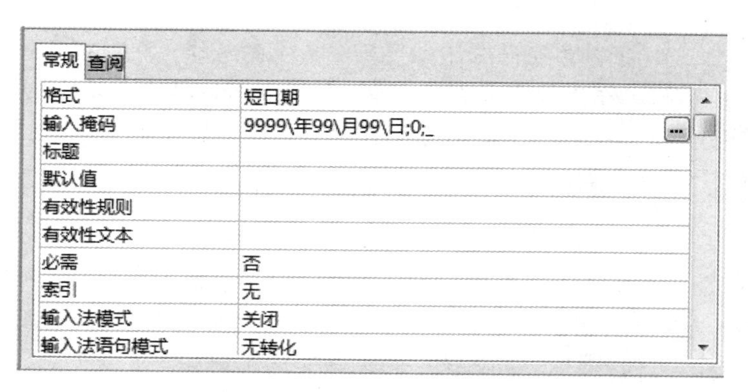

图 2-10　设置字段的输入掩码格式

切换到数据表视图，在“学生”表中添加记录时，可以观察到“出生日期”字段的输入格式为“____年__月__日”，如图 2-11 所示。

学生

学号	姓名	性别	出生日期	团员	身高	专业
20140101	张莉莉	女	1999/3/12	☑	1.58	物联网技术
20140102	李曼玉	女	1998/6/20	☐	1.65	物联网技术
20140201	王建利	男	1998/7/23	☐	1.76	餐旅服务
20140202	张思雨	女	1998/10/25	☑	1.72	餐旅服务
20140103	王　鹏	男	____年__月__日	☐	0	

记录: 第 10 项(共 10 项)　无筛选器　搜索

图 2-11　字段输入

对于同一个数据，如果既定义了格式属性，又定义了输入掩码属性，则格式属性的优先级比输入掩码属性的优先级高，这时输入掩码属性会被忽视。

相关知识

输入掩码

给字段设置输入掩码，可以保证在该字段中输入数据格式的正确性，避免输入数据时出现错误。输入掩码与“格式”属性类似，但“格式”只能用来改变数据显示的方式，而“输入掩码”定义了数据的输入模式。在建立输入掩码时，可以使用特殊字符来要求某些必须输入的数据，例如，电话号码的区号与电话号码之间用括号或连接号分隔，身份证号码都是数字字符等。

输入掩码主要用于文本型和日期型字段，但也可以用于数字型和货币型字段。例如，设置“出生日期”字段的输入掩码为“****年**月**日”。其中的每个“*”称为占位符。占位符必须使用特殊字符（如 0、#、&等），它只是在形式上占据一个位置，表示可以接收一位字符，而其中的“年 月 日”则为原义显示字符。表 2-3 给出了定义输入掩码属性所用的占位符。

表 2-3　输入掩码占位符及其含义

占 位 符	含　义
0	必须输入一个数字，不允许输入加、减号
9	可以输入一个数字或空格，不允许输入加、减号
#	可以输入一个数字或空格，允许输入加、减号
L	必须输入一个字母（A～Z）

续表

占位符	含义
?	可以输入一个字母（A～Z）
A	必须输入一个字母或数字
a	可以输入一个字母或数字
&	必须输入一个字符或空格
C	可以输入字符或一个空格
>	将其后所有字符转换为大写
<	将其后所有字符转换为小写
!	使输入掩码从右到左显示，输入掩码中的字符始终从左到右填入
\	使后面的字符以原义字符显示，如\A 显示为 A
" "	如实显示双引号中的字符
.,:; -/	小数点及千位占位符、日期与时间分隔符（实际使用的字符取决于 Microsoft Windows 控制面板中指定的区域设置）

当了解了这些占位符的功能后，就可以根据需要设置自定义显示格式，表 2-4 给出了部分输入掩码及示例数据。

表 2-4　部分输入掩码及示例数据

输入掩码	示例数据
（000）000-0000	（206）555-0248
（999）999-9999!	（206）555-0248　或　（　）555-0248
（000）AAA-AAAA	（206）555-TELE
#999	-20　或 2000
>L????L?000L0	GREENGR339M3 或 MAY R 452B7
>L0L 0L0	T2F 8M4
00000-9999	98115-　或　98115-3007
>L<??????????????	Maria　或　Brendan
SSN 000-00-0000	SSN 555-55-5555
>LL00000-0000	DB51392-0493
\AAA	AAA
密码	将“输入掩码”属性设置为“密码”，以创建密码文本框。文本框中键入的任何字符都按字面字符保存，但显示为星号（*）

如果既给某字段定义了输入掩码，又设置了它的格式属性，则格式属性的显示将优先于输入掩码的设置。

思考与练习

1. 分别将“学生”表中的“出生日期”字段格式设置为常规日期、长日期、中日期、短日期、长时间等，切换到数据表视图，浏览表中该字段的显示变化。

2. 将“学生”表中的“性别”字段的默认值设置为“男”。

3. 将“学生”表中的“学号”字段的输入掩码设置为只能有 8 位输入数字。

4. 设置字段有效性规则，在“成绩”表的“成绩”字段中，成绩不能为负数，否则给出提示信息。

2.2 设置主键

主键是表中一个字段或几个字段的组合，在表中定义的主键能唯一地标识表中的记录。当输入数据或对数据记录进行修改时，确保表中不会有主关键字段值重复的记录。因此，一个好的主键应该有以下特征：第一，它唯一标识每一行；第二，它从不为空或为 Null，即它始终包含一个值；第三，它的值几乎不变。

在 Access 中可以定义单字段主键和多字段主键。

2.2.1 设置单字段主键

任务 2.4 为确保“学生”表中没有重复的学生学号，可将“学号”字段设置为主键。

任务分析

如果能用一个字段唯一标识表中每一条记录，那么该字段可以设置为主键。在“学生”表中，由于每位学生的“学号”是唯一的，则可以将“学号”字段设置为主键，而不能定义“姓名”、“地址”等字段为主关键字，因为有可能出现姓名相同或地址相同的两条或多条记录。

任务操作

（1）打开“学生”表，在设计视图中选中“学号”字段，单击“设计”选项卡“工具”选项组中的“主键”按钮，或右击该字段，在弹出的快捷菜单中选择“主键”选项，这时在“学号”字段的行选择器上显示主键标记，如图 2-12 所示。

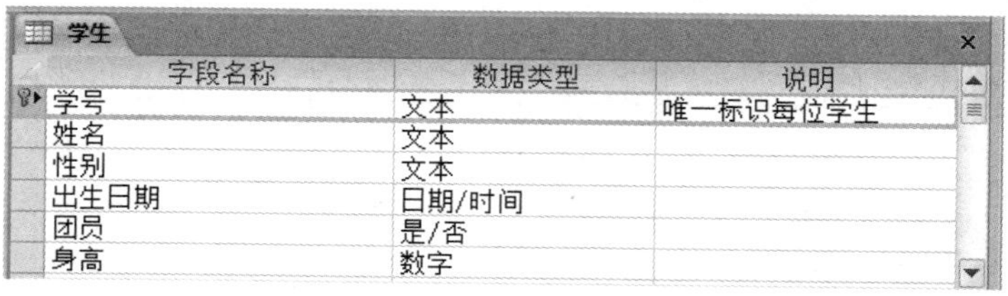

学生

字段名称	数据类型	说明
学号	文本	唯一标识每位学生
姓名	文本	
性别	文本	
出生日期	日期/时间	
团员	是/否	
身高	数字	

图 2-12 设置“学号”字段为主键

（2）单击快速访问工具栏中的“保存”按钮，保存所做的修改。

将“学生”表中的“学号”字段设置为主键，因为它可以唯一标识每一位学生，不能将“学生”表中的“姓名”作为主键，因为可能包含名字相同的学生。“成绩”表中包含的“学号”字段不能设置为主键，因为“成绩”表中相同的学号可能会出现多次，它被称为外键。外键就是另一个表的主键。

提示

如果不能确定表中的字段能否作为主键，则可以插入一个“自动编号”数据类型的字段，将它设置为主键。

“自动编号”类型的字段有“新值”属性，它包含“递增”和“随机”两个选项，默认设置是“递增”。选择“递增”时，在增加记录时，该字段的序号自动加 1；选择“随机”时，在增加记录时，该字段序号为随机数。这些数字都不会重复，能唯一标识表中的每一条记录，因此可以将“自动编号”类型的字段设置为主关键字。

2.2.2 设置多字段主键

任务 2.5 在“成绩”表中为确保一个学生的一门课程成绩不出现两次或多次，将“学号”字段和“课程号”字段组合设置为“成绩”表的主键。

任务分析

当用单个字段无法唯一标识表中的记录时，可以将两个或多个字段组合在一起作为主键来唯一标识每一条记录。在“成绩”表中，由于“成绩”或“课程号”字段都不能唯一标识每一条记录，而将这两个字段组合在一起后可以唯一标识每一条记录，因此，可以将这两个字段组合起来设置为主键。

任务操作

（1）在“成绩”表设计视图中，按住 Ctrl 键，依次单击“学号”和“课程号”字段的行选择器，释放 Ctrl 键，单击“设计”选项卡“工具”选项组中的“主键”按钮，这时即可在“学号”和“课程号”字段的行选择器上添加主键标记，如图 2-13 所示。

（2）单击快速访问工具栏中的“保存”按钮，保存所做的修改。

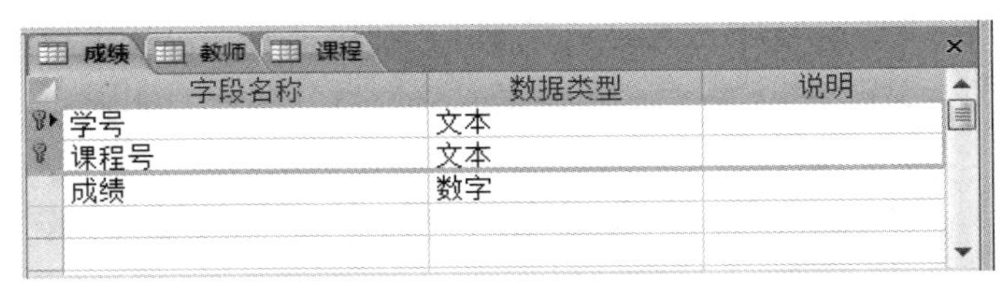

图 2-13 设置“学号”和“课程号”字段为主键

如果表中的某个字段不适合做主键，或临时取消主键的设置，则可以将主键从表中删除。具体方法是选中主键字段所在的行，然后单击“设计”选项卡“工具”选项组中的“主键”按钮，这时表中行选择器上的主键标记符号消失，表示已取消主键设置。

提示

当表中的主键与其他表建立了关系时，不要随意撤销或删除主键。如果有必要，一般先删除与其他表的关系，再删除主键。

相关知识

主键与外键

主键是能够唯一标识表中每条记录的一个字段或多个字段的组合，它不允许为 Null 值，且主键的键值必须始终是唯一的。例如，“学生”表中的“学号”字段，“课程”表中的“课程号”字段都可以设置成主键。如果表中的现有属性都不是唯一的，则要创建作为标识的键（通常是数字值），并把该键设为主键。

外键是存在于子表中，用于与相应的主表建立关系的值。主表能通过在子表中搜索相关实例的外键，找到所有有关的子表。子表中的外键通常是主表的主键。一个表中主键是唯一的，外键可以有多个。例如，“学号”字段在“学生”表中是主键，在“成绩”表中就是外键；“课程号”字段在“课程”表中是主键，在“成绩”表中就是外键。Access 2010 允许定义自动编号类型字段、单字段和多字段3种类型的主键。

（1）自动编号类型主键。当向表中添加一条记录时，能够将自动编号字段设置为自动输入连续数字的编号。将自动编号字段指定为主键是创建主键的最简单的方法。例如，在保存新表之前没有设置主键，在保存Access时将询问是否要创建主键，如果选择“是”，则Access将创建自动编号主键。

（2）单字段主键。如果一个字段中包含的都是唯一的值，如学号、身份证号、职工号等，则可以将这些类型的字段指定为主键。如果所选字段有重复值或Null值，则Access不会把该字段设置为主键。

（3）多字段主键。在一个表中，在不能保证任何单字段包含唯一值的情况下，可以将两个或多个字段的组合指定为主键，如在“成绩”表中，“学号”和“课程号”两个字段的值都不是唯一的，不能单独设置为主键，但当把这两个字段组合起来后，其组合值具有唯一性，可以设置为主键。

思考与练习

1. 如果一个表中的单个字段或多个字段的组合都不能设置为主键，则应该添加什么类型的字段作为主键？
2. 设置“教师”表中的“教师编号”字段为主键。
3. 设置“课程”表中的“课程号”字段为主键。

2.3 创建值列表字段和查阅字段

创建值列表字段，在数据表视图中对该字段中输入数据时，可以从查阅列表中直接选取已有的值，以减少重复字段值的输入。

2.3.1 创建值列表字段

创建值列表字段，可以通过在设计视图中直接设置字段属性来实现。

任务 2.6 在表设计视图中为“学生”表的“性别”字段创建值列表，取值为“男”和“女”。

任务分析

在“学生”表的“性别”字段中，只有“男”或“女”两个值，可以把该字段设置为值列表字段，在输入数据时，直接从预设的值列表中进行选择输入，提高录入速度。

任务操作

（1）在设计视图中打开“学生”表，单击要设置值列表字段所在的行。例如，单击“性别”字段，然后在窗口下方选择“字段属性”中的“查阅”选项卡。

（2）在“显示控件”下拉列表中选择“组合框”选项；在“行来源类型”下拉列表中选择“值列表”选项；在“行来源”文本框中输入值列表所包含的值，各个值之间用半角分号分隔，如图2-14所示。这样，表中的“性别”字段就定义了“男”、“女”两个值。

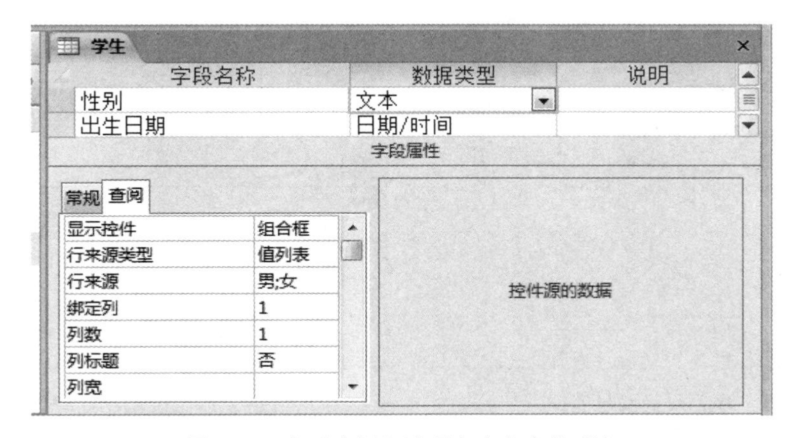

图 2-14　在“查阅”选项卡中定义值列表

（3）单击快速访问工具栏中的“保存”按钮，保存所做的修改。

切换到“学生”表的数据表视图，在输入或修改记录的“性别”字段值时，除了直接输入“男”、“女”外，还可以从组合框中进行选择，如图 2-15 所示。

学生

学号	姓名	性别	出生日期	团员	身高	专业
20130101	艾丽丝	女	1998/6/18	☑	1.71	网络技术与应用
20130102	李东海	男	1998/3/25	☑	1.75	网络技术与应用
20130201	孙晓雨	女	1997/12/26	☑	1.65	动漫设计
20130202	赵　雷	男	1998/1/15	☐	1.68	动漫设计
20130203	王和平	女	1997/10/17	☐	1.65	动漫设计
20140101	张莉莉	女	1999/3/12	☑	1.58	物联网技术
20140102	李曼玉	女	1998/6/20	☐	1.65	物联网技术
20140201	王建利	男	1998/7/23	☐	1.76	餐旅服务
20140202	张思雨	女	1998/10/25	☑	1.72	餐旅服务
*				☐	0	

记录: 第 3 项(共 9 项)　无筛选器　搜索

图 2-15　从组合框中选择字段值

创建值列表字段还可以使用向导，值列表常用于显示创建字段时输入的一组值。

相关知识

使用向导创建值列表字段

创建值列表字段时，除了在表设计视图的字段属性中直接创建外，还可以使用向导来创建。例如，为“学生”表中的“专业”字段创建值列表，取值为“网络技术与应用”、“动漫技术”、“游戏设计”、“餐旅服务”、“物联网技术”等。操作方法如下。

（1）在设计视图中打开“学生”表，单击“专业”字段所在的行，从“数据类型”下拉列表中选择“查阅向导”选项，弹出“查阅向导”对话框，选中“自行键入所需的值”单选按钮，如图 2-16 所示。

（2）单击“下一步”按钮，弹出如图 2-17 所示的对话框，输入值列表中所需的列数，默认为 1 列，输入“网络技术与应用”、“动漫技术”、“游戏设计”、“餐旅服务”、“物联网技术”，如图 2-17 所示。

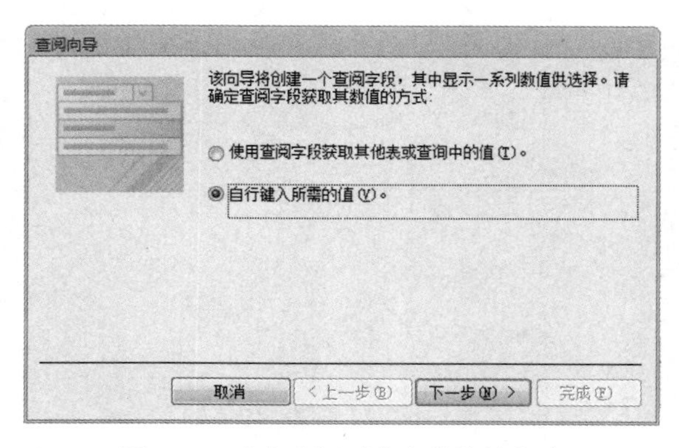

图 2-16　确定查阅列获取数值的方法

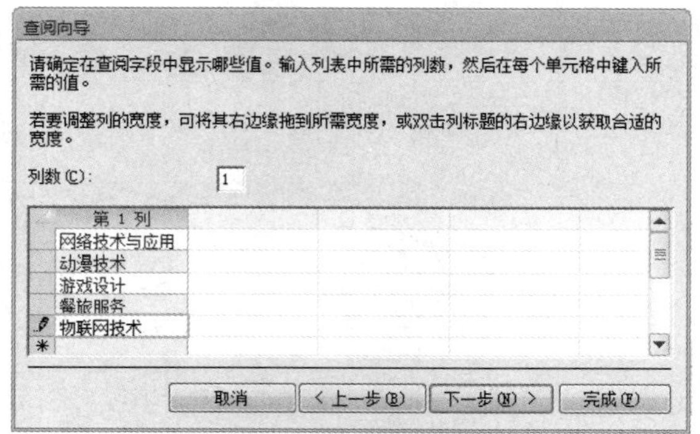

图 2-17　设置在查阅列中显示的值

（3）单击“下一步”按钮，弹出如图 2-18 所示的对话框，为查阅字段指定标签，默认值为所选字段名称，单击“完成”按钮。

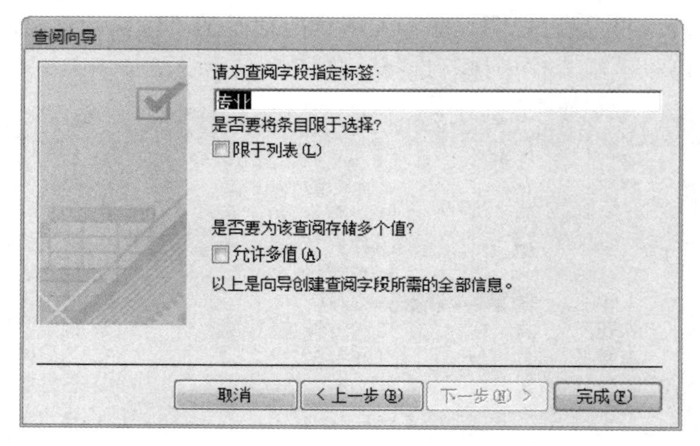

图 2-18　为查阅字段指定标签

（4）单击快速访问工具栏中的“保存”按钮，保存所做的修改。

切换到数据表视图，在输入或修改记录的“专业”字段值时，除了直接输入外，还可以从组合框中选择输入，如图 2-19 所示。

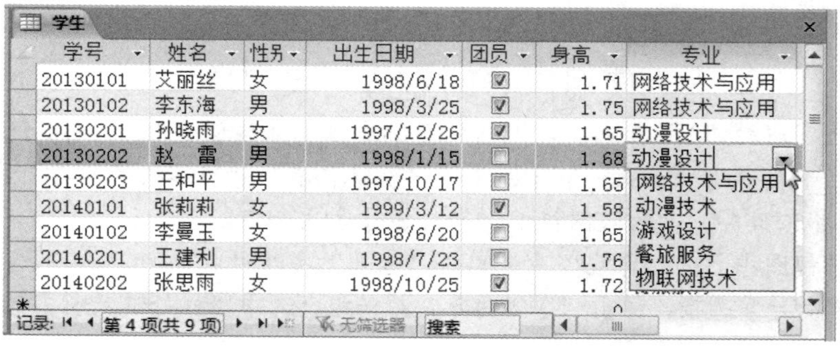

学生

学号	姓名	性别	出生日期	团员	身高	专业
20130101	艾丽丝	女	1998/6/18	☑	1.71	网络技术与应用
20130102	李东海	男	1998/3/25	☑	1.75	网络技术与应用
20130201	孙晓雨	女	1997/12/26	☑	1.65	动漫设计
20130202	赵　雷	男	1998/1/15	☐	1.68	动漫设计
20130203	王和平	男	1997/10/17	☐	1.65	
20140101	张莉莉	女	1999/3/12	☑	1.58	
20140102	李曼玉	女	1998/6/20	☐	1.65	
20140201	王建利	男	1998/7/23	☐	1.76	
20140202	张思雨	女	1998/10/25	☑	1.72	

（下拉列表：网络技术与应用、动漫技术、游戏设计、餐旅服务、物联网技术）

记录：第 4 项(共 9 项)　无筛选器　搜索

图 2-19　从值列表中为字段选择值

2.3.2 创建查阅字段

使用查阅字段，可以从其他表或查询的字段中获取数值。例如，“课程”表中的“课程名”字段值有“语文”、“英语”、“哲学与人生”、“网络技术基础”、“网页设计”等，在输入或修改记录时，除了直接输入该字段的值外，还可以通过另一个表（如“教材”表、“课程设置”表等）来提供，这时需将“课程名”字段设置为“查阅字段”。

任务 2.7 将“课程”表中的“课程名”字段设置为查阅列字段，由“教材”表为该字段提供值列表。

任务分析

在输入记录时，“课程”表中的“课程名”字段由“教材”表为该字段提供值列表，这加快了录入速度，并减少了输入错误。

任务操作

（1）浏览已创建的“教材”表，其记录如图 2-20 所示。

教材

教材编号	教材名称
D001	职业生涯规划
D002	经济政治与社会
D003	职业道德与法律
D004	哲学与人生
E001	英语(一)
E002	旅游英语
J001	网络技术基础
J002	网页设计
J003	二维动画
J004	影视制作
J005	数据库应用基础
L001	旅游概论
S001	数学(一)
S002	数学(二)
S003	概率论
W001	傲慢与偏见
W002	天涯晚笛
W003	我们仨
Y001	语文(一)
Y002	语文(二)
Y003	商务英语

记录: 第 1 项(共 21 项 无筛选器 搜索

图 2-20 “教材”表记录

（2）在设计视图中打开“课程”表，单击“课程名”字段行，在“数据类型”下拉列表中选择“查阅向导”选项，弹出如图 2-16 所示的“查阅向导”对话框，选中“使用查阅字段获取其他表或查询中的值”单选按钮。

（3）单击“下一步”按钮，弹出如图 2-21 所示的对话框，在“视图”选项组中选中“表”单选按钮，在列表框中选择“表：教材”选项。

（4）单击“下一步”按钮，弹出如图 2-22 所示的对话框，选择一个字段为查阅字段提供数值，如选择“教材名称”字段。

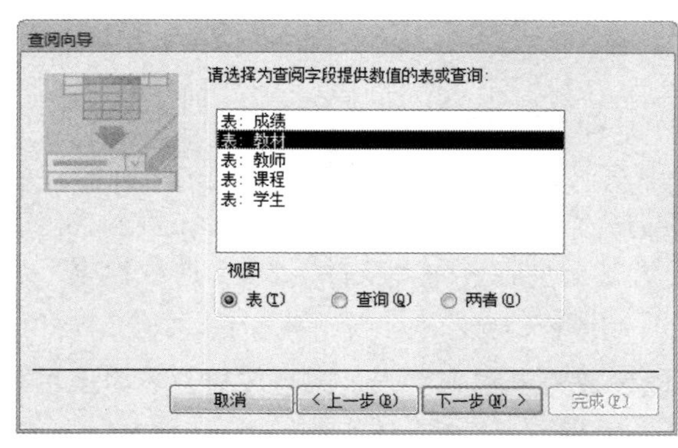

图 2-21　选择提供查阅字段的表

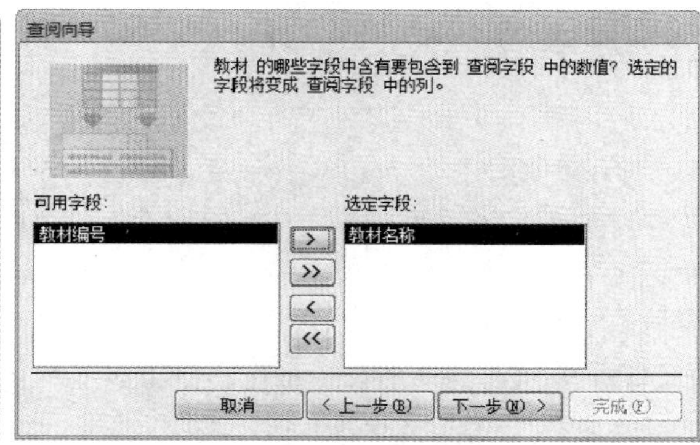

图 2-22　选择为查阅字段提供数值的字段

（5）单击“下一步”按钮，弹出如图 2-23 所示的对话框，选择要排序的字段。

（6）单击“下一步”按钮，弹出如图 2-24 所示的对话框，指定查阅字段列的宽度。可拖动右边框到所需要的宽度，或者双击列标题的右边框以获取合适的宽度。

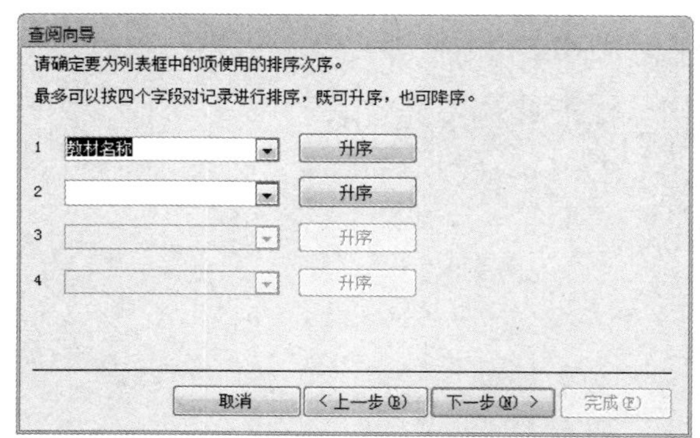

图 2-23　选择要排序的字段

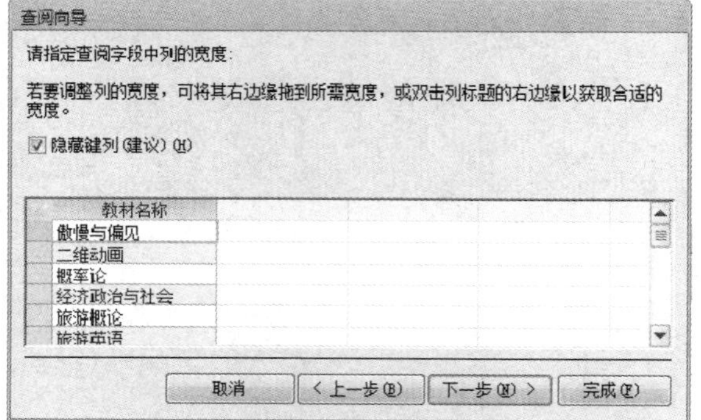

图 2-24　指定查阅字段列的宽度

（7）单击“下一步”按钮，在弹出的对话框中为查阅字段指定标签，默认为字段名称，单击“完成”按钮，保存两个表之间建立的关系。

切换到“课程”数据表视图，当输入“课程名”字段值时，从查阅字段下拉列表中选择一个选项，如图 2-25 所示。

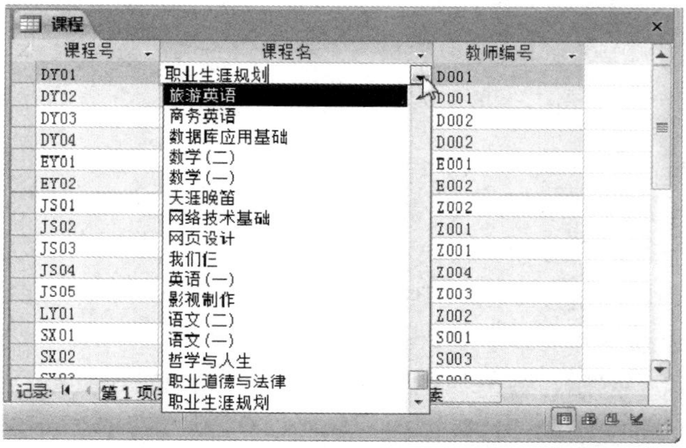

图 2-25　在数据表视图中为查阅字段输入值

思考与练习

1. 在应用值列表字段或查阅字段中输入数据时，如果值列表字段或查阅字段没有提供数据，是否可以自行输入数据？
2. 在设计视图中为“学生”表中的“专业”字段创建值列表，取值为“网络技术与应用”、“动漫技术”、“游戏设计”、“餐旅服务”、“物联网技术”。
3. 创建一个“专业名称”表，设置一个“专业”字段，并输入记录。
4. 将“学生”表中的“专业”字段设置为查阅字段，由“专业名称”表提供该字段值。

2.4 记录排序

默认情况下，如果表中设置了主键，记录是按照主键值升序排列的。如果表中没有主键字段，则表中的记录是按添加的先后顺序排列的。如果需要，还可以通过排序操作改变表中记录的排列顺序。对记录进行排序可以按单字段排序，也可以按多字段排序。

2.4.1 单字段排序

任务 2.8 对“学生”表中的记录（图 2-26）按“姓名”字段升序重新排列次序。

任务分析

在 Access 2010 中，可以按照文本、数字或日期值进行数据排序。排序主要有两种方法：一种是利用工具栏进行简单排序；另一种是利用窗口的高级排序。对单字段或相邻的多个字段排序可以使用工具栏按钮进行快速排序。

任务操作

（1）在数据表视图中打开“学生”表，选中要排序的“姓名”字段。

（2）单击“开始”选项卡“排序和筛选”选项组中的“升序”按钮，数据记录将按升序排序，排序结果如图 2-27 所示。

学生

学号	姓名	性别	出生日期	团员	身高	专业
20130101	艾丽丝	女	1998/6/18	☑	1.71	网络技术与应用
20130102	李东海	男	1998/3/25	☑	1.75	网络技术与应用
20130201	孙晓雨	女	1997/12/26	☑	1.65	动漫设计
20130202	赵 雷	男	1998/1/15	☐	1.68	动漫设计
20130203	王和平	男	1997/10/17	☐	1.65	动漫设计
20140101	张莉莉	女	1999/3/12	☑	1.58	物联网技术
20140102	李曼玉	女	1998/6/20	☐	1.65	物联网技术
20140201	王建利	男	1998/7/23	☐	1.76	餐旅服务
20140202	张思雨	女	1998/10/25	☑	1.72	餐旅服务

记录: 第 1 项(共 9 项) 无筛选器 搜索

图 2-26 排序前的表记录

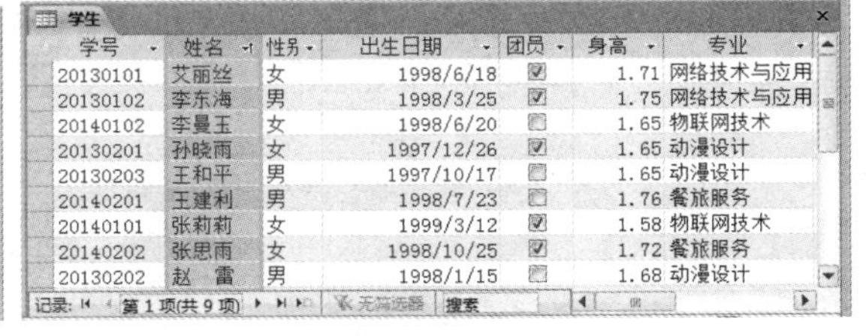

学生

学号	姓名	性别	出生日期	团员	身高	专业
20130101	艾丽丝	女	1998/6/18	☑	1.71	网络技术与应用
20130102	李东海	男	1998/3/25	☑	1.75	网络技术与应用
20140102	李曼玉	女	1998/6/20	☐	1.65	物联网技术
20130201	孙晓雨	女	1997/12/26	☑	1.65	动漫设计
20130203	王和平	男	1997/10/17	☐	1.65	动漫设计
20140201	王建利	男	1998/7/23	☐	1.76	餐旅服务
20140101	张莉莉	女	1999/3/12	☑	1.58	物联网技术
20140202	张思雨	女	1998/10/25	☑	1.72	餐旅服务
20130202	赵 雷	男	1998/1/15	☐	1.68	动漫设计

记录: 第 1 项(共 9 项) 无筛选器 搜索

图 2-27 按“姓名”字段升序排序

如果单击“排序和筛选”选项组中的“降序”按钮，则数据记录将按降序排序。

如果要按相邻的两个字段排序，如“性别”和“出生日期”，则可以先选中这两个字段，再单击“排序和筛选”选项组中的“升序”或“降序”按钮，即可对数据记录进行排序，如图 2-28 所示。

学号	姓名	性别	出生日期	团员	身高	专业
20140101	张莉莉	女	1999/3/12	☑	1.58	物联网技术
20140202	张思雨	女	1998/10/25	☑	1.72	餐旅服务
20140102	李曼玉	女	1998/6/20	☐	1.65	物联网技术
20130101	艾丽丝	女	1998/6/18	☑	1.71	网络技术与应用
20130201	孙晓雨	女	1997/12/26	☑	1.65	动漫设计
20140201	王建利	男	1998/7/23	☐	1.76	餐旅服务
20130102	李东海	男	1998/3/25	☑	1.75	网络技术与应用
20130202	赵　雷	男	1998/1/15	☐	1.68	动漫设计
20130203	王和平	男	1997/10/17	☐	1.65	动漫设计

图 2-28　按“性别”和“出生日期”字段降序排序

2.4.2　多字段排序

任务 2.9　“学生”表按“专业”字段升序、“出生日期”字段降序排列记录。

任务分析

由于“专业”字段和“出生日期”字段是不相邻的，要对这两个字段进行排序，需要使用 Access 的高级排序功能。

任务操作

（1）打开“学生”数据表视图，单击“开始”选项卡“排序和筛选”选项组中的“高级”下拉按钮，选择“高级筛选/排序”选项，打开如图 2-29 所示的窗口。

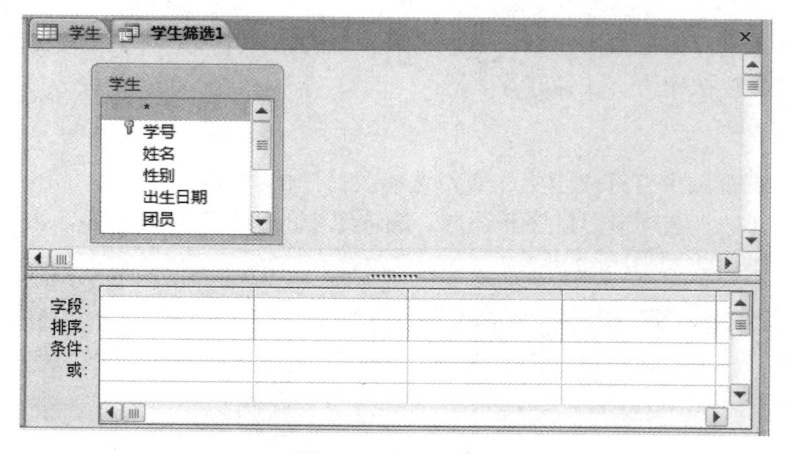

图 2-29　筛选窗口

（2）在筛选窗口的上部显示了“学生”表的字段列表。从该字段列表中，将“专业”字段和“出生日期”字段分别拖动到窗口下部网格中的第 1 列和第 2 列的字段处；也可以单击“字段”单元格右侧的下拉按钮，在下拉列表中选取排序字段。这里两个字段的先后顺序不能颠倒。

（3）单击“排序”单元格右侧的下拉按钮，从下拉列表中选择“升序”或“降序”选项来排列记录。例如，将“专业”字段设置为升序，将“出生日期”字段设置为降序，如图 2-30 所示。

（4）单击“开始”选项卡“排序和筛选”选项组中的“高级”下拉按钮，选择“应用筛选/排序”选项，系统自动切换到数据表视图，并按设置的字段排序排列记录，排序后的结果如图 2-31 所示。

图 2-30 设置的排序字段和排列次序

学号	姓名	性别	出生日期	团员	身高	专业
20140202	张思雨	女	1998/10/25	☑	1.72	餐旅服务
20140201	王建利	男	1998/7/23	☐	1.76	餐旅服务
20130202	赵　雷	男	1998/1/15	☐	1.68	动漫设计
20130201	孙晓雨	女	1997/12/26	☑	1.65	动漫设计
20130203	王和平	男	1997/10/17	☐	1.65	动漫设计
20130101	艾丽丝	女	1998/6/18	☑	1.71	网络技术与应用
20130102	李东海	男	1998/3/25	☑	1.75	网络技术与应用
20140101	张莉莉	女	1999/3/12	☑	1.58	物联网技术
20140102	李曼玉	女	1998/6/20	☐	1.65	物联网技术

图 2-31 排序后的“学生”表记录

从排序结果中可以看到，先按“专业”字段升序排序，对于专业相同的记录再按“出生日期”字段降序排序。在记录排序并保存之后，当下次打开该表时，数据的排列顺序与上次关闭时的顺序相同。此时，如果要取消排序顺序，则单击“开始”选项卡“排序和筛选”选项组中的“取消排序”按钮，表中记录的排列将恢复为排序前的次序。

提示

在对记录按多字段排序时，如果要排序的字段是相邻的，如“学生”表中要排序的“性别”字段和“出生日期”字段，在数据表视图中选择要排序的相邻字段列，然后单击“开始”选项卡“排序和筛选”选项组中的“升序”按钮或“降序”按钮，系统会自动对所选字段列进行排序。排序时先对最左边的字段进行排序，当遇到第一个字段值相同的记录时，再根据第二个字段值进行排序。

在对多个相邻字段进行排序时，是按同一种顺序排序的。如果对多个字段按不同方式排序或对不相邻的字段排序，则应使用“高级筛选/排序”功能。

思考与练习

1. 在数据表中对记录排序后，数据表中记录的存储次序是否发生变化？
2. 对“学生”表中的“出生日期”字段按升序排序。
3. 对“教师”表中的“任教课程”字段和“姓名”字段按升序排序。

2.5 筛选记录

筛选就是一个简单的查询，使用筛选可以查找出表中特定的数据。在 Access 2010 有多种筛选记录的方法：按窗体筛选、高级筛选、选择记录等。

2.5.1 按窗体筛选记录

当表中有大量记录时，通过“按窗体筛选”方法能快速筛选出自己需要的记录。

任务 2.10 在“学生”表中筛选专业为“网络技术与应用”并且性别为“女”的记录。

任务分析

使用“按窗体筛选”记录，单击字段的下拉按钮并选择一个值作为条件准则，通过它产生满足条件的记录子集。

任务操作

（1）打开“学生”数据表视图，单击“开始”选项卡“排序和筛选”选项组中的“高级”下拉按钮，选择“按窗体筛选”选项。

（2）单击“专业”字段空白行下拉按钮，在下拉列表中选择“网络技术与应用”选项，如图 2-32 所示。

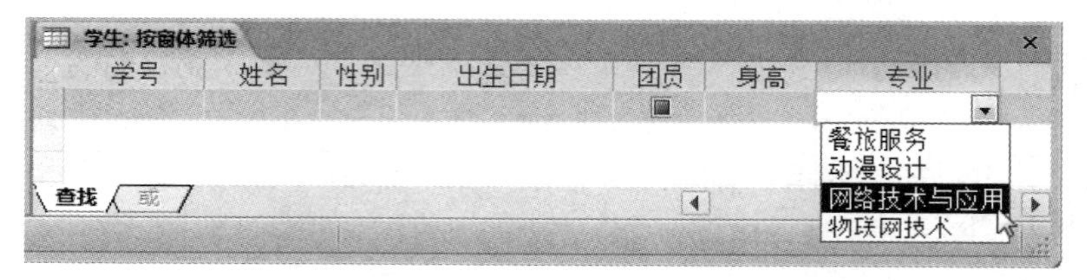

图 2-32　设置筛选选项

（3）单击“性别”字段下拉按钮，在下拉列表中选择“女”选项，再单击“开始”选项卡“排序和筛选”选项组中的“高级”下拉按钮，选择“应用筛选/排序”选项，结果如图 2-33 所示。

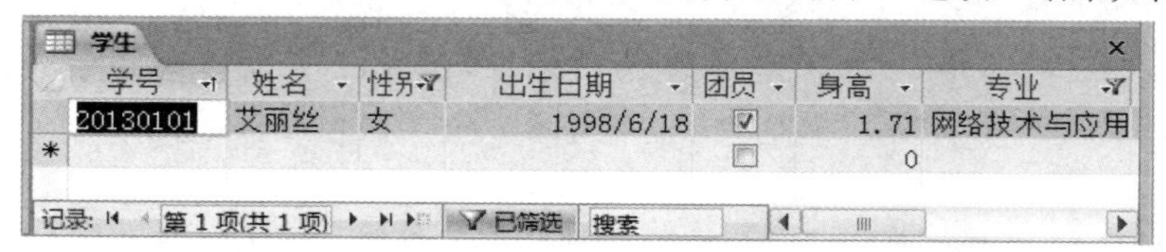

图 2-33　按窗体筛选记录

从上述筛选结果可以看出，“学生”表中“网络技术与应用”专业的女生记录显示了在数据表视图中。

如果选择的条件中包含两个值，在设置了一个条件后，可以选择窗口底部的“或”选项卡，设置另一个条件，设置完一个条件后，会再显示一个“或”选项卡，以方便用户为筛选添加更多的条件。例如，筛选“网络技术与应用”专业的女生记录，或“动漫设计”专业的男生记录，在设置第 1 个条件后，选择“或”选项卡，再设置第 2 个条件，如图 2-34 所示，应用筛选后的结果如图 2-35 所示。

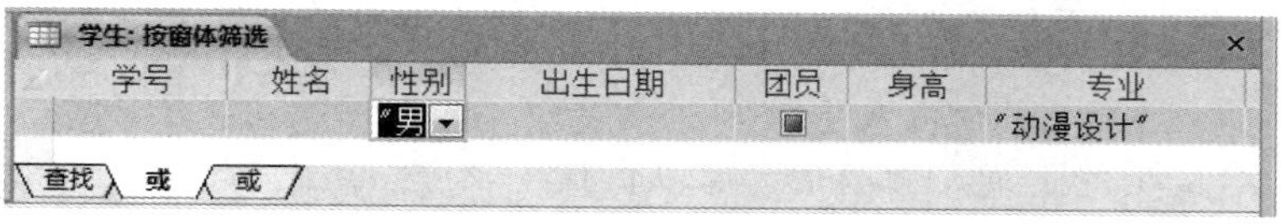

学生: 按窗体筛选

学号	姓名	性别	出生日期	团员	身高	专业
		"男				"动漫设计"

查找　或　或

图 2-34　设置“或”条件筛选

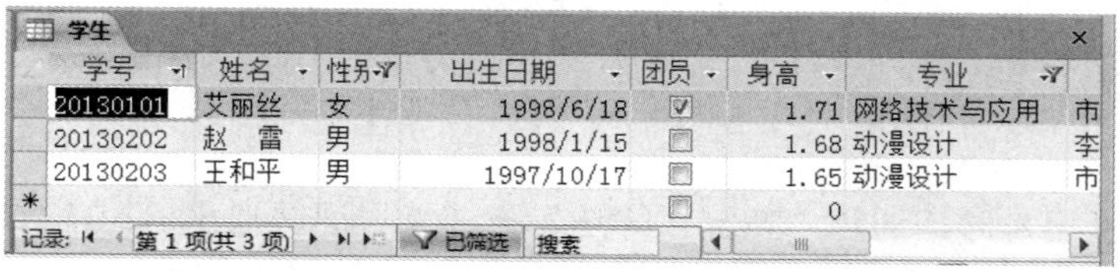

学生

学号	姓名	性别	出生日期	团员	身高	专业
20130101	艾丽丝	女	1998/6/18	☑	1.71	网络技术与应用
20130202	赵　雷	男	1998/1/15	☐	1.68	动漫设计
20130203	王和平	男	1997/10/17	☐	1.65	动漫设计
*				☐	0	

记录: 第 1 项(共 3 项)　已筛选　搜索

图 2-35　“或”条件筛选记录结果

如果要取消筛选记录，单击“开始”选项卡“排序和筛选”选项组中的“高级”下拉按钮，选择“清除所有筛选器”选项即可。

2.5.2 高级筛选记录

对于比较复杂的筛选，可以使用高级筛选，为指定的字段设置筛选条件。

任务 2.11 在“学生”表中筛选出多个不确定的记录，如筛选“张”姓或“李”姓的记录。

任务分析

在设置筛选条件时，有时需要使用通配符“*”或“?”，一个“*”可以替代多个字符，一个“?”可以替代一个字符。因此，在该任务的“条件”单元格中需要输入条件“张* Or 李*”。

任务操作

（1）在数据表视图中打开“学生”表，单击“开始”选项卡“排序和筛选”选项组中的“高级”下拉按钮，选择“高级筛选/排序”选项，打开筛选窗口。

（2）在“字段”行中，选择要进行筛选的“姓名”字段，在“条件”行中输入筛选的条件“张*”，系统自动显示为“Like "张*"”；再在“或”单元格中输入“李*”，系统显示为“Like "李*"”，如图 2-36 所示。

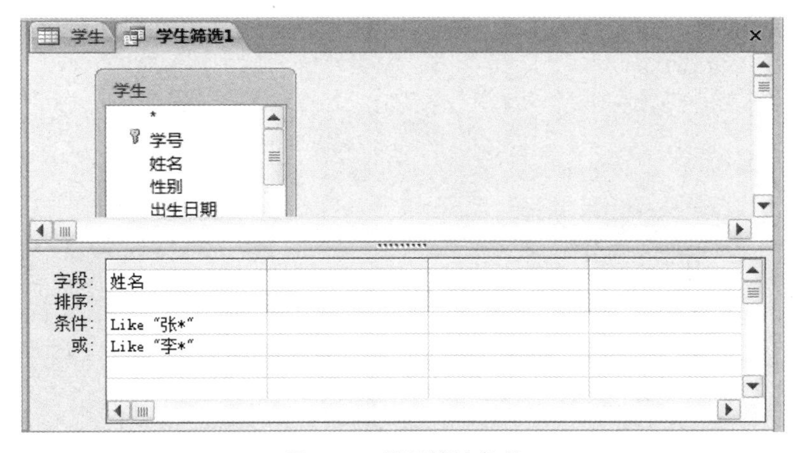

图 2-36 设置筛选条件

上述筛选可以在“条件”单元格中输入“张* Or 李*”，系统自动显示为“Like "张*" Or Like "李*"”。

（3）单击“开始”选项卡“排序和筛选”选项组中的“高级”下拉按钮，选择“应用筛选/排序”选项，结果如图 2-37 所示。

学号	姓名	性别	出生日期	团员	身高	专业
20130102	李东海	男	1998/3/25	☑	1.75	网络技术与应用
20140101	张莉莉	女	1999/3/12	☑	1.58	物联网技术
20140102	李曼玉	女	1998/6/20	☐	1.65	物联网技术
20140202	张思雨	女	1998/10/25	☑	1.72	餐旅服务

记录: 第 1 项(共 4 项) 已筛选 搜索

图 2-37 高级筛选记录结果

提示

如果要查找某一字段值为“空”或“非空”的记录，则可在该字段中输入条件 Is Null 或 Is Not Null。

如果想建立一个列表，保存筛选的记录，则可以把筛选条件保存为一个查询对象。单击“开始”选项卡“排序和筛选”选项组中的“高级”下拉按钮，选择“另存为”选项，然后为查询输入一个名称并单击“确定”按钮，将查询保存在数据库中。

相关知识

选择记录

Access 2010 提供了选择记录操作，可以选择包含或不包含同一数据记录的特定字段。例如，在“学生”数据表视图中，筛选所有专业是“动漫设计”的记录。应用选择记录时，把插入点定位在单元格“专业”字段中的“动漫设计”字段上，单击“开始”选项卡“排序和筛选”选项组中的“选择”下拉按钮，选择一个适当的选项，如图 2-38 所示。

若选择“等于‘动漫设计’”选项，则在数据表视图只显示专业是“动漫设计”的记录。

也可以将插入点定位在“专业”字段的一条记录上，单击“开始”选项卡“排序和筛选”选项组中的“筛选器”按钮或者单击字段标题栏的下拉按钮，在下拉列表中选择需要的选项，如图 2-39 所示。

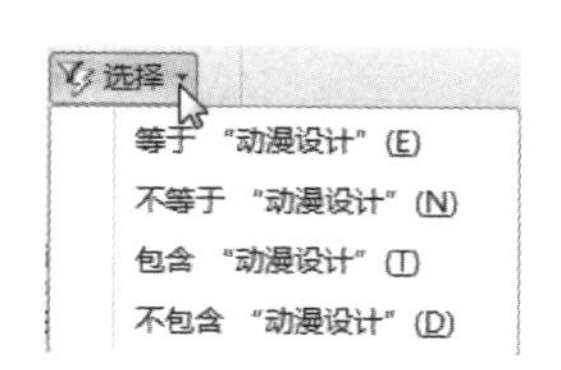

图 2-38　选择选项

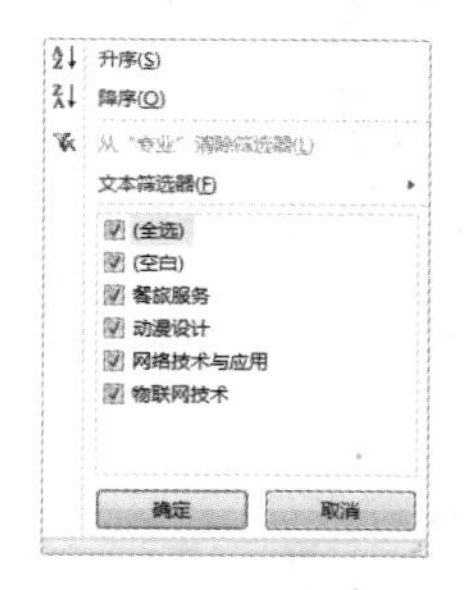

图 2-39　字段筛选器

在执行一个筛选后，筛选标记会显示在筛选的字段标题栏中。

单击“开始”选项卡“排序和筛选”选项组中的“切换筛选”按钮，可以进行撤销筛选或再次筛选操作。

思考与练习

1. 在“学生”表中筛选出“张”姓或“李”姓，且专业是“物联网技术”的记录，应用高级筛选时如何设置筛选条件？
2. 在“教师”表中筛选某一教师。
3. 在“学生”表中选择身高在 1.65～1.70 的记录。
4. 在“课程”表中按窗体筛选出课程号以“JS”开头的记录。

2.6 创建索引

根据用户选择创建的索引字段来存储记录的位置，可以加快查找和排序记录的速度。可以根据一个字段或多个字段来创建索引。用于创建索引的字段是经常搜索的字段、进行排序的字段，以及在多个表或查询中连接到其他表中字段的字段。如果在包含一个或多个索引字段的表中输入数据，则每次添加数据时，Access 必须更新索引。

2.6.1 创建单字段索引

任务 2.12 为使每位学生的课程成绩排在一起，在“成绩”表中对“学号”字段按升序建立索引。

任务分析

每门课程的考试成绩在“成绩”表中是一条记录，一个学生可以有多门课程的考试成绩，因此，应该对“学号”字段建立有重复记录的索引，使每位学生的课程成绩排在一起。

任务操作

（1）在“成绩”表设计视图中选中“学号”字段。

（2）在“字段属性”的“常规”选项卡中，单击“索引”下拉按钮，在下拉列表中选择“有（有重复）”选项，如图 2-40 所示。

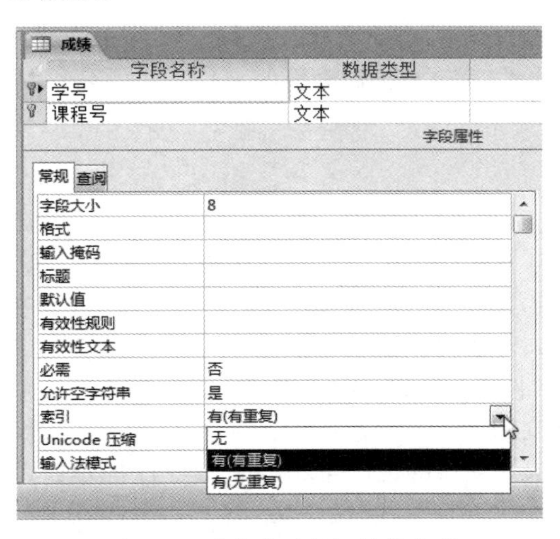

图 2-40 建立有重复记录的索引

（3）单击快速访问工具栏中的“保存”按钮，保存所做的修改。

当一个字段定义为主键时，它会自动建立索引，而且是“无重复”的主索引。

提示

索引还可以在表设计视图中进行设置，单击“设计”选项卡“显示/隐藏”选项组中的“索引”按钮，打开索引窗口，如图 2-41 所示。在索引窗口中可以看到已经有了一个名为 PrimaryKey 的索

引，作为表的主键组合字段的“学号”和“课程号”会自动创建索引，该索引是主索引，并且是唯一索引。表中第3行的索引是上述任务创建的索引。

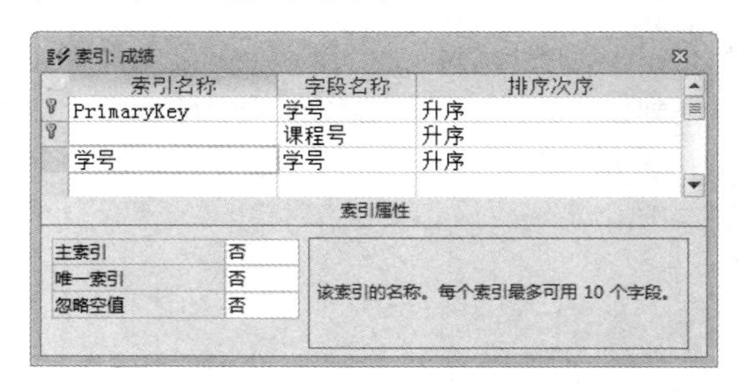

图 2-41　索引窗口

2.6.2　创建多字段索引

如果经常对两个或更多的字段进行搜索或排序，则可以为多个字段建立索引。使用多个字段索引记录时，可以理解为首先使用索引对第1个字段进行排列，如果第1个字段值相同，则按索引中的第2个字段值进行排列，以此类推。

任务 2.13　在“学生”表中创建一个名为“姓名专业”的多字段索引，索引字段为“姓名”和“专业”。

任务分析

创建多字段索引时，首先确定要建立索引的字段为“姓名”和“专业”，然后在索引窗口中建立索引。实际上是按“姓名+专业”表达式值进行索引的。

任务操作

（1）在设计视图中打开要创建索引的“学生”表，单击“设计”选项卡“显示/隐藏”选项组中的“索引”按钮，打开索引窗口，已经存在按“学号”字段建立的主索引。

（2）在“索引名称”的第1个空行中键入索引名为“姓名专业”，单击该行“字段名称”右侧的下拉按钮，在下拉列表中选择索引的第1个字段“姓名”，在“排序次序”中选择“升序”，将“索引属性”的“主索引”和“唯一索引”都设置为“否”。

（3）在“字段名称”列的下一行中，选择多个字段索引中的第2个字段“专业”，并使该行的“索引名称”为空，选择默认的升序排序，如图2-42所示。

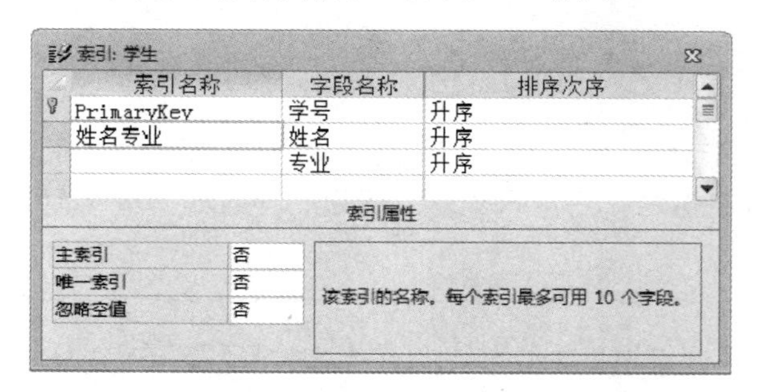

图 2-42　建立多字段索引

（4）关闭索引窗口，再单击快速访问工具栏中的“保存”按钮，保存所做的修改。

如果要删除索引，打开如图 2-42 所示的索引窗口，单击索引所在的行，选中一行或多行，然后按 Delete 键即可。

相关知识

Access 索引

设置索引字段的数据类型为文本、数字、日期/时间、自动编号、货币、是/否、备注或超链接，而不能对 OLE 对象、附件、计算等字段设置索引。表的主键字段自动设置索引，而且是主索引，也是唯一索引。

在 Access 中可以基于表中的单个字段或多个字段创建索引。通过设置“索引”属性可以创建单字段索引。表 2-5 列出了“索引”属性的设置选项。

表 2-5 “索引”属性设置

“索引”属性设置	含 义
无	不在此字段上创建索引（或删除现有索引）
有（有重复）	允许该字段有相同值的多条记录参与索引
有（无重复）	创建唯一索引，不允许字段值重复，每条记录的该字段值在表中必须是唯一的

思考与练习

1. 一个表中的主索引最多有几个？如何理解唯一索引？
2. 在“学生”表中创建一个名为“专业姓名”的多字段索引，索引字段为“专业”和“姓名”，该索引的结果与任务 2.13 中创建的索引结果是否一样？
3. 在“学生”表中为“专业”字段创建一个索引。

2.7 表间关系

一个关系型数据库由各种表组成，这些表共同构建了一个完整的系统。由于在不同的表中输入了不同的数据，因此，必须告诉 Access 如何将这些表中的信息组合在一起，这就需要建立表之间的关系。

2.7.1 定义表间关系

任务 2.14　在“成绩管理”数据库中，要检索学生的姓名、所学专业、各门课程的考试成绩，需将“学生”表和“成绩”表通过“学号”字段建立关联。

任务分析

“学生”表中的“学号”为主键，每位学生是唯一的，在对应的“成绩”表中“学号”字段是外键，该表记录着每位学生各门课程的考试成绩，因此，两个表可以通过“学号”字段建立一对多关联。

任务操作

（1）打开“成绩管理”数据库，单击“数据库工具”选项卡“关系”选项组中的“关系”按钮，弹出“关系”对话框。如果“成绩管理”数据库中各表之间已建立关系，则显示各表之间的关系。如果已存在其他表之间的关系，则单击“设计”选项卡“关系”选项组中的“显示表”按钮，弹出“显示表”对话框，如图 2-43 所示。

（2）选择要建立关系的表，单击“添加”按钮，如分别将“学生”表和“成绩”表添加到“关系”对话框中。或直接双击要建立关系的表，将表添加到“关系”对话框中，再关闭“显示表”对话框，如图 2-44 所示。

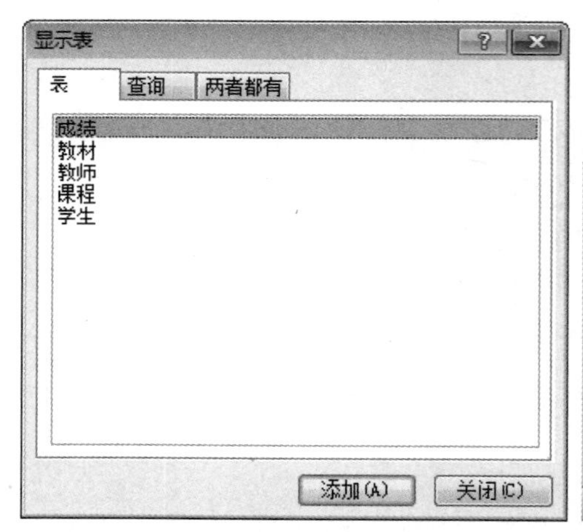

图 2-43 “显示表”对话框

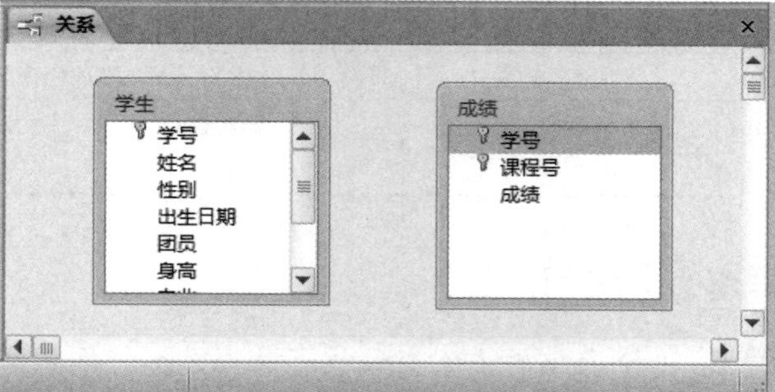

图 2-44 添加表后的“关系”对话框

提示

如果添加了多余的表，则可选中该表，再按 Delete 键将其删除，或单击“设计”选项卡“关系”选项组中的“隐藏表”按钮，将多余的表隐藏。

（3）把“学生”表中的“学号”字段拖到“成绩”表中的“学号”字段上，会自动弹出“编辑关系”对话框，如图 2-45 所示。通常情况下，应将表中的主键字段拖动到其他表中的外键字段上。

（4）在“编辑关系”对话框中，检查显示在两个列中的字段名是否正确，选中“实施参照完整性”复选框，可以在更新和删除记录时实施参照完整性操作。

（5）单击“创建”按钮，系统自动创建该关系，两个表中“学号”字段之间出现一条粗线，关系两端标有“1”和“∞”，表明两个表之间创建了一对多关系，如图 2-46 所示。

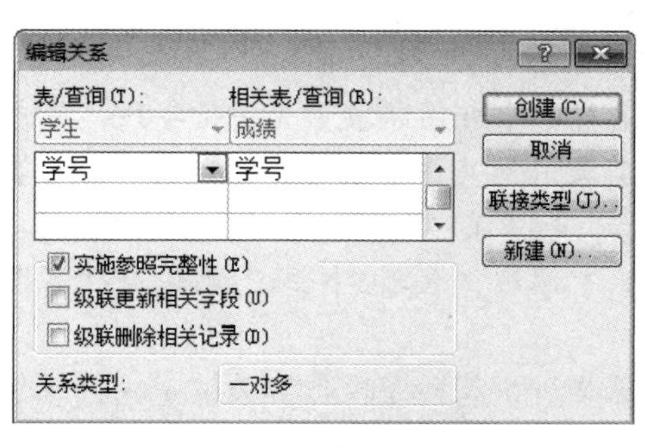

图 2-45 “编辑关系”对话框

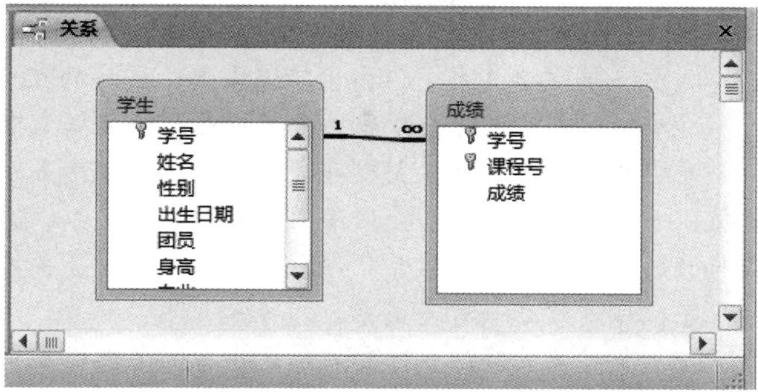

图 2-46 创建表间关系

（6）关闭“关系”对话框，把创建的关系保存到数据库中。

两个表之间的关系：一般选择数据类型相同的字段建立关系，但两个字段名不一定相同，为了便于记忆，建议使用两个相同的字段名。

以同样的方法，还可以建立“课程”表和“成绩”表、“教师”表与“课程”表之间的关联，“成绩管理”数据库中各个表之间的关系如图 2-47 所示。

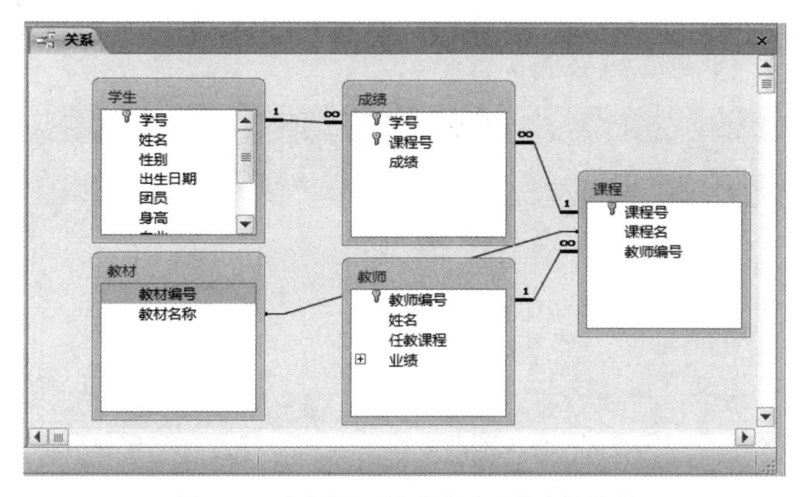

图 2-47 “成绩管理”数据库中的表间关系

创建表间一对多关系时，在关系的“一”端（通常为主键）必须具有唯一索引；“多”端上的字段不具有唯一索引，它可以有索引，但必须允许重复。

相关知识

表间关系与子数据表

1．表间关系

在数据库应用管理系统中，一个数据库中往往包含多个表，例如，“成绩管理”数据库中包含“学生”表、“教师”表、“课程”表、“成绩”表等。这些表之间不是独立的，它们之间是有关联的。表之间的关系可以分为一对一、一对多和多对多。

（1）一对一关系。一对一关系是指在两个数据表中选择一个相同字段作为关键字段，其中一个表中的关系字段为主关键字段，具有唯一值；另一个表中的关系字段为外键字段，也具有唯一值。一般来说，出现这种关系的表不多，如果是一对一关系的两个表，则可以合并成一个表，减少一层联接关系，但由于特殊需要，这样的表可以不合并。

（2）一对多关系。一对多关系是指在两个数据表中选择一个相同字段作为关键字段，其中一个表中的关系字段为主关键字段，具有唯一值；另一个表中的关系字段为外键字段，具有重复值。一对多关系在关系数据库中是最普遍的关系。例如，在“成绩管理”数据库中，“学生”表与“成绩”表通过“学号”字段可以建立一对多关系；“课程”表与“成绩”表通过“课程号”字段可以建立一对多关系。

（3）多对多关系。多对多关系是指在两个数据表中选择一个相同字段作为关键字段，一个表中的关系字段具有重复值，另一个表中的关系字段为外键字段，也具有重复值。

例如，在学生和课程之间的关系中，一名学生学习多门课程，而每门课程也可由多名学生来学习。通常在处理多对多的关系时，可把多对多的关系分成两个不同的一对多的关系，这时需要创建第三个表，即通过一个中间表来建立两者的对应关系。用户可以把两个表中的主关键字都放在这个中间表中。

2．子数据表

对于已经定义好关系的表，在具有一对多关系的“一”方表中，系统自动为该表创建一个子表。在数据表视图中，每条记录的前面出现一个可展开的按钮⊞，单击⊞按钮，会出现一个子数据表，列出相关联的记录，如图 2-48 所示。

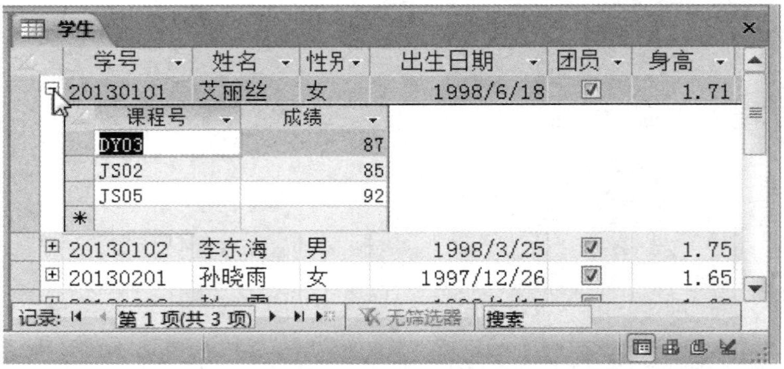

学生

学号	姓名	性别	出生日期	团员	身高
20130101	艾丽丝	女	1998/6/18	☑	1.71
20130102	李东海	男	1998/3/25	☑	1.75
20130201	孙晓雨	女	1997/12/26	☑	1.65

课程号	成绩
DY03	87
JS02	85
JS05	92
*	

记录: 第 1 项(共 3 项) 无筛选器 搜索

图 2-48 “学生”表中展开“成绩”子表

如果要删除子数据表，则单击“开始”选项卡“记录”选项组中的“其他”按钮，在“子数据表”子菜单中选择“删除”选项，即可删除子数据表。

如果要添加子数据表，则单击“开始”选项卡“记录”选项组中的“其他”按钮，在“子数据表”子菜单中选择“子数据表”选项，在弹出的“插入子数据表”对话框中选择要插入的子数据表即可。

2.7.2 设置联接类型

联接是表或查询中的字段与另一个表或查询中具有同一数据类型的字段之间的关联。根据联接的类型，不匹配的记录可能被包括在内，也可能被排除在外。在 Access 数据库中创建基于相关表的查询时，它设置的联接类型将被作为默认值，在以后定义查询时，随时可以覆盖默认的类型。

设置或更改联接类型的操作步骤如下。

（1）单击“数据库工具”选项卡 “关系”选项组中的“关系”按钮，弹出“关系”对话框，双击要编辑联接类型的两个表（如“学生”表和“成绩”表）之间的连线，弹出“编辑关系”对话框，如图 2-49 所示。

（2）单击“联接类型”按钮，弹出“联接属性”对话框，如图 2-50 所示，选择需要的联接类型。

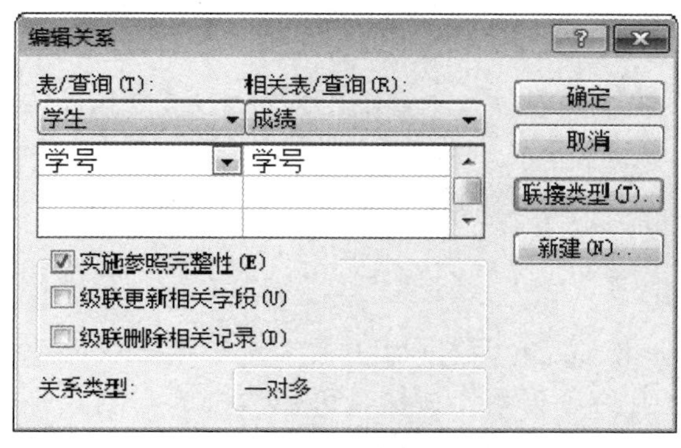

图 2-49 “编辑关系”对话框

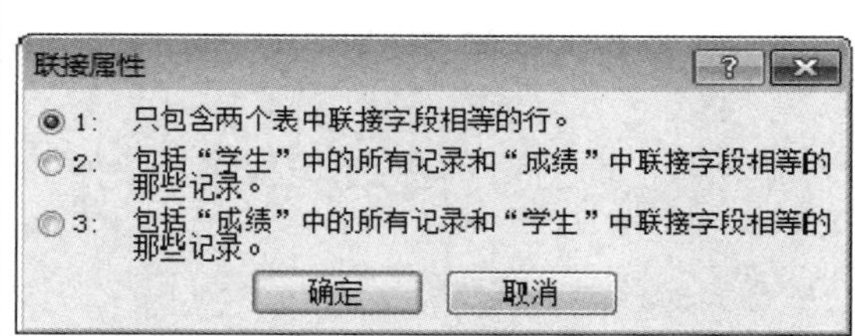

图 2-50 “联接属性”对话框

① “1”选项：定义一个内部联接（默认选项），即只包含来自两个表的联接字段相等处的记录。

② “2”选项：定义一个左外部联接，即包含左表中的所有记录和右表中联接字段相等的那些记录。

③ “3”选项：定义一个右外部联接，即包含右表中的所有记录和左表中联接字段相等的那些记录。

（3）单击“确定”按钮，关闭“联接属性”对话框，再单击“确定”按钮，关闭“编辑关系”对话框。

相关知识

关系选项

在建立表之间的关系时，在“编辑关系”对话框中出现“实施参照完整性”、“级联更新相关字段”、“级联删除相关记录”复选框，这 3 个复选框的含义如下。

（1）实施参照完整性：控制相关表中记录的插入、更新或删除操作，确保关联表中记录的正确性。

（2）级联更新相关字段：当主表中的主键更新时，关联表中该字段值也会自动更新。例如，在“学生”表中更改了某个学生的学号，在“成绩”表中所有该学生的学号字段值都会自动更新为新的学号。

（3）级联删除相关记录：当主表的记录被删除时，关联表相同字段值的记录将会自动被删除。例如，在“学生”表中删除了一个学生的记录，在“成绩”表中该学生各门课程的成绩记录将会自动删除。

2.7.3 编辑关系

两个表之间创建关系后，可以根据需要对这种关系进行编辑和修改，如不需要这种关系，还可以将它删除。

1．编辑已有关系

在“关系”对话框中，可以编辑两个表之间的关系，操作步骤如下。

（1）单击“数据库工具”选项卡“关系”选项组中的“关系”按钮，弹出“关系”对话框。

（2）在“关系”对话框中双击要编辑的关系线中间部分，当弹出“编辑关系”对话框时，对关系的选项进行重新设置，然后单击“确定”按钮。

（3）单击快速访问工具栏中的“保存”按钮，保存所做的修改。

2．删除已有关系

删除两个表之间已有关系的操作步骤如下。

（1）单击“数据库工具”选项卡“关系”选项组中的“关系”按钮，弹出“关系”对话框。

（2）在“关系”对话框中单击要删除的关系线中间部分，然后按 Delete 键，弹出如图 2-51 所示的提示对话框。

图 2-51　提示对话框

（3）单击对话框中的“是”按钮，确认删除操作。

相关知识

实施参照完整性

参照完整性是指输入或删除记录时，为维护表之间已定义的关系而必须遵守的规则。

（1）当主表中没有相关记录时，不能将记录添加到相关的表中。例如，不能在“成绩”表中为“学生”表中不存在的学生添加成绩记录。

（2）如果表之间没有实施参照完整性，且在相关表中存在匹配记录，则不能从主表中删除这个记录。例如，在“成绩”表中还有某个学生的成绩时，不能从主表“学生”表中删除该学生的记录。实施参照完整性后，从主表中删除记录时，会级联删除相关表中的记录。

（3）如果表之间没有实施参照完整性，且主表中的某个记录在相关表中有相关值，则不能在主表中更改主键的值。例如，在“成绩”表中有某门课程的成绩时，不能在“课程”表中更改这门课程的课程号。实施参照完整性后，在主表中更改主键值时，会级联更新相关表中的记录。

因此，在创建表间关系时，选中“实施参照完整性”复选框，以确保在表中输入或删除数据时符合参照完整性的要求。

思考与练习

1. 表之间有哪 3 种关系？

2. 为什么要对表间关系实施参照完整性?

3. 将“成绩管理”数据库中的“课程”表和“成绩”表通过“课程号”字段建立一对多关系。

4. 将“教师”表中的“教师编号”和“课程”表中的“教师编号”字段建立一对多关系。

习题 2

一、填空题

1. 打开数据表可以使用________视图方式和________视图方式。

2. 存储表中 OLE 对象型的数据，系统提供了________和________两种方法。

3. 在输入表中记录时，如果表中某一个字段值是由另一个表提供的，那么该字段应设置为________数据类型。

4. Access 2010 提供筛选记录的方法有________、________和选择。

5. Access 表之间的关系有________、________和________3 种类型。

二、选择题

1. OLE 对象型字段所嵌入的数据对象存放在（　　）。

A. 数据库中　　B. 外部文件中

C. 最初的文档中　　D. 以上都是

2. 通过设置字段的（　　），在向表中输入数据时，系统自动检查输入的数据是否符合要求，这样可以防止非法数据的输入或限定输入数据的范围。

A. 格式　　B. 有效性规则　　C. 默认值　　D. 输入掩码

3. 在设置字段属性时，“有效性文本”属性的作用是（　　）。

A. 在保存数据前，验证用户的输入

B. 在数据无效而被拒绝写入时，向用户提示信息

C. 允许字段保持空值

D. 为所有的新记录提供新值

4. 将表中的字段定义为（　　），其作用是使每一个记录的该字段都唯一。

A. 索引　　B. 主键　　C. 必填字段　　D. 有效性规则

5. 关于字段默认值的说法，正确的是（　　）。

A. 不得使字段为空

B. 不允许字段的值超出某个范围

C. 在未输入数值之前，系统自动提供数值

D. 系统自动把小写字母转换为大写字母

6. 对于 OLE 对象型数据，如果修改该数据对象不会影响原始对象的内容，则该数据对象应该（　　）到该 OLE 对象型字段。

A. 链接　　B. 超链接　　C. 嵌入　　D. 嵌套

7. 以下关于主键的说法，错误的是（　　）。

A．使用自动编号是创建主键最简单的方法
B．作为主键的字段中允许出现 Null 值
C．作为主键的字段中不允许出现重复值
D．不能确定任何单字段的值的唯一性时，可以将两个或更多的字段组合成为主键

8．按窗体筛选记录，如果有多个筛选条件，则多个条件（　　）。

A．只能建立“与”关系　　B．只能建立“或”关系
C．可以建立“与”、“或”关系　　D．“与”、“或”关系不能同时建立

9．如果表 A 与表 B 具有多对多关系，则只能通过定义第 3 个表来达成，使第 3 个表分别与表 A 和表 B 建立两个（　　）关系。

A．一对一　　B．一对多　　C．多对一　　D．多对多

10．假设数据库中表 A 与表 B 建立了“一对多”关系，表 B 为“多”方，则下述说法正确的是（　　）。

A．表 A 中的一个记录能与表 B 中的多个记录匹配
B．表 B 中的一个记录能与表 A 中的多个记录匹配
C．表 A 中的一个字段能与表 B 中的多个字段匹配
D．表 B 中的一个字段能与表 A 中的多个字段匹配

三、操作题

1．给“图书”表中的“出版日期”字段设置掩码，格式为“长日期（中文）”。

2．给“订单”表中的“册数”字段设置有效性规则，册数不能为负数。

3．在“图书”表中，将“定价”字段值设定为 0～10000.00，当超出这个范围时，给出提示信息。

4．将“图书订购”数据库“图书”表中的“图书 ID”字段设置为主键。

5．设置“出版社”表中的“出版社 ID”字段为主键。

6．将“订单”表中的“单位”字段设置为查阅字段，由“单位”表中的“单位名称”字段提供数值列表。

7．对“图书”表中的“作者”字段按升序排列记录。

8．对“订单”表中的“图书 ID”字段升序、“订购日期”字段降序排列记录。

9．在“订单”表中筛选“黄海电子学校”的订购图书情况。

10．在“图书”表中筛选“2014 年 1 月 1 日”以后出版的图书信息。

11．在“订单”表中筛选“图书 ID”是“D003”并且单位是“黄海电子学校”的订书信息。

12．对“图书”表中的“书名”字段按升序建立索引。

13．将“图书”表和“订单”表通过“图书 ID”字段建立一对多关系。

14．将“出版社”和“图书”表建立一对多关系。

数据查询

学习目标

- 能使用向导创建查询
- 能创建选择查询
- 会设置查询条件
- 能对数据进行汇总计算
- 会创建参数查询
- 会创建操作查询
- 会使用 SELECT 语句创建查询

Access 的查询是在数据库中按照指定的查询条件检索记录的。Access 建立的查询是一个动态的数据记录集，每次运行查询时，系统自动在指定的表中检索记录，创建数据记录集，使查询中的数据能够与数据表中的数据保持同步。可以修改动态数据记录集中的数据，所做的修改保存到对应的基表中。

Access 2010 中查询有选择查询、参数查询、交叉表查询、操作查询和 SQL 查询 5 种类型。

3.1 使用向导创建查询

在 Access 2010 中可以通过两种方式创建查询：一是通过查询向导创建查询；另一种是通过查询的设计视图创建。在查询向导中又包含简单查询向导、交叉表查询向导、查找重复向导以及查找不匹配项查询向导。下面介绍前两种查询的创建方法。

3.1.1 使用简单查询向导创建查询

用查询向导来创建选择查询时，不仅能够为新建查询选择来源表和包含在结果集内的字段，还能够对结果集内的记录进行总计、求平均值、最大值和最小值等各种汇总计算。若使用向导创建的查询不满足需要，还可以在设计视图中进行修改。

任务 3.1 使用查询向导创建一个基于“学生”表的学生简单查询，包括“学号”、“姓名”、“性别”、“出生日期”、“专业”、“家庭住址”等字段。

任务分析

使用筛选可以检索表中满足条件记录的全部字段，而查询可以检索表中全部或部分字段信息。该查询的数据源为“学生”表。

任务操作

（1）打开“成绩管理”数据库，单击“创建”选项卡“查询”选项组中的“查询向导”按钮，弹出“新建查询”对话框，如图 3-1 所示。

（2）在“新建查询”对话框中选择“简单查询向导”选项，弹出“简单查询向导”对话框，在“表/查询”下拉列表中选择“学生”表，在“可用字段”列表框中选择要显示的字段，选择“学号”、“姓名”、“性别”、“出生日期”、“专业”和“家庭住址”字段，将这些字段添加到“选定字段”列表框中，如图 3-2 所示。

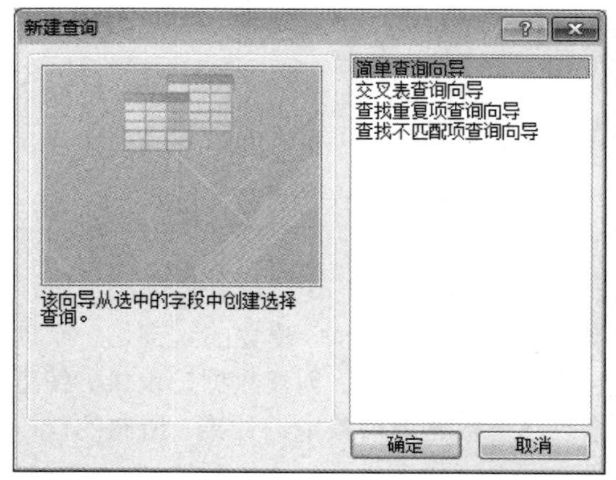

图 3-1 “新建查询”对话框

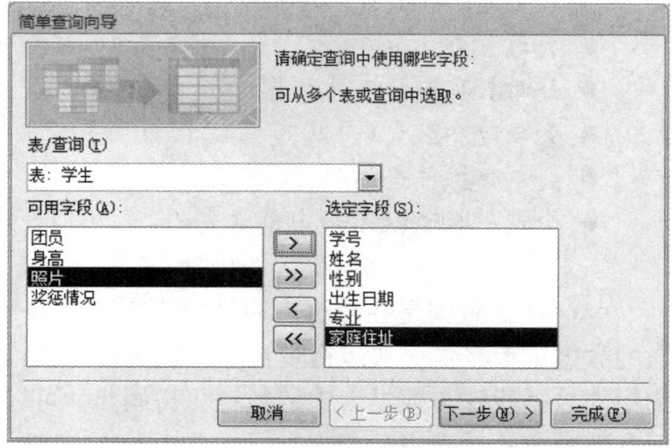

图 3-2 “简单查询向导”对话框

（3）单击“下一步”按钮，指定查询标题，可将标题指定为“学生信息查询”，如图 3-3 所示，单击“完成”按钮。

在单击“完成”按钮前，当选中“打开查询查看信息”单选按钮时，将在数据表视图中打开查询，可以查看查询结果；当选中“修改查询设计”单选按钮时，将在设计视图中打开查询。

通过上述操作，已创建名为“学生信息查询”的查询，在数据表视图中显示查询结果，如图 3-4 所示。

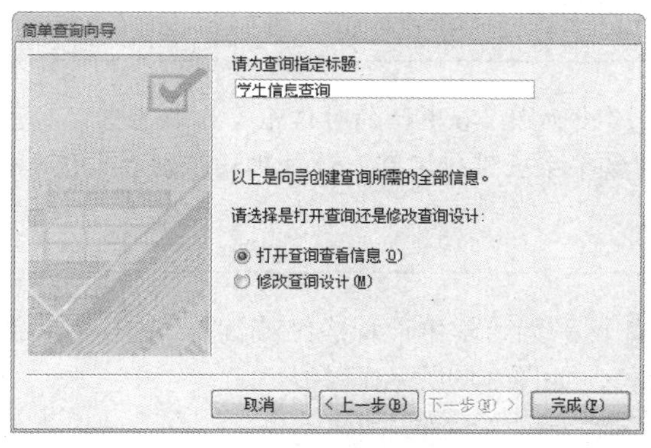

图 3-3　指定查询标题

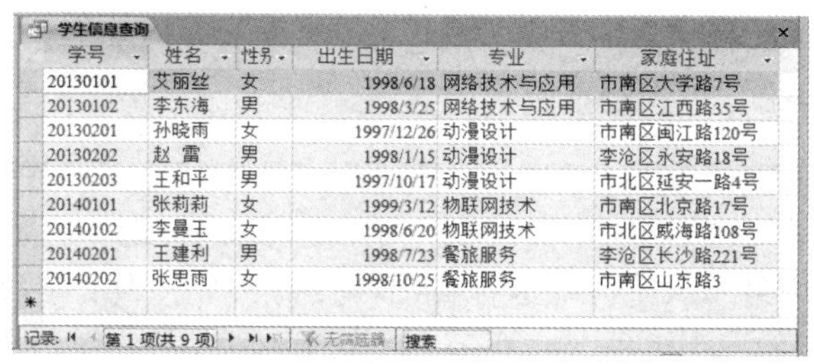

学生信息查询

学号	姓名	性别	出生日期	专业	家庭住址
20130101	艾丽丝	女	1998/6/18	网络技术与应用	市南区大学路7号
20130102	李东海	男	1998/3/25	网络技术与应用	市南区江西路35号
20130201	孙晓雨	女	1997/12/26	动漫设计	市南区闽江路120号
20130202	赵 雷	男	1998/1/15	动漫设计	李沧区永安路18号
20130203	王和平	男	1997/10/17	动漫设计	市北区延安一路4号
20140101	张莉莉	女	1999/3/12	物联网技术	市南区北京路17号
20140102	李曼玉	女	1998/6/20	物联网技术	市北区威海路108号
20140201	王建利	男	1998/7/23	餐旅服务	李沧区长沙路221号
20140202	张思雨	女	1998/10/25	餐旅服务	市南区山东路3

记录: 第 1 项(共 9 项)　搜索

图 3-4　查询结果

表面上看查询和数据表没有什么区别，但它不是一个表。

提示

在查询的数据表视图中不能插入或删除字段列，也不能更改字段名，因为查询本身不是数据表，而是从表中生成的动态数据。

任务 3.2　使用简单查询向导创建一个多表查询，查询每个学生的学号、姓名、专业、课程名及成绩等。

任务分析

该查询中的字段来自“学生”表、“课程”表和“成绩”表，这些表之间已建立关联，使用简单查询向导可以实现多表的查询。

任务操作

（1）使用向导创建查询，弹出如图 3-2 所示的“简单查询向导”对话框，选择“学生”表中的“学号”、“姓名”和“专业”字段，“课程”表中的“课程名”字段以及“成绩”表中的“成绩”字段，如图 3-5 所示。

（2）单击“下一步”按钮，弹出如图 3-6 所示对话框，选中“明细（显示每个记录的每个字段）”单选按钮，如图 3-6 所示。

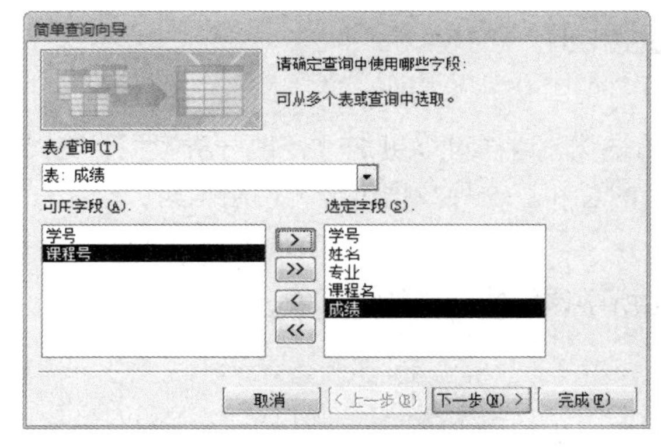

图 3-5　选择多表字段

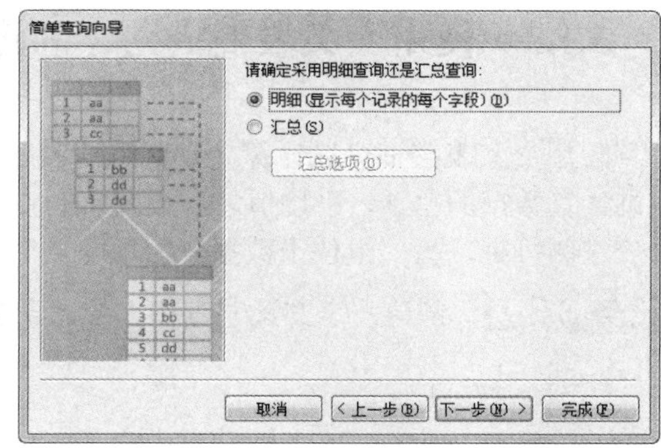

图 3-6　明细查询

提示

只有当选择的字段中包含数字型字段时，才会弹出如图 3-6 所示的对话框。如果选中“汇总”单选按钮，并弹出“汇总选项”对话框，则可以对数字字段进行汇总，计算平均值、最大值和最小值。

（3）单击“下一步”按钮，指定查询标题，如标题为“学生课程成绩查询”，单击“完成”按钮，系统自动运行查询，查询 3 个表中的字段值，如图 3-7 所示。

学生课程成绩查询

学号	姓名	专业	课程名	成绩
20130101	艾丽丝	网络技术与应用	职业道德与法律	87
20130101	艾丽丝	网络技术与应用	网页设计	85
20130101	艾丽丝	网络技术与应用	数据库应用基础	92
20130102	李东海	网络技术与应用	职业道德与法律	70
20130102	李东海	网络技术与应用	网页设计	90
20130102	李东海	网络技术与应用	数据库应用基础	78
20130201	孙晓雨	动漫设计	职业道德与法律	90
20130201	孙晓雨	动漫设计	影视制作	70
20130202	赵　雷	动漫设计	职业道德与法律	65
20130202	赵　雷	动漫设计	影视制作	85

记录: 第 1 项(共 22 项　无筛选器　搜索

图 3-7　学生课程成绩查询结果

提示

单击“开始”选项卡“视图”选项组中的“视图”下拉按钮，在下拉列表中选择“SQL 视图”选项，可以查看生成该查询的 SQL 语句，如图 3-8 所示。

图 3-8　生成的 SQL 语句

有关 SQL SELECT 查询语句，将在后面的章节中介绍。

3.1.2　使用交叉表查询向导创建查询

使用交叉表查询可以计算并重新组织数据的结构，这样可以更加方便地分析数据。交叉表查询计算数据的总计、平均值、计数或其他类型的总和，这种数据可分为两组信息：一组在数据表左侧排列，另一组位于数据表的顶端。

任务 3.3　创建一个交叉表查询，统计学生所学课程的成绩及总成绩，如图 3–9 所示。

交叉表成绩查询

学号	姓名	总计 成绩	概率论	旅游概论	数据库应用	网络技术	网页设计	影视制作	语文(一)	职业道德
20130101	艾丽丝	264			92		85			87
20130102	李东海	238			78		90			70
20130201	孙晓雨	160						70		90
20130202	赵　雷	150						85		65
20130203	王和平	170						90		80
20140101	张莉莉	256	78			83			95	
20140102	李曼玉	245	86			77			82	
20140201	王建利	146	90	56						
20140202	张思雨	140	60	80						

记录: 第 1 项(共 9 项) 无筛选器 搜索

图 3-9　交叉表成绩查询结果

任务分析

使用查询向导创建交叉表查询，所用的字段必须来自同一个表或查询。该查询中的数据并不都来自一个表，既含有学生姓名数据列，又含有课程名称数据列，所以选择已建立的“学生课程成绩查询”为数据源。

任务操作

（1）使用向导创建查询，在“新建查询”对话框中，选择“交叉表查询向导”选项，单击“确定”按钮，弹出如图 3-10 所示的“交叉表查询向导”对话框，选择“查询：学生课程成绩查询”选项。

（2）单击“下一步”按钮，弹出如图 3-11 所示的对话框，选择“学号”和“姓名”字段作为行标题。

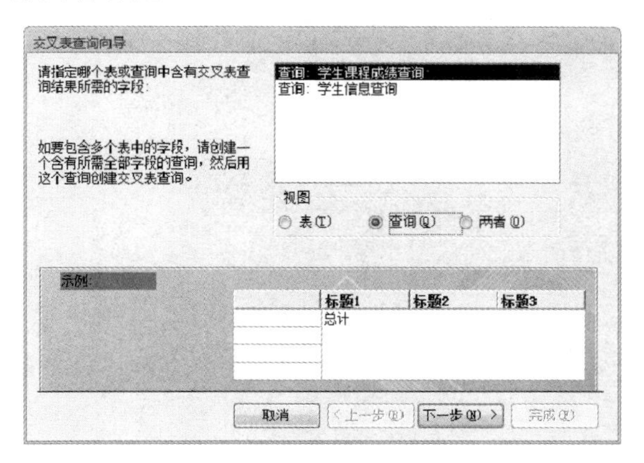

图 3-10　选取查询数据源

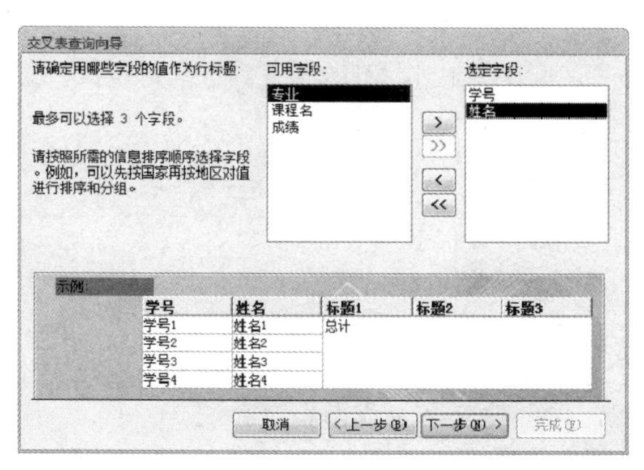

图 3-11　选择行标题

（3）单击“下一步”按钮，弹出如图 3-12 所示的对话框，选择“课程名”字段作为列标题。

（4）单击“下一步”按钮，弹出如图 3-13 所示的对话框，选择在每个行和列的交叉点上显示的数据，如在“字段”列表框中选择“成绩”，在“函数”列表框中选择“Sum”（汇总）选项。

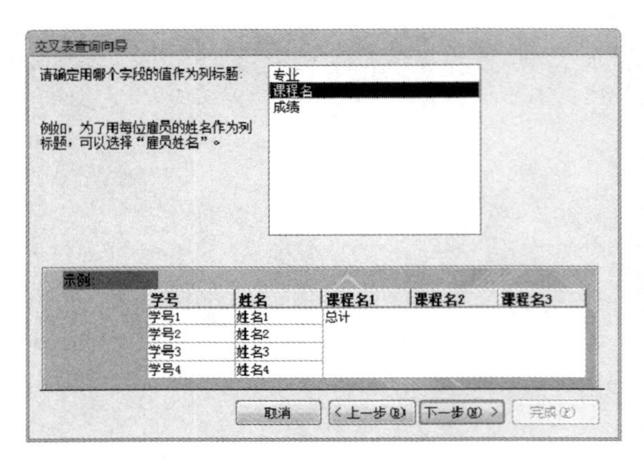

图 3-12　选择列标题

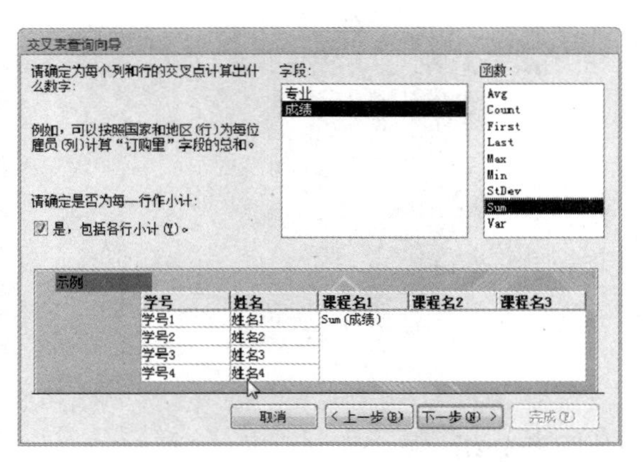

图 3-13　选择行和列交叉点上数据的计算方式

（5）单击“下一步”按钮，创建交叉表查询。这时需要为创建的查询指定一个名称，如“交叉表成绩查询”，再单击“完成”按钮，系统自动创建一个交叉表查询，如图 3-9 所示，该交叉表查询对应的设计视图如图 3-14 所示。

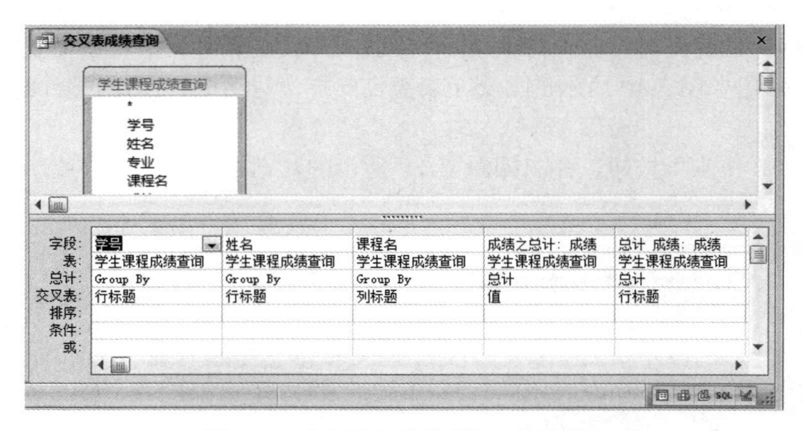

图 3-14　“交叉表成绩查询”设计视图

在使用查询向导创建交叉表查询时，如果所需的字段来自不同表或查询，则可以先创建一个基于多个表或查询的查询，将交叉表查询中所需的字段建立在一个查询中，该查询作为数据源，再创建交叉表查询。

思考与练习

1. 使用向导创建查询时，哪些数据库对象可以作为其数据源？

2. 创建交叉表查询时，行标题的字段数最多是多少？

3. 使用简单查询向导创建查询，统计各专业学生的平均身高，如图 3-15 所示。

4. 创建一个交叉表查询，统计学生所学课程的成绩及最高成绩。

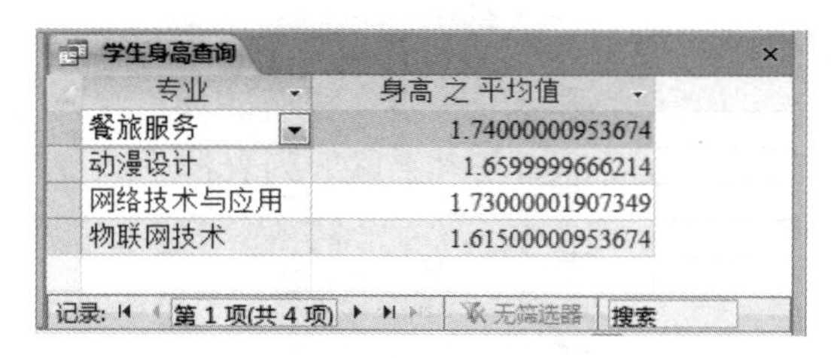
学生身高查询

专业	身高 之 平均值
餐旅服务	1.74000000953674
动漫设计	1.6599999666214
网络技术与应用	1.73000001907349
物联网技术	1.61500000953674

图 3-15　学生平均身高查询结果

3.2 创建选择查询

使用向导可以创建基本的查询，如果需要较复杂的查询，则可以利用设计视图来创建查询。查询设计视图功能强大，能够满足对复杂查询的需求。

选择查询是最常用的查询类型，它从一个或多个表中检索数据，可以在查询中使用表格条件；可以使用选择查询来对记录进行分组，并且对记录做总计、计数、平均值及其他类型的计算。在查询结果中不仅可以查看基表的数据，还可以对查询结果中的数据进行更新。

任务 3.4 使用设计视图创建查询，查询“网络技术与应用”专业学生的信息，包含“学号”、“姓名”、“性别”、“团员”、“身高”和“专业”字段信息。

任务分析

使用设计视图创建查询，不仅可以选择需要的字段，设置筛选条件，还可以对已有的查询进行修改。该任务的数据源为“学生”表，将“学号”、“姓名”、“性别”、“团员”、“身高”和“专业”字段拖动到设计视图中，再在“专业”字段中设置筛选条件为“网络技术与应用”。

任务操作

（1）新建查询。单击“创建”选项卡“查询”选项组中的“查询设计”按钮，打开查询设计视图，同时弹出“显示表”对话框，如图 3-16 所示。

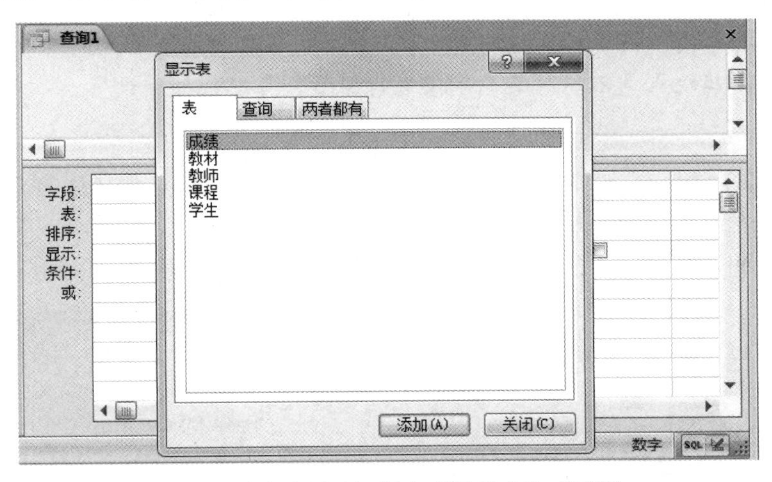

图 3-16 查询设计视图和“显示表”对话框

（2）添加数据环境。在“显示表”对话框中，选择查询所需要的表和已有的查询，添加到设计视图中。例如，将“学生”表添加到查询设计视图中。

提示

在设计视图中，如果没有弹出“显示表”对话框，可单击“设计”选项卡“查询设置”选项组中的“显示表”按钮，此时可弹出“显示表”对话框。

（3）设置在查询中使用的字段。在“学生”表字段列表中，将“学号”字段拖动到查询设计网格的第 1 个“字段”单元格中，同时在“表”一行中显示对应表的表名。

以同样的方法，将“姓名”、“性别”、“团员”、“身高”和“专业”字段依次拖动到查询设计网格中，如图 3-17 所示。在添加字段时，应注意字段的添加顺序，查询结果中字段的顺序为添加在设计网格中字段的顺序。

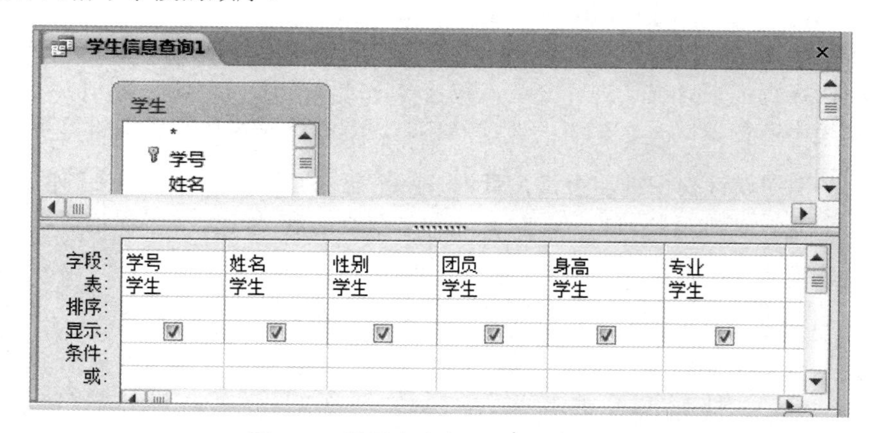

图 3-17　设置查询字段后的设计视图

提示

在设计网格中添加字段时，可以单击“字段”单元格，在下拉列表中选择需要的字段。如果要选择表的全部字段，只要将字段列表中的“*”拖动到“字段”单元格中即可。使用“*”添加所有字段时，其缺点是不能对某个字段进行排序、筛选条件等设置。

（4）设置排序字段。在“身高”字段的下拉列表中选择“降序”排序方式。在“显示”一行中，复选标记表示在查询中是否显示这个字段。

（5）在“专业”字段的“条件”单元格中输入“网络技术与应用”，如图 3-18 所示。

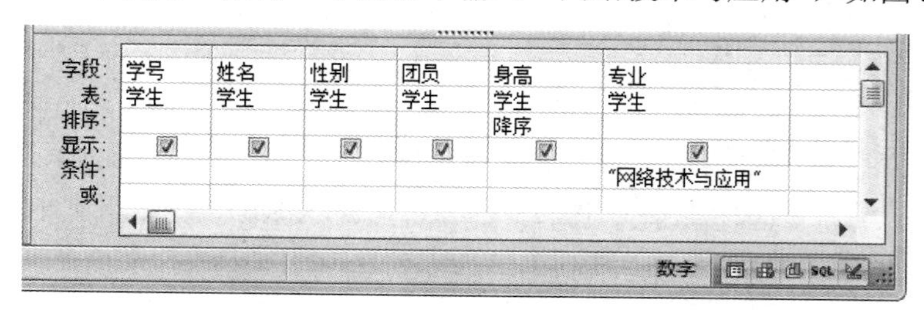

图 3-18　查询设计网格

（6）保存所创建的查询，系统弹出对话框询问查询名称，例如，查询名称为“学生信息查询 1”。

（7）单击“设计”选项卡“结果”选项组中的“运行”按钮，运行该查询，结果如图 3-19 所示。

学生信息查询1

学号	姓名	性别	团员	身高	专业
20130102	李东海	男	☑	1.75	网络技术与应用
20130101	艾丽丝	女	☑	1.71	网络技术与应用
20140301	吴海波	男	☑	1.68	网络技术与应用
20140302	孙　蕾	女	☑	1.58	网络技术与应用
*			☐	0	

记录: 第 1 项(共 4 项)　无筛选器　搜索

图 3-19　查询结果

从查询结果中可以看到“网络技术与应用”专业学生的有关信息，并已经按“身高”字段进行了降序排序。

任务 3.5　创建一个学生成绩查询，查询学号、姓名、性别、专业、课程号、课程名和成绩等信息。

任务分析

这是一个有筛选条件的多表查询，因为“学号”、“姓名”、“性别”、“专业”、“课程号”、“课程名”和“成绩”等字段涉及“学生”表、“课程”表和“成绩”表。创建多表查询时，需先建立各表之间的关联。

任务操作

（1）新建查询，打开查询设计视图和“显示表”对话框，分别将“学生”表、“成绩”表和“课程”表添加到查询设计视图中，然后关闭“显示表”对话框。

（2）在查询设计视图中，将“学生”表中的“学号”、“姓名”、“性别”、“专业”字段拖动到字段网格的前 4 列；将“课程”表中的“课程号”、“课程名”字段拖动到第 5、6 列；再将“成绩”表中的“成绩”字段拖动到第 7 列，如图 3-20 所示。

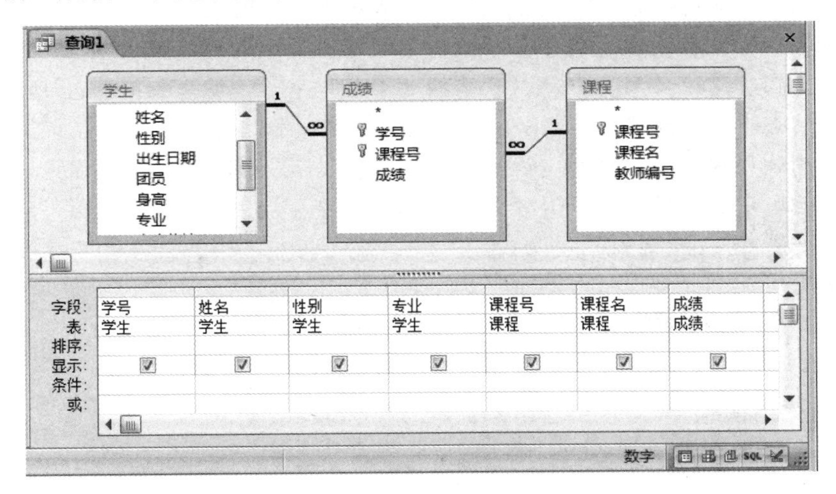

图 3-20　多表查询设计视图

（3）保存所创建的查询，系统弹出对话框询问查询名称，例如，查询名称为“学生成绩查询”。

（4）单击“设计”选项卡“结果”选项组中的“运行”按钮，运行该查询，结果如图 3-21 所示。

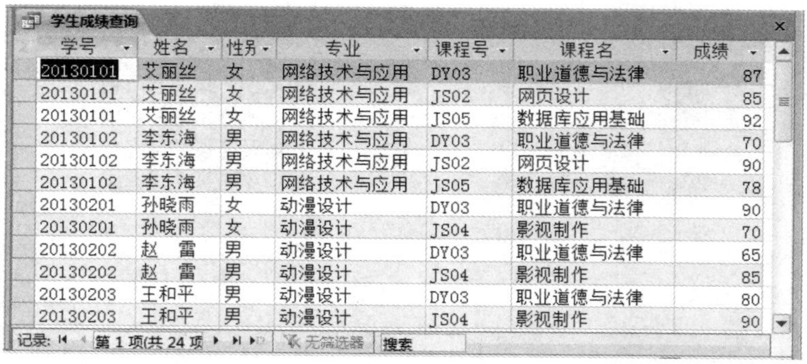

学生成绩查询

学号	姓名	性别	专业	课程号	课程名	成绩
20130101	艾丽丝	女	网络技术与应用	DY03	职业道德与法律	87
20130101	艾丽丝	女	网络技术与应用	JS02	网页设计	85
20130101	艾丽丝	女	网络技术与应用	JS05	数据库应用基础	92
20130102	李东海	男	网络技术与应用	DY03	职业道德与法律	70
20130102	李东海	男	网络技术与应用	JS02	网页设计	90
20130102	李东海	男	网络技术与应用	JS05	数据库应用基础	78
20130201	孙晓雨	女	动漫设计	DY03	职业道德与法律	90
20130201	孙晓雨	女	动漫设计	JS04	影视制作	70
20130202	赵　雷	男	动漫设计	DY03	职业道德与法律	65
20130202	赵　雷	男	动漫设计	JS04	影视制作	85
20130203	王和平	男	动漫设计	DY03	职业道德与法律	80
20130203	王和平	男	动漫设计	JS04	影视制作	90

记录：第 1 项(共 24 项　无筛选器　搜索

图 3-21　多表查询结果

不论使用查询向导创建的查询，还是使用查询设计视图创建的查询，如果对查询的结果不满意，则可以重新建立查询，也可以对查询进行修改，包括重置查询字段、改变字段的排列次序、设置查询条件等，修改查询必须在查询设计视图中进行。

在查询设计视图中修改查询字段，主要是添加字段或删除字段，也可以改变字段的排列顺序等。在添加字段时，除了逐个添加字段外，还可以一次将表或查询中的所有字段添加到查询设计网格中。如果要删除某个字段，在查询设计网格中选中要删除的字段，然后按 Delete 键或单击“删除”按钮，即可将所选的字段删除。在设计网格中如果中间有空白列，则查询结果中空白列不显示。

相关知识

查询属性设置

1．唯一性属性设置

在查询结果中有时有多条相同的查询值，如果只保留其中的一条，则可以设置查询值在输出时的唯一性。例如，查询学校的所有专业，学校设置的专业可以从“学生”表中的“专业”字段体现出来，在查询设计网格中可以只添加“专业”字段，结果如图 3-22 所示。

要使查询结果中的记录唯一，可以通过设置查询的“唯一值”属性来实现。具体操作如下。

（1）在查询设计视图中，单击“设计”选项卡“显示/隐藏”选项组中的“属性表”按钮，将“属性表”面板中的“唯一值”设置为“是”，如图 3-23 所示。

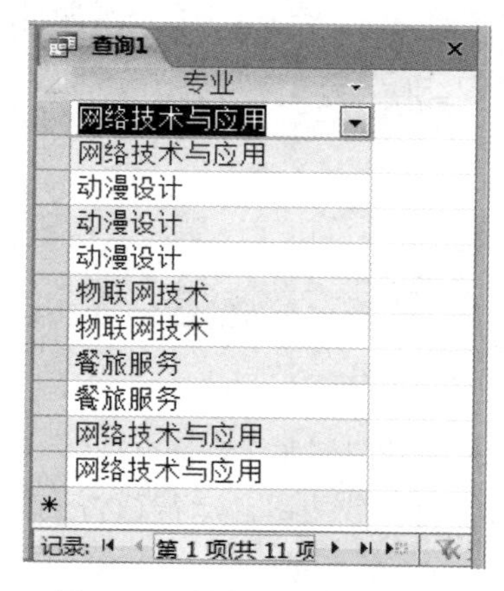

图 3-22　具有重复值的查询

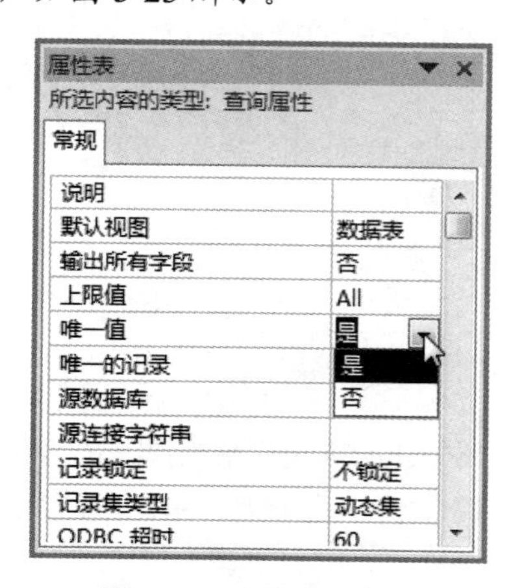

图 3-23　设置唯一值属性

（2）单击“设计”选项卡“结果”选项组中的“运行”按钮，运行该查询，结果如图 3-24 所示。

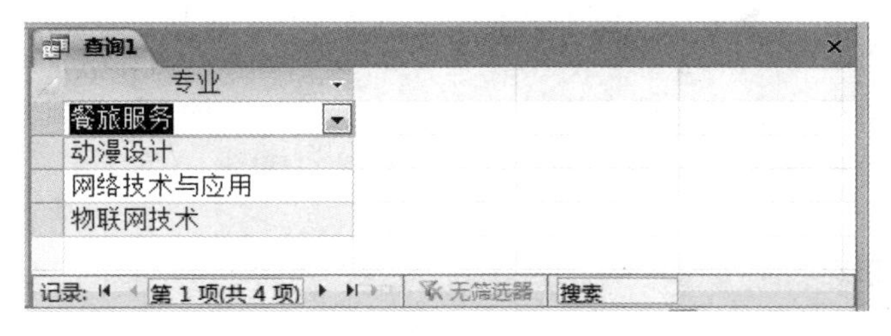

图 3-24 唯一值查询结果

2．上限值属性设置

在查询结果集中，可以只显示符合上限值或下限值设置的记录，或为字段设置条件，显示符合条件的上限值或下限值的记录。例如，显示“概率论”这门课程成绩最高的前 3 名的记录，可以通过设置查询的上限值属性来实现。操作步骤如下。

（1）新建查询，将“学生”表、“成绩”表和“课程”表分别添加到数据环境中，并在设计网格中添加字段，设置筛选条件，“概率论”课程对应的课程号为“SX03”，如图 3-25 所示。

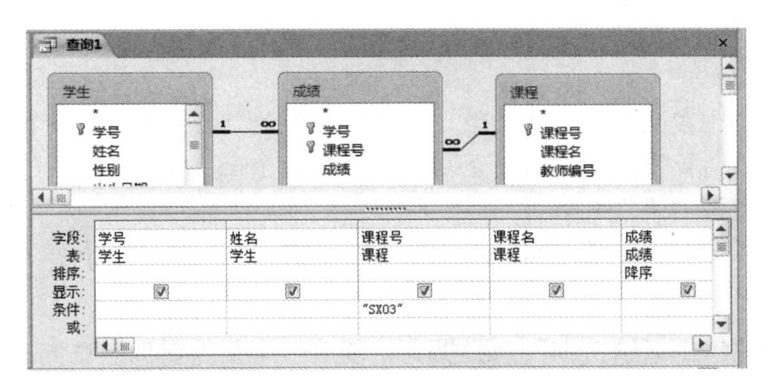

图 3-25 查询设计视图

（2）单击“设计”选项卡“显示/隐藏”选项组中的“属性表”按钮，在“属性表”面板中的“上限值”文本框中输入数值“3”，如图 3-26 所示。

（3）运行该查询，结果如图 3-27 所示。

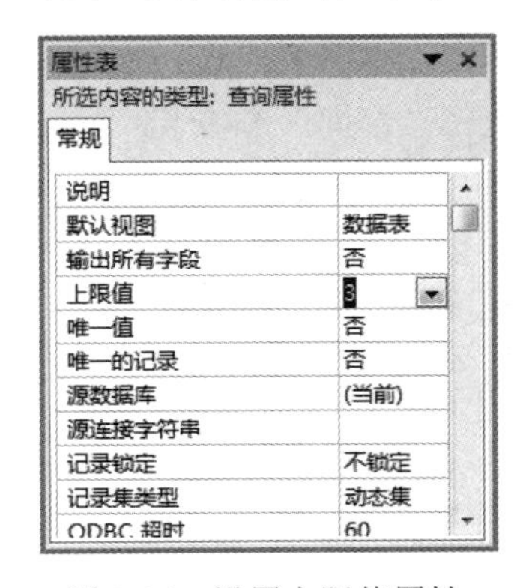

图 3-26 设置上限值属性

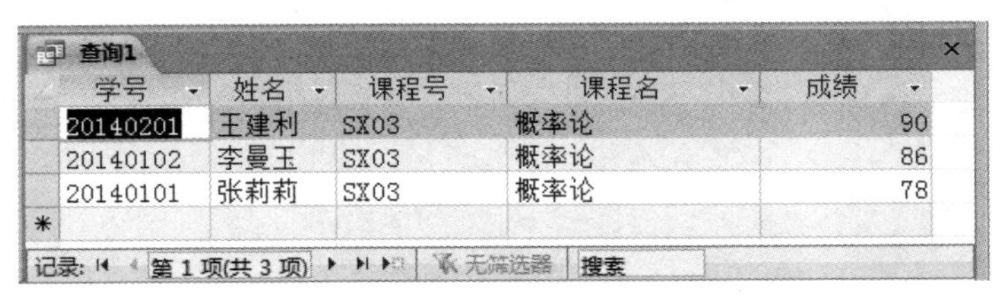

图 3-27 成绩查询结果

以同样的方法，可以设置输出查询结果的百分比，如只输出查询结果的前30%的记录。

思考与练习

1. 使用设计视图创建一个基于“学生”表的信息查询，只输出女生的记录。
2. 使用设计视图创建一个选择查询，查询中包含学号、姓名、专业、课程号及成绩等。
3. 修改上题创建的查询，查询中包含学号、姓名、专业、课程号、课程名、成绩及授课教师姓名。
4. 修改上题，分别按“专业”字段升序、“成绩”字段降序排序。

3.3 设置查询条件

通过对查询设定条件，能够更加准确地在数据记录中查询结果。查询的条件是由各个字段进行限定的，通过在查询设计视图中的“条件”单元格中输入条件表达式来限制结果中的输出记录。

3.3.1 使用查询条件

1．比较条件查询

比较运算符用于比较两个表达式的值，比较的结果为True、False或Null。如果条件表达式中仅包含一个比较运算符，则查询仅返回比较结果为True的记录，而将比较结果为False或Null的记录排除在查询结果之外。

常用的比较运算符有：=（等于）、>（大于）、<（小于）、>=（大于等于）、<=（小于等于）和<>（不等于）6种。

任务 3.6 以“学生成绩查询”为数据源，创建一个条件查询，查询成绩小于70的学生信息。

任务分析

这是一个条件查询，数据源为查询，在查询设计视图“成绩”的“条件”单元格中输入条件：<70。

任务操作

（1）新建查询，打开查询设计视图，在“显示表”对话框中选择“查询”选项卡，添加“学生成绩查询”查询。

（2）分别将“学生成绩查询”的全部字段依次拖动到查询设计视图的网格中。

（3）在“成绩”列的“条件”单元格中输入“<70”，如图3-28所示。

（4）单击“设计”选项卡“结果”选项组中的“运行”按钮，运行该查询，结果如图3-29所示。

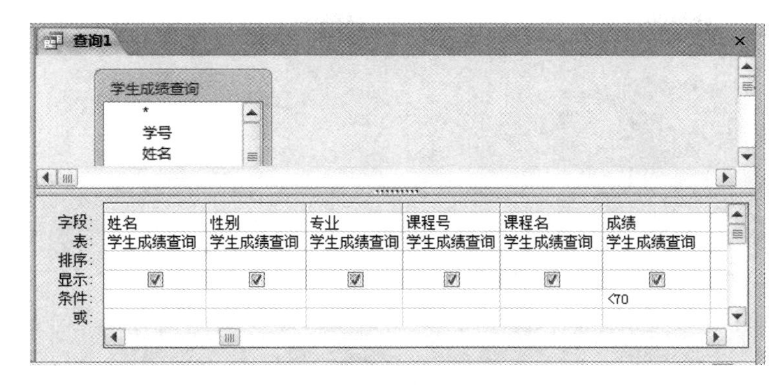

图 3-28　设置查询条件

学号	姓名	性别	专业	课程号	课程名	成绩
20130202	赵　雷	男	动漫设计	DY03	职业道德与法律	65
20140201	王建利	男	餐旅服务	LY01	旅游概论	56
20140202	张思雨	女	餐旅服务	SX03	概率论	60

记录: 第 1 项(共 3 项)　无筛选器　搜索

图 3-29　条件查询结果

如果不限定以“学生成绩查询”作为查询的数据源，则可以在“学生成绩查询”设计视图中添加筛选条件，同样能得出查询结果。

2．逻辑条件查询

在查询筛选条件中可以使用 And（逻辑与）、Or（逻辑或）或 Not（逻辑非）逻辑运算符连接条件表达式。例如，在表示成绩时，“>70 And <90”表示大于 70 并且小于 90 的成绩值；“<70 Or >90”表示小于 70 或者大于 90 成绩值；“Not >70”表示不大于 70 的成绩值。

任务 3.7　创建一个查询，查询课程号为“JS04”的课程成绩大于等于 80 的记录，显示学号、姓名、课程名称、成绩等信息。

任务分析

这是一个包含两个条件的查询，分别满足课程号是“JS04”和成绩大于等于 80，需要在查询设计视图的“课程号”和“成绩”字段的“条件”单元格中分别设置，并且添加在同一行中。

任务操作

（1）新建查询，打开查询设计视图和“显示表”对话框，分别将“学生”表、“成绩”表和“课程”表添加到查询设计视图中，然后关闭“显示表”对话框。

（2）在查询设计视图中，将“学生”表中的“学号”和“姓名”字段，“课程”表中的 “课程名”以及“成绩”表中的“课程号”、“成绩”字段分别添加到设计网格中。

（3）在“课程号”字段的“条件”单元格中输入“JS04”，并取消选中该字段“显示”复选框；在“成绩”字段的“条件”单元格中键入“>=80”，如图 3-30 所示。

（4）单击“设计”选项卡“结果”选项组中的“运行”按钮，运行该查询，结果如图 3-31 所示。

查询1
学生
学号
姓名
成绩
学号
课程号
课程
课程号
课程名
字段:
表:
排序:
显示:
条件:
或:
学号
学生
姓名
学生
课程名
课程
课程号
成绩
"JS04"
成绩
成绩
>=80

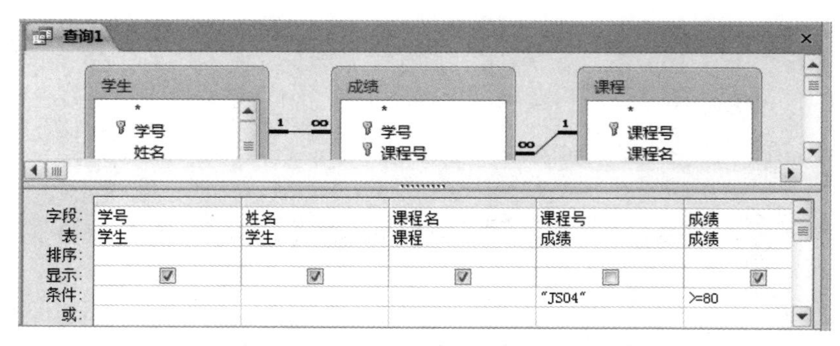

图 3-30　两个逻辑条件的查询

查询1
学号
姓名
课程名
成绩
20130202
赵　雷
影视制作
85
20130203
王和平
影视制作
90
记录: 第 1 项(共 2 项)
无筛选器
搜索

图 3-31　两个逻辑条件的查询结果

如果要查找所有学生成绩大于 70 并且小于 90 的课程，则设置条件的设计视图网格如图 3-32 所示。

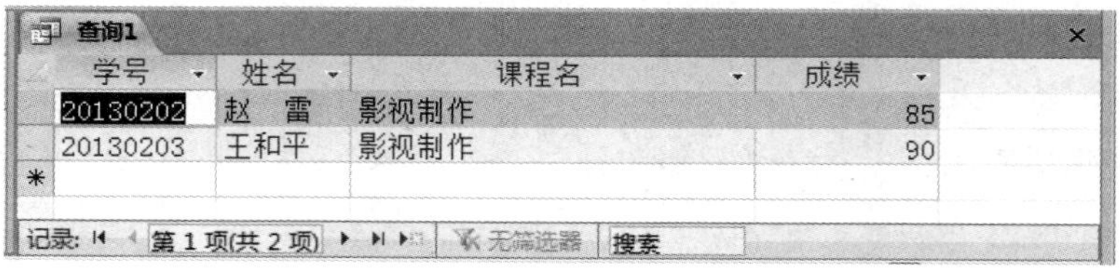

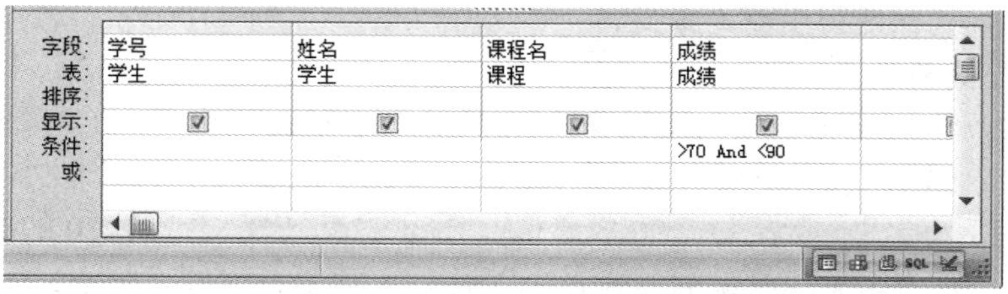

字段:
表:
排序:
显示:
条件:
或:
学号
学生
姓名
学生
课程名
课程
成绩
成绩
>70 And <90

图 3-32　逻辑“与”条件查询

查询结果如图 3-33 所示。

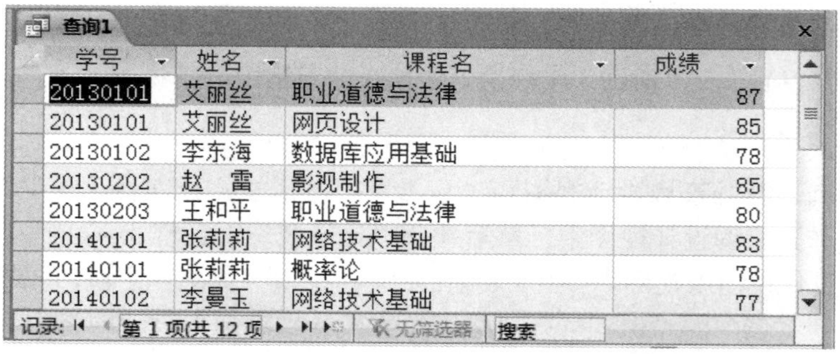

查询1
学号
姓名
课程名
成绩
20130101
艾丽丝
职业道德与法律
87
20130101
艾丽丝
网页设计
85
20130102
李东海
数据库应用基础
78
20130202
赵　雷
影视制作
85
20130203
王和平
职业道德与法律
80
20140101
张莉莉
网络技术基础
83
20140101
张莉莉
概率论
78
20140102
李曼玉
网络技术基础
77
记录: 第 1 项(共 12 项
无筛选器
搜索

图 3-33　逻辑“与”条件查询结果

3．Between **操作符的使用**

Between 操作符用于测试一个值是否位于指定的范围内，在 Access 查询中使用 Between 操作符时，应按照下面的格式来输入。

[<表达式>] Between <起始值> And <终止值>

例如，表示成绩在 70 至 90 之间，用 Between 操作符表示为“Between 70 And 90”，用逻辑运算符表示为“>=70 And <=90”。

使用 Between 操作符时，在字段的“条件”单元格中输入条件表达式时，对于“条件”常量，数字不用定界符，字符串型常量用引号作为定界符，日期型常量用“#”作为定界符。

任务 3.8 在“学生”表中查询 1999 年出生的学生信息。

任务分析

该查询条件可以使用 Between 操作符，在“出生日期”字段的“条件”单元格中输入表达式“Between #1999-1-1# And #1999-12-31#”。

任务操作

（1）新建查询，打开查询设计视图，在查询设计视图中添加“学生”表。

（2）将“学号”、“姓名”、“性别”、“出生日期”和“专业”依次拖动到查询设计网格中。

（3）在“出生日期”列的“条件”单元格中输入“Between #1999-1-1# And #1999-12-31#”，如图 3-34 所示。

（4）单击“设计”选项卡“结果”选项组中的“运行”按钮，运行该查询，结果如图 3-35 所示。

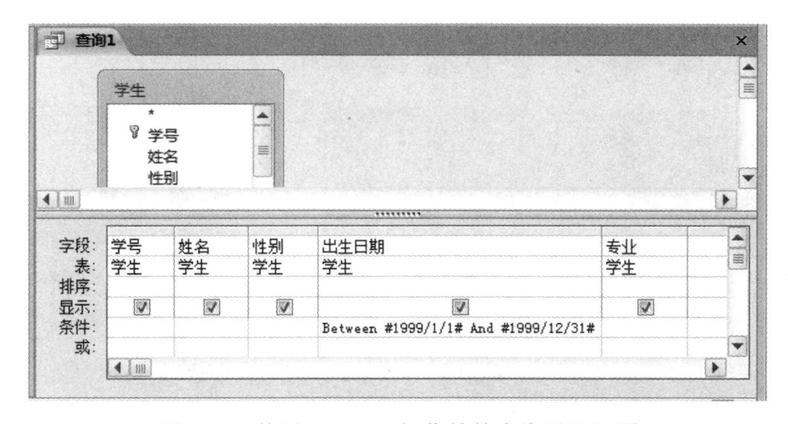

图 3-34 使用 Between 操作符的查询设计视图

学号	姓名	性别	出生日期	专业
20140101	张莉莉	女	1999/3/12	物联网技术
20140302	孙 蕾	女	1999/5/5	网络技术与应用

记录: 第 1 项(共 2 项) 无筛选器 搜索

图 3-35 查询结果

上述条件“Between #1999-1-1# And #1999-12-31#”也可替换为“>= #1999-1-1# And <= #1999-12-31#”。

4. In 操作符的使用

In 操作符用于测试字段值是否在一个项目列表中，In 操作符的语法格式如下。

<表达式> In （表达式列表）

例如，In（"电子技术","餐旅服务","动漫设计"），其含义是找出专业分别是“电子技术”、“餐旅服务”和“动漫设计”的记录，所以它与下列条件表达式含义相同："电子技术" Or "餐旅服务" Or "动漫设计"。

在字段的“条件”单元格中输入条件时，条件必须与表达式的数据类型相同，各表达式列表之间用逗号分隔。如果结果是表达式列表中任一表达式的值，则相应的记录将包含在查询结果中。

任务 3.9 创建一个查询，在“学生”表中检索学生姓为“李”、“孙”或“赵”的记录。

任务分析

在条件表达式中使用 In 操作符，表达式列表的个数一般是有限的，该任务条件表达式为“Left（[姓名],1）In （"李","孙","赵"）”，其中 Left（[姓名],1）表示从“姓名”字段左侧取出字符串。

任务操作

（1）新建查询，打开查询设计视图，在查询设计视图中添加“学生”表。

（2）将“学生”表中的“学号”、“姓名”、“性别”、“出生日期”和“专业”字段依次拖动到设计网格中。

（3）在查询设计网格中，单击“姓名”字段的“条件”单元格，然后输入条件表达式“Left（[姓名],1）In （"李","孙","赵"）”，如图 3-36 所示。

字段:	学号	姓名	性别	出生日期	专业
表:	学生	学生	学生	学生	学生
排序:					
显示:	☑	☑	☑	☑	☑
条件:		Left([姓名],1) In ("李","孙","赵")			
或:					

图 3-36　使用 In 操作符的查询设计网格

（4）单击“设计”选项卡“结果”选项组中的“运行”按钮，查询结果如图 3-37 所示。

查询1

学号	姓名	性别	出生日期	专业
20130102	李东海	男	1998/3/25	网络技术与应用
20130201	孙晓雨	女	1997/12/26	动漫设计
20130202	赵 雷	男	1998/1/15	动漫设计
20140102	李曼玉	女	1998/6/20	物联网技术
20140302	孙 蕾	女	1999/5/5	网络技术与应用

记录: 第 1 项(共 5 项)　无筛选器　搜索

图 3-37　查询结果

5．Like 操作符和通配符的使用

Like 操作符用于测试一个字符串是否与给定的模式相匹配，模式是由普通字符和通配符组成的一种特殊字符串。在查询中使用 Like 操作符和通配符，可以搜索部分匹配或完全匹配的内容。使用 Like 运算符的语法格式如下。

[<表达式>] Like <模式>

在上面的语法格式中<模式>由普通字符和通配符*、?等组成，通配符用于表示任意的字符串，主要用于文本类型。

任务 3.10 使用 Like 操作符，创建一个查询，在“学生”表中检索作者为“李”、“孙”或“赵”姓的记录。

任务分析

在任务 3.9 中使用了 In 操作符，除此之外，还可以使用 Like 操作符，如 Like "[李孙赵]*"，其中“*”为通配符，表示替代多个字符。

任务操作

（1）新建查询，打开查询设计视图，在查询设计视图中添加“学生”表。

（2）将“学生”表中的“学号”、“姓名”、“性别”、“出生日期”和“专业”字段依次拖动到设计网格中。

（3）在“姓名”字段的“条件”单元格中输入“Like "[李孙赵]*"”，其中[]表示方括号内的任意一个字符，如图 3-38 所示。

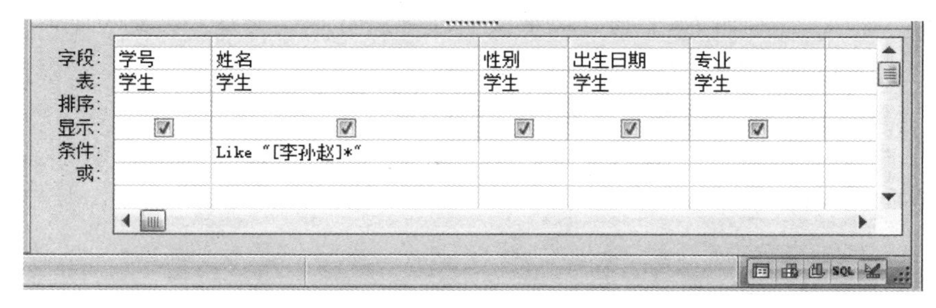

图 3-38　使用 Like 操作符的查询设计网格

（4）单击“设计”选项卡“结果”选项组中的“运行”按钮，查询结果如图 3-37 所示。

相关知识

Access 中运算符的使用

表达式是许多 Access 运算的基本组成部分。表达式是可以生成结果的符号的组合，这些符号包括标识符、运算符和值。其中，运算符是一个标记或符号，指定表达式内执行计算的类型，有算术运算符、比较运算符、逻辑运算符和引用运算符等。Access 提供了多种类型的运算符和操作符用来创建表达式。

1．算术运算符

算术运算符有+（加）、-（减）、*（乘）、/（除）、^（乘方）等，在 Access 中运算法则与算术中的运算法则相同，包括\（两个数相除并返回整数部分）、Mod（两个数相除并返回余数）。

2．比较运算符

比较运算符有<（小于）、<=（小于等于）、>（大于）、>=（大于等于）、=（等于）、<>不等于()，用于数值的比较。

3．逻辑运算符

逻辑运算符处理的值只有两种，即 True（真）或者 False（假），如表 3-1 所示。

表 3-1　逻辑运算符及其含义

运 算 符	含　义	解　释
And	逻辑与	当两个条件都满足时，值为“真”
Or	逻辑或	满足两个条件之一时，值为“真”
Not	逻辑非	对一个逻辑量做“否”运算
Xor	逻辑异或	对两个逻辑式做比较，值不同时为“真”

4．连接运算符

连接运算符用于合并字符串，&可以将两个文本值合并为一个单独的字符串。例如，表达式"中国"&"北京"等。

5．！和 .（点）运算符

在标识符中使用 ！和 .运算符可以指示随后将出现的项目类型。

（1）！运算符。！运算符指出随后出现的是用户定义项（集合中的一个元素）。使用 ！运算符可以引用一个打开的窗体、报表或打开的窗体或报表上的控件。例如，“Forms![订单]”表示引用打开的“订单”窗体。

（2）.运算符。.运算符通常指出随后出现的是 Access 定义的项。使用.运算符可以引用窗体、报表或控件的属性。另外，还可以使用.运算符引用 SQL 语句中的字段值、VBA 方法或某个集合。例如，“Reports![订单]![单位].Visible”表示“订单”报表上“单位”控件中的 Visible 属性。

6．其他操作符

使用 Between、Is、Like 操作符可以简化查询选择表达式的创建，如表 3-2 所示。

表 3-2　特殊操作符及其含义

操 作 符	含　义	示　例
Between	用于测试一个数字值或日期值是否位于指定的范围内	Between #2014-01-01# And #2014-12-31#
Is	将一个字段与一个常量或字段值相比较，相同时为“真”	Is Null
Like	比较两个字符串是否相等	Like "S*"

在 Access 中，Like 通常与通配符“*”、“?”等一起使用，可以使用通配符作为其他字符的占位符，通常知道要查找的部分内容或要查找以指定字母开头或符合某种模式的内容时，可以使用通配符。

3.3.2　查询中汇总的应用

在查询中可以对数据进行汇总计算，汇总计算包括总计（Sum）、统计（Count）、平均值

（Avg）、最大值（Max）、最小值（Min）等。

任务 3.11　创建一个查询，统计课程号为“JS04”课程的平均成绩、最高成绩和最低成绩。

任务分析

Access 提供了内置的汇总计算函数，可以分别计算平均成绩、最高成绩和最低成绩。

任务操作

（1）使用查询设计视图创建一个查询，在数据环境中分别添加“课程”表和“成绩”表，再将“课程”表中的“课程号”和“课程名”字段、“成绩”表中的“成绩”字段依次拖动到设计网格的“字段”单元格中，“成绩”字段拖动 3 次，分别添加在 3 个单元格中。

（2）单击“设计”选项卡“显示/隐藏”选项组中的“汇总”按钮Σ，自动添加一个“总计”行，同时将各字段的“总计”单元格自动设置为“Group By”（分组）。

（3）在“课程号”字段的“条件”单元格中输入“JS04”，再单击第 1 个“成绩”字段的“总计”单元格的下拉按钮，在下拉列表中选择“平均值”；同样，将第 2 个“成绩”字段的“总计”单元格选择为“最大值”，将第 3 个“成绩”字段的“总计”单元格选择为“最小值”，如图 3-39 所示。

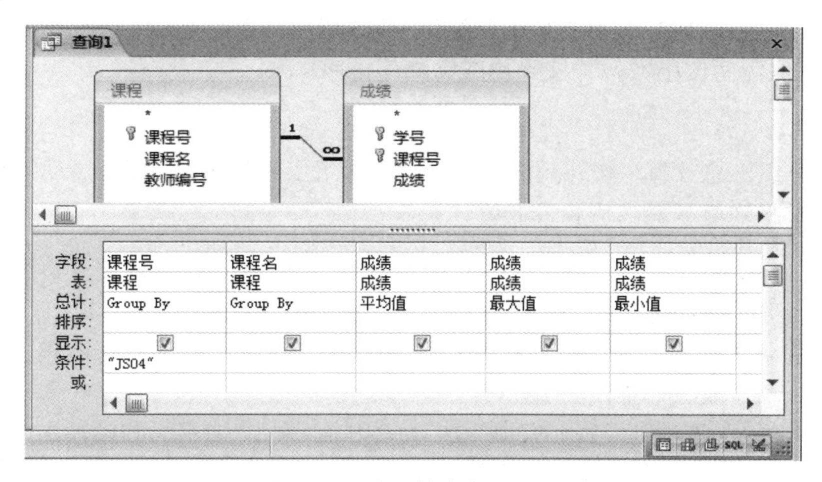

图 3-39　汇总计算查询设计视图

（4）运行该查询，结果如图 3-40 所示，以“汇总成绩”保存该查询。

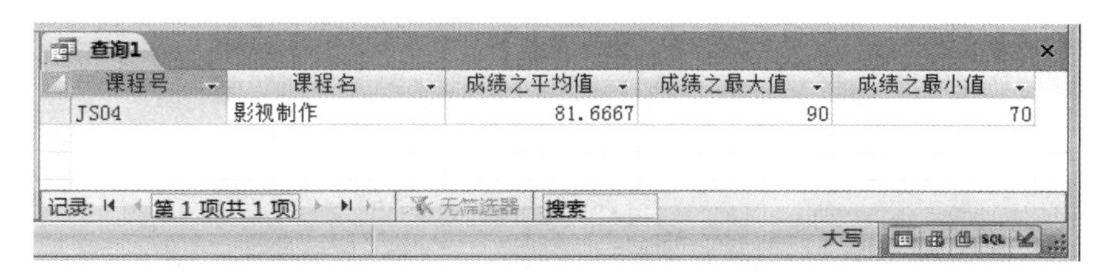

图 3-40　汇总计算结果

在设计汇总计算时，如果不指定计算结果的列表题，则系统自动根据“总计”行汇总方式，给出列标题，如“成绩之平均值”、“成绩之最大值”、“成绩之最小值”等。如果用户要自己命名列标题，则可以在字段行中输入表达式，后接一个冒号（半角），再加上要参与汇总的字段名，如图 3-41 所示，汇总计算结果如图 3-42 所示。

字段:	课程号	课程名	平均成绩: 成绩	最高成绩: 成绩	最低成绩: 成绩
表:	课程	课程	成绩	成绩	成绩
总计:	Group By	Group By	平均值	最大值	最小值
排序:					
显示:	☑	☑	☑	☑	☑
条件:	"JS04"				
或:					

图 3-41　命名列标题

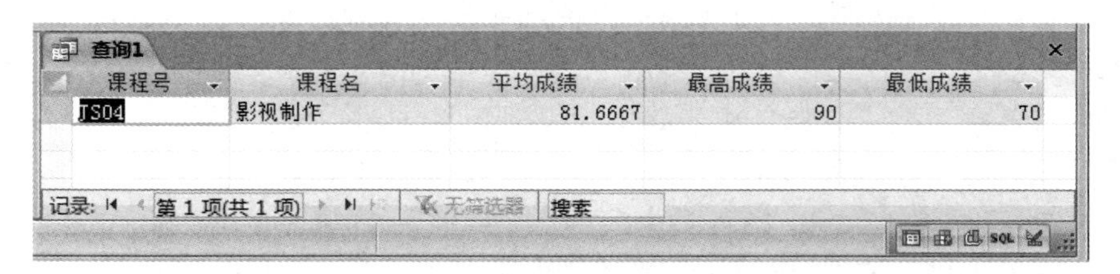

图 3-42　汇总结果

任务 3.12 创建一个查询，统计每门课程的平均成绩、最高成绩和最低成绩，将平均成绩保留两位小数，并按平均成绩降序排序。

任务分析

这是一个分组汇总计算，按课程进行分组，将分组中字段值相同的记录归为一组，然后对这一组的记录求平均值、最高值和最低值。

任务操作

（1）创建查询，在数据环境中分别添加“课程”表和“成绩”表，再将“课程”表中的“课程号”和“课程名”字段、“成绩”表中的“成绩”字段依次拖动到设计网格的“字段”单元格中，共添加 3 个“成绩”字段。

（2）单击“设计”选项卡“显示/隐藏”选项组中的“总计”按钮，自动添加一个“总计”行。

（3）在 3 个“成绩”字段的“汇总”单元格中依次选择“平均值”、“最大值”和“最小值”，并按“平均值”降序排序。

（4）在 3 个“成绩”字段的“字段”单元格中依次输入“平均成绩:成绩”、“最高成绩:成绩”和“最低成绩:成绩”，如图 3-43 所示。

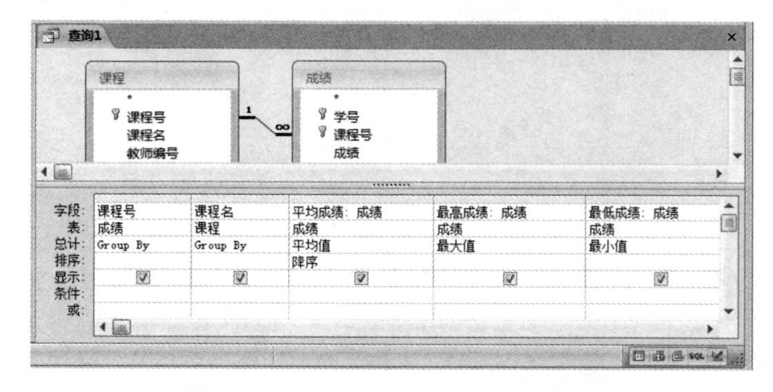

图 3-43　各门课程平均成绩设计视图

（5）选中“平均成绩”字段，再单击“设计”选项卡“显示/隐藏”选项组中的“属性表”按钮，弹出“属性表”面板，设置“成绩”字段的“格式”属性为“标准”，“小数位数”为“2”，如图 3-44 所示。

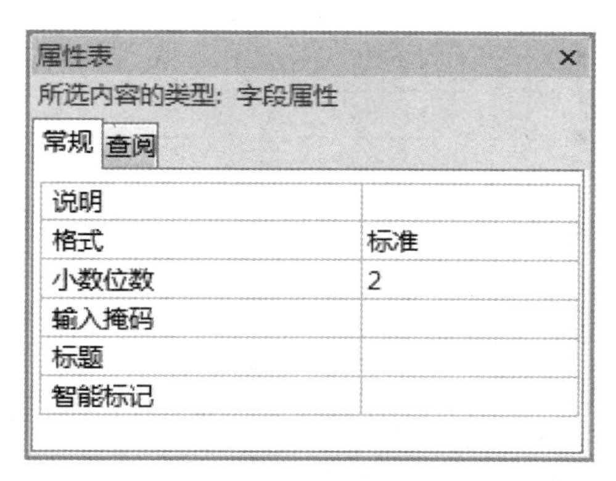

图 3-44　设置“成绩”字段属性

（6）运行该查询，结果如图 3-45 所示，以“各科成绩汇总”保存该查询。

查询1

课程号	课程名	平均成绩	最高成绩	最低成绩
DY03	职业道德与法律	78.40	90	65
JS01	网络技术基础	83.75	90	77
JS02	网页设计	87.50	90	85
JS04	影视制作	81.67	90	70
JS05	数据库应用基础	85.00	92	78
LY01	旅游概论	68.00	80	56
SX03	概率论	78.50	90	60
YW01	语文(一)	88.50	95	82

记录：第 1 项(共 8 项)　无筛选器　搜索

图 3-45　各门课程平均成绩统计结果

相关知识

Access 中总计行的使用

Access 查询设计视图中提供了总计行，简化了汇总数据列的过程。使用总计行可以执行其他计算，如求平均值、统计列中的项数及查找数据列中的最小值或最大值等，如图 3-46 所示。

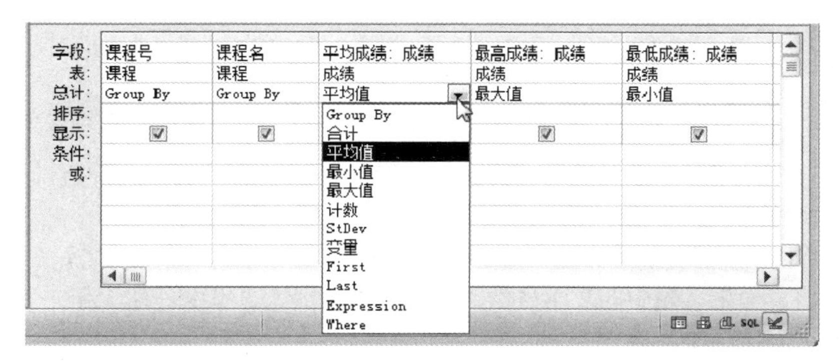

图 3-46　汇总行选项

“总计”、“平均值”、“最小值”等都属于统计函数。使用统计函数，可以针对数据列执行计算并返回单个值。表3-3列出了Access提供的常用统计函数。

表3-3 常用的统计函数及功能

统计函数	功能
总计（Sum）	计算字段中所有记录的总和，数据类型为数字、货币
平均值（Avg）	计算字段中所有记录的平均值，数据类型为数字、货币或日期/时间
最小值（Min）	取字段的最小值，数据类型为数字、货币或日期/时间
最大值（Max）	取字段的最大值，数据类型为数字、货币或日期/时间
计数（Count）	统计字段中非空值的记录数
标准差（StDev）	计算记录字段的标准差，数据类型为数字、货币
方差（Var）	计算记录字段的方差，数据类型为数字、货币
第1条记录（First）	取表中第一条记录的字段值
最后1条记录（Last）	取表中最后一条记录的字段值

思考与练习

1. 在“学生”表中检索全部男生的记录。
2. 在“学生”表中检索姓“孙”或姓“李”的学生的有关信息。
3. 创建一个查询，检索“网页设计”课程成绩在80分以上的学生信息。
4. 创建一个查询，统计每个专业学生的平均身高。
5. 分别统计“学生”表中的男女生人数。

3.4 创建参数查询

当运行查询时，每次根据输入的数据作为查询条件进行查询，这时可以创建参数查询。因此，可以将参数查询看做运行时允许输入可变条件的选择查询。

3.4.1 创建单个参数查询

任务3.13 创建一个查询，每次运行该查询时，通过对话框提示输入要查找的学生姓名，检索该学生的有关信息。

任务分析

该查询是一个参数查询，设置学生姓名为参数，每次运行时输入要查询的学生姓名，以查询不同的学生信息。参数查询应设置提示信息，提示信息两侧必须加上“[ ]”。

任务操作

（1）新建查询，打开查询设计视图，在“显示表”对话框中将“学生”表添加到数据环境中。

（2）分别将“学生”表中的“学号”、“姓名”、“性别”、“出生日期”和“专业”字段拖动到设计网格的“字段”单元格中。

（3）在“姓名”字段的“条件”单元格中，键入提示文本信息“[输入要查找的学生姓名：]”，如图 3-47 所示。

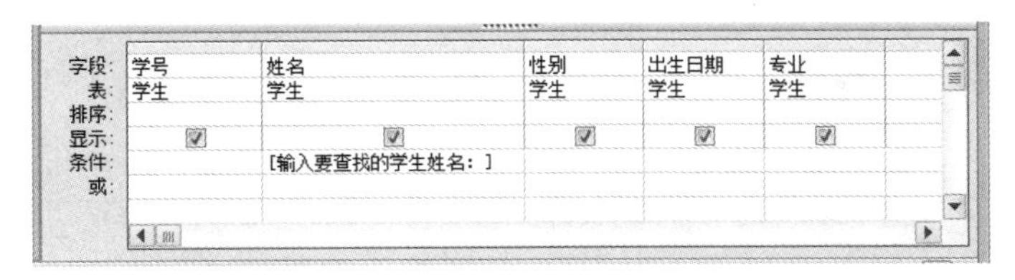

图 3-47 带参数的查询设计视图

（4）运行该查询，弹出如图 3-48 所示的“输入参数值”对话框，如输入“张思雨”，查询结果如图 3-49 所示。

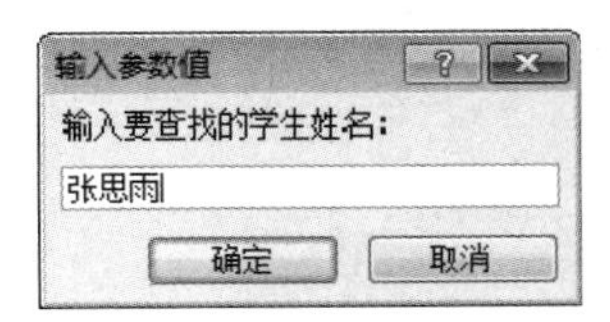

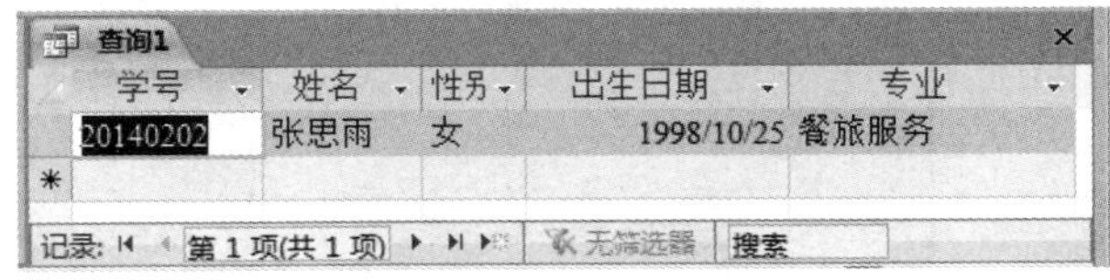

图 3-48 “输入参数值”对话框

图 3-49 带参数的查询结果

（5）以“单个参数查询”为名保存该查询。

从查询运行结果可以看出，筛选出了姓名为“张思雨”的学生的有关信息。每次运行该查询可以输入不同的姓名，查询相关的学生信息。

提示

当设置参数查询时，在“条件”单元格中输入查询提示信息，提示信息两侧必须加上“[ ]”，如果不加“[ ]”，则运行查询时，系统会把提示信息当做查询条件。

3.4.2 创建多个参数查询

多个参数的查询是在运行时需要用户输入一个以上的参数值的查询。

任务 3.14 创建参数查询，每次运行时，查询身高在某个数值范围内的学生的相关信息。

任务分析

该查询可以设置“身高”为参数，在查询前输入“身高起始值”和“身高终止值”，根据输入的数值进行检索。

任务操作

（1）新建查询，打开查询设计视图，在“显示表”对话框中将“学生”表添加到数据环境中。

（2）将“学生”表中的“学号”、“姓名”、“性别”、“出生日期”、“身高”和“专业”字段拖动到设计网格的“字段”单元格中。

（3）在“身高”字段的“条件”单元格中输入“Between [身高起始值] And [身高终止值]”，如图 3-50 所示。

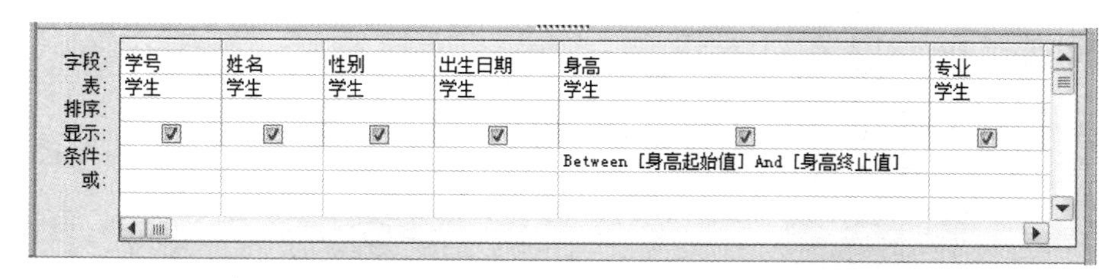

图 3-50　多参数查询设计视图

（4）运行该查询，弹出提示对话框，分别输入“身高起始值”和“身高终止值”，例如，查询身高为 1.60～1.70 学生信息如图 3-51 和图 3-52 所示。

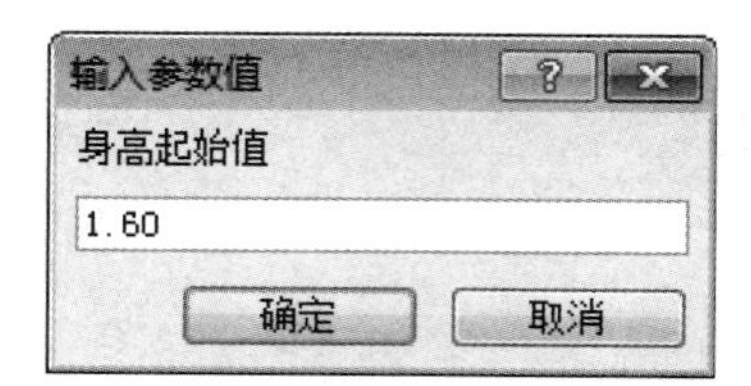

图 3-51　输入第 1 个参数

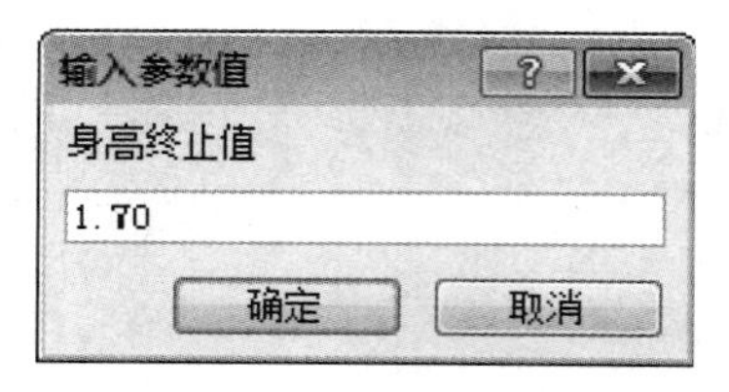

图 3-52　输入第 2 个参数

（5）查询结果如图 3-53 所示，并以“两个参数查询”保存该查询。

两个参数查询

学号	姓名	性别	出生日期	身高	专业
20130201	孙晓雨	女	1997/12/26	1.65	动漫设计
20130202	赵 雷	男	1998/1/15	1.68	动漫设计
20130203	王和平	男	1997/10/17	1.65	动漫设计
20140102	李曼玉	女	1998/6/20	1.65	物联网技术
20140301	吴海波	男	1998/9/12	1.68	网络技术与应用

记录：第 1 项(共 5 项)　无筛选器　搜索

图 3-53　两个参数的查询结果

使用参数查询可以实现模糊查询，在作为参数的每个字段的“条件”单元格中，输入条件表达式，并在方括号内输入相应的提示信息。例如：

① 查询大于某数值：> [输入大于该数值：]。

② 表示以某字符（汉字）开头：Like [查找开头的字符或汉字：] & "*"。

③ 表示包含某字符（汉字）：Like "*"& [查找包含的字符（汉字）：] & "*"。

④ 表示以某字符（汉字）结尾：Like "*" & [查找文中结尾的字符（汉字）：]。

思考与练习

1. 创建参数查询，在“学生”表中查找某个专业的学生信息。
2. 创建参数查询，在“学生”表中查找姓名中包含某个汉字的学生信息。
3. 创建参数查询，查找某门课程某分数段的学生名单。

3.5　操作查询

操作查询包括生成表查询、更新查询、追加查询和删除查询 4 种类型。删除和更新查询更新现有的数据；追加和生成表查询复制现有的数据。

3.5.1 生成表查询

生成表查询可以根据一个或多个表中的全部或部分数据新建一个表。它可用于创建基于一个或多个表中的全部或部分字段的新表，还可创建基于一个或多个表中的全部或部分记录的新表。

任务 3.15 将“学生”表中 2014 级学生的相关信息另存在“2014 学生”表中。

任务分析

这是一个生成表查询，将查询筛选到的 2014 级的记录保存到一个新表中，2014 级可以从“学号”字段值的前 4 位获取。

任务操作

（1）新建查询，打开查询设计视图，在“显示表”对话框中将“学生”表添加到数据环境中，然后将“学生”表中的全部字段分别添加到设计网格中，并在“学号”字段的“条件”单元格中输入筛选条件，即 Like "2014*"，如图 3-54 所示，然后可以切换到数据表视图，查看查询结果。

字段:	学号	姓名	性别	出生日期	团员	身高
表:	学生	学生	学生	学生	学生	学生
排序:						
显示:	☑	☑	☑	☑	☑	☑
条件:	Like "2014*"					
或:						

图 3-54 查询设计视图

（2）单击“设计”选项卡“查询类型”选项组中的“生成表”按钮，弹出“生成表”对话框，如图 3-55 所示，输入新表的名称为“2014 学生”，将新生成的表保存到当前数据库中。

图 3-55 “生成表”对话框

（3）单击“确定”按钮，返回查询设计视图，再单击“设计”选项卡“结果”选项组中的“运行”按钮，运行该查询，弹出创建新表提示信息，如图 3-56 所示。

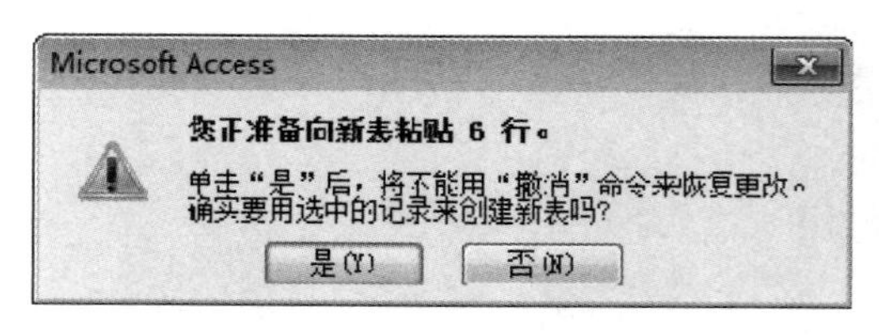

图 3-56　提示信息

（4）单击“是”按钮，创建新表。

在导航窗格的表对象中打开新生成的“2014 学生”表，可以查看新生成表的记录。

3.5.2　更新查询

更新查询可以对一个或多个表中的一组记录进行更新。在更新查询中，如果没有条件限制，可对全部记录进行更新；如果设置了条件，则可对符合条件的记录进行更新。

任务 3.16　将“2014 学生”表中原有的“网络技术与应用”专业名称更改为“网络维护与应用”。

任务分析

这是一个更新查询，对表中部分记录进行成批修改。

任务操作

（1）新建查询，打开查询设计视图，将“2014 学生”表添加到数据环境中，然后将该表的“专业”字段添加到设计网格中。

（2）单击“设计”选项卡“查询类型”选项组中的“更新”按钮，在设计网格中添加“更新到”行，将选择查询转换为更新查询。

（3）在“专业”字段的“条件”单元格中输入“网络技术与应用”，在“更新到”单元格中输入“网络维护与应用”，如图 3-57 所示。

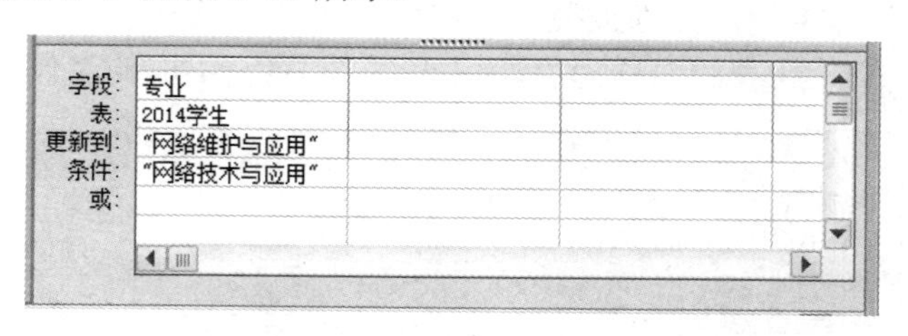

图 3-57　更新查询设计视图

（4）单击“设计”选项卡“结果”选项组中的“运行”按钮，系统弹出如图 3-58 所示的提示对话框，单击“是”按钮，系统会对“2014 学生”表中符合条件的记录进行更新。

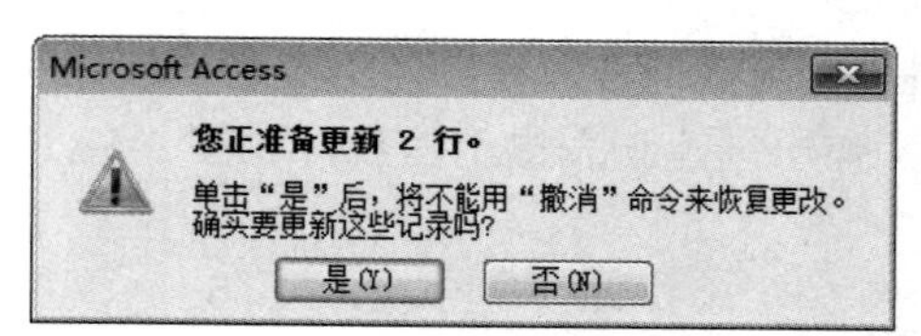

图 3-58　更新查询提示信息

（5）打开“2014 学生”表，切换到数据表视图，可观察到原来的专业名称“网络技术与应用”记录更改为“网络维护与应用”。

提示

在更新查询中，当对数字等类型的字段进行更新时，执行多次更新查询，将使数据表中的数据多次更新。例如，在“成绩”表中执行更新条件“[成绩]+10”，每执行一次查询，成绩将增加 10，这势必会造成数据错误。

3.5.3 追加查询

追加查询是将一个或多个表中的一组记录添加到一个或多个表的末尾。例如，为避免在数据库中重复录入数据，可以将不同教师任教课程的成绩追加到总成绩表中。

任务 3.17 创建追加查询，将“数学成绩”表中的记录追加到“成绩”表中，“数学成绩”表记录如图 3–59 所示。

数学成绩

学号	课程号	成绩
20140101	SX01	80
20140102	SX01	95
20140301	SX01	75
20140302	SX01	82

记录: 第 1 项(共 4 项) 无筛选器 搜索

图 3-59 “数学成绩”表记录

任务分析

利用追加查询可以将查询的结果追加到一个已存在的表中，要追加的表中必须含有查询结果字段。

任务操作

（1）新建查询，打开查询设计视图，将“数学成绩”表添加到数据环境中，然后将该表中的所有字段添加到设计网格中。

（2）单击“设计”选项卡“查询类型”选项组中的“追加”按钮，弹出“追加”对话框，在“表名称”下拉列表中选择“成绩”表，如图 3-60 所示，单击“确定”按钮。

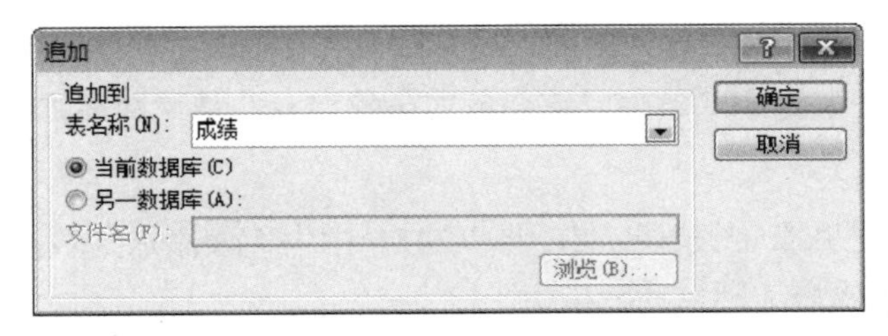

图 3-60 “追加”对话框

（3）在设计视图中添加“追加到”行，并在该行中显示要追加到表中的所有字段，如图 3-61 所示。

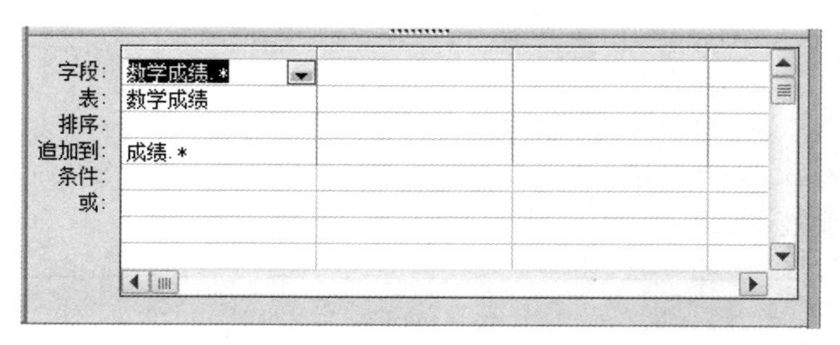

图 3-61　追加查询设计视图

（4）单击“设计”选项卡“结果”选项组中的“运行”按钮，弹出如图 3-62 所示的提示对话框，单击“是”按钮，系统自动将全部记录追加到“成绩”表中。

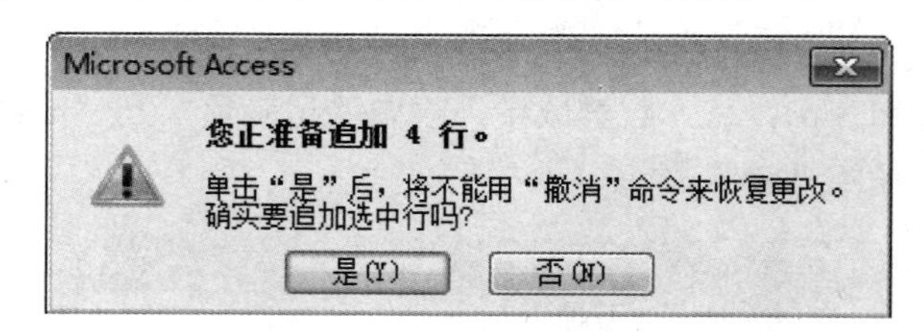

图 3-62　追加查询提示信息

当追加的表中没有设置主关键字段，或追加没有重复的记录时，可以执行多次追加查询操作。但在追加查询时还应注意以下几点。

① 要增加记录的表必须存在。

② 需增加记录的表若有主关键字段，则该字段新追加的部分不能为空或重复。

③ 不能追加与该表有重复内容的“自动编号”类型字段的记录。

3.5.4　删除查询

删除查询可以从一个或多个表中删除一组记录。例如，可以使用删除查询来删除某些空白记录。如果没有条件，则将删除所有记录。使用删除查询可对整个记录进行删除，而不只是删除记录中的部分字段。

任务 3.18　创建删除查询，删除“2014 学生”表中专业为“网络维护与应用”的记录。

任务分析

删除记录前，应先确定删除条件，该任务的条件为专业是“网络维护与应用”。

任务操作

（1）新建查询，打开查询设计视图，将“2014 学生”表添加到数据环境中，然后将该表的“*”和“专业”字段添加到设计网格中。

（2）单击“设计”选项卡“查询类型”选项组中的“删除”按钮，在设计网格中添加“删除”行。在“专业”字段的“条件”单元格中输入“网络维护与应用”，如图 3-63 所示。

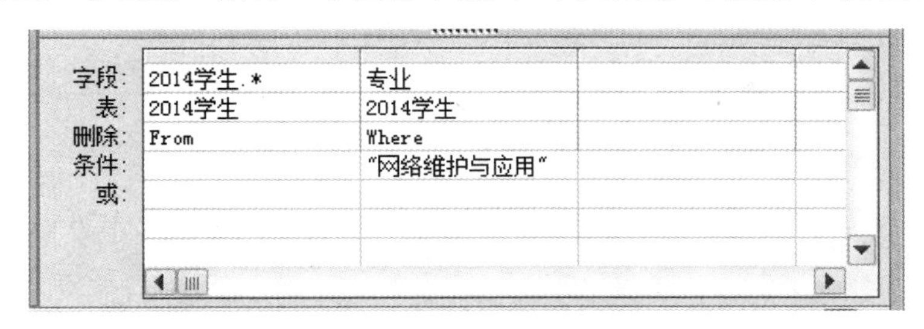

图 3-63 删除查询设计视图

（3）单击“设计”选项卡“结果”选项组中的“运行”按钮，弹出如图 3-64 所示的提示对话框，单击“是”按钮，系统自动对符合条件的记录进行删除。

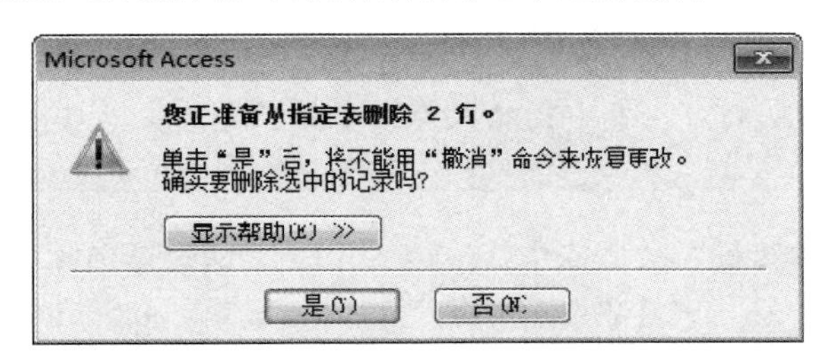

图 3-64 删除查询提示信息

打开“2014 学生”表，可以看到“网络维护与应用”专业的两条记录已被删除。

删除查询在删除记录时，如果启用表的级联删除，则可以从单个表、一对一关系的表或一对多关系的多个表中删除相关联的记录。

思考与练习

1. 创建生成表查询，将“学生”表中“网络技术与应用”专业的学生复制到一个新表中。
2. 创建更新查询，将“2014 学生”表中所有女生的身高增加 2 厘米。
3. 创建追加查询，将“新增课程”表中的所有记录追加到“课程”表中，“新增课程”表与“课程”表结构相同。
4. 创建删除查询，运行查询时，根据输入的姓名，在“2014 学生”表中查找并删除该记录。

3.6 SQL 语句

SQL（Structured Query language，结构化查询语言）是基于关系代数运算的一种关系数据查询语言。它功能丰富、语言简洁、使用方便灵活，成为关系数据库的标准语言。SQL 的核心是查询，SELECT 是 SQL 的一条查询语句。

3.6.1 简单查询

使用 SELECT 语句可以对表进行简单查询，查询表中全部或部分记录，格式如下。

```
SELECT [DISTINCT]
<查询项1> [AS <列标题1>] [,<查询项2> [AS <列标题2>]…] FROM <表名>
```

说明

（1）该语句的功能是从表中查询满足条件的记录。

（2）FROM <表名>：指要查询数据的表文件名，可以同时查询多个表中的数据。

（3）<查询项>：指要查询输出的内容，可以是字段名或表达式，还可以使用通配符“*”，通配符“*”表示表中的全部字段。如果有多项，则各项之间用逗号间隔。如果是别名表的字段名，则需要在该字段名前加<别名>。

（4）AS <列标题>：为查询项指定显示的列标题，如果省略该项，则系统自动给定一个列标题。

（5）DISTINCT：该选项是指在查询结果中，重复的查询记录只出现一条。

任务 3.19 在“成绩管理”数据库中，使用 SELECT 语句查询并显示“学生”表中全部记录的“学号”、“姓名”、“性别”、“出生日期”和“专业”字段的内容。

任务分析

这是对一个表进行的查询，使用 SELECT 语句确定表和输出的字段即可。

任务操作

（1）打开“成绩管理”数据库，新建查询，打开查询设计视图，不添加表或查询，单击“设计”选项卡“结果”选项组中的“SQL 视图”按钮，打开 SQL 视图窗口。

（2）在 SQL 视图窗口中输入 SELECT 查询语句，如图 3-65 所示。

图 3-65　SELECT 查询语句

（3）单击“设计”选项卡“结果”选项组中的“运行”按钮，查询结果如图 3-66 所示。

查询1

学号	姓名	性别	出生日期	专业
20130101	艾丽丝	女	1998/6/18	网络技术与应用
20130102	李东海	男	1998/3/25	网络技术与应用
20130201	孙晓雨	女	1997/12/26	动漫设计
20130202	赵 雷	男	1998/1/15	动漫设计
20130203	王和平	男	1997/10/17	动漫设计
20140101	张莉莉	女	1999/3/12	物联网技术
20140102	李曼玉	女	1998/6/20	物联网技术

记录: 第 1 项(共 11 项 无筛选器 搜索

图 3-66　SELECT 语句查询结果

查询输出表的全部记录，输出字段的排列顺序由语句中查询项的排列次序决定。

如果用 SELECT 语句查询输出表中的全部字段，则除了在语句中将全部字段名一一列举出来之外，还可以用通配符“*”来表示表中的全部字段。

例如，在 SQL 视图窗口输入语句：

```
SELECT * FROM 学生
```

执行结果是将“学生”表中记录的全部字段输出，与该表的数据表视图浏览结果相同。

任务 3.20 查询“学生”表中包含的全部不同专业的名称。

任务分析

查询结果中包含全部不同的专业，即不同的记录，在 SELECT 语句中使用 DISTINCT 选项。

任务操作

在 SQL 视图窗口中输入如下语句：

```
SELECT DISTINCT 专业 FROM 学生
```

结果如图 3-67 所示。

每条 SELECT 语句中只能使用一个 DISTINCT 选项。

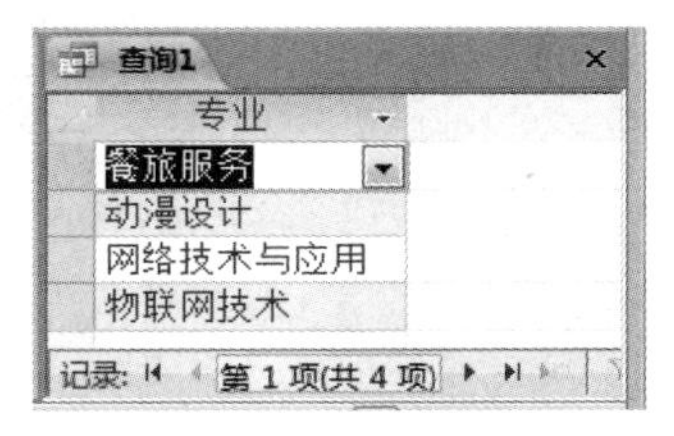

图 3-67 查询不同的专业

任务 3.21 统计“学生”表中全部学生的平均身高、最高身高、最低身高和平均年龄。

任务分析

计算平均身高、最高身高、最低身高和平均年龄需要使用统计函数，分别是 Avg（[身高]）、Max（[身高]）、Min（[身高]）和 Avg（Year（Date()）-Year（[出生日期]））。

任务操作

在 SQL 视图窗口中输入如下语句。

```
SELECT Avg([身高]) AS 平均身高, Max([身高]) AS 最大身高, Min([身高]) AS最低身高, Avg(Year(Date())-Year([出生日期])) AS 平均年龄FROM学生
```

查询结果如图 3-68 所示。

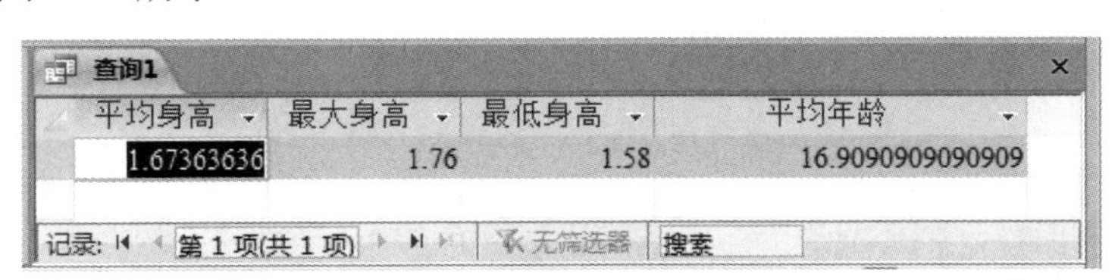

图 3-68 查询中统计函数的使用

语句中使用 AS 选项将表达式“平均身高”指定为列标题。

相关知识

SELECT 语句中的统计函数

在 SELECT 语句中常使用统计函数，常用的统计函数有 Count()、Sum()、Avg()、Min()和 Max()等。其含义分别如下。

（1）Count（[DISTINCT]<表达式>）：统计表中记录的个数。<表达式>可以是字段名或由字段名组成。如果选择 DISTINCT 选项，则统计记录时，表达式值相同的记录只统计一条。

（2）Sum（[DISTINCT]<数值表达式>）：计算数值表达式的和。如果选择 DISTINCT 选项，则计算函数值时，数值表达式值相同的记录只有一条参与求和运算。

（3）Avg（[DISTINCT]<数值表达式>）：计算数值表达式的平均值。如果选择 DISTINCT 选项，则计算函数值时，数值表达式值相同的记录只有一条参与求平均值运算。

（4）Min（<表达式>）：计算表达式的最小值。

（5）Max（<表达式>）：计算表达式的最大值。

SELECT 语句输出项为表达式时，如果不指定列标题，则系统自动命名一个列标题，如上述语句更改为

```
SELECT  Avg([身高]),Max([身高]),Min([身高]),
Avg(Year(Date())-Year([出生日期]))FROM 学生
```

后，查询结果如图 3-69 所示。

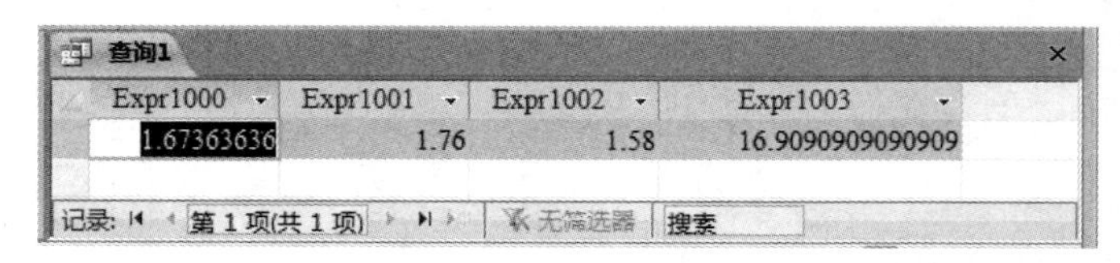

图 3-69　系统自动为查询结果指定标题

3.6.2　条件查询

使用 SELECT 语句可以有条件地查询记录，格式如下。

```
SELECT [DISTINCT]
<查询项1> [AS <列标题1>] [,<查询项2> [AS <列标题2>]…]  FROM <表名>
WHERE <条件>
```

说明

（1）该语句的功能是查询满足条件的记录。

（2）WHERE <条件>：指定要查询的条件。

任务 3.22　查询“学生”表中 1999 年出生的学生记录，只显示“姓名”、“性别”、“出生日期”、“专业”和“团员”字段的内容。

任务分析

这是一个条件查询，语句中需要使用 WHERE 指定条件，条件为 WHERE Year（[出生日期]）=1999。

任务操作

在 SQL 视图窗口中输入如下语句。

```
SELECT  姓名，性别，出生日期，专业，团员FROM学生
```

```
WHERE Year([出生日期])=1999
```

查询结果如图 3-70 所示。

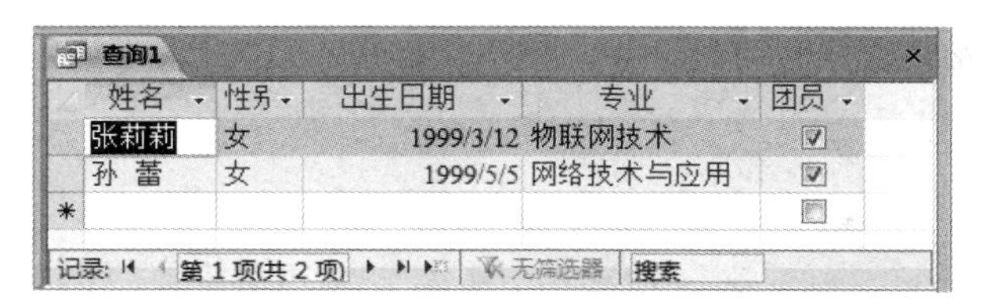

查询1

姓名	性别	出生日期	专业	团员
张莉莉	女	1999/3/12	物联网技术	☑
孙 蕾	女	1999/5/5	网络技术与应用	☑

记录：第 1 项(共 2 项) 无筛选器 搜索

图 3-70 SELECT 条件查询结果

任务 3.23 查询“学生”表中每个学生的学号、姓名、专业和“成绩”表中对应学生的成绩。

任务分析

这是两个表的查询，在查询条件中需要对查询的两个表建立关联，关联字段为“学号”，查询条件为 WHERE 成绩.学号=学生.学号。

任务操作

在 SQL 视图窗口中输入如下语句。

```
SELECT学生．学号，姓名，专业，成绩FROM学生，成绩WHERE成绩．学号=学生.学号
```

查询结果如图 3-71 所示。

查询1

学号	姓名	专业	成绩
20130101	艾丽丝	网络技术与应用	87
20130101	艾丽丝	网络技术与应用	85
20130101	艾丽丝	网络技术与应用	92
20130102	李东海	网络技术与应用	70
20130102	李东海	网络技术与应用	90
20130102	李东海	网络技术与应用	78
20130201	孙晓雨	动漫设计	90
20130201	孙晓雨	动漫设计	70

记录：第 1 项(共 28 项 无筛选器 搜索

图 3-71 两个表的联接查询结果

上述语句中“学号”字段前加别名“学生”，而“姓名”、“专业”和“成绩”字段不用加别名，这是由于两个关联表中都含有“学号”字段，在该字段名前加表名为别名以区分字段。

如果要显示表中的全部字段内容，则可以使用通配符“*”。

例如，如下语句：

```
SELECT * FROM学生，成绩WHERE成绩．学号=学生．学号
```

其查询结果中包含“学生”表中的全部字段和“成绩”表中的全部字段。

相关知识

SELECT 查询语句中 WHERE 条件的使用

在 SELECT 语句中使用 WHERE 指定条件，除单条件外，还可以指定多条件，条件中可以使用下列运算符。

（1）关系运算符：=、<>、>、>=、<、<=。

（2）逻辑运算符：Not、And、Or。

例如，查找身高在1.65至1.70之间的记录，可以使用如下SELECT语句。

```
SELECT * FROM 学生 WHERE 身高>=1.65 And 身高<=1.70
```

（3）指定区间：Between…And…。

Between…And…用来判断数据是否在指定的范围内。

例如，查找身高在1.65至1.70之间的记录，还可以使用如下SELECT语句。

```
SELECT * FROM 学生 WHERE 身高 Between 1.65 And 1.70
```

（4）格式匹配：Like。

Like用来判断数据是否符合Like指定的字符串格式。

例如，WHERE 姓名 Like "李*"，表示查找"李"姓学生的记录。

（5）包含：In()、Not In()。

In()用来判断是否是In()列表中的一个。例如，WHERE nl In（5,30,15,20），判断nl是否是5、30、15、20其中的一个。

（6）空值：Is Null、Is Not Null。

Is Null用来判断某字段值是否为空值。

例如，查询显示"学生"表中"张"姓学生中的女生记录的信息。这是一个多条件的查询，查询条件为"WHERE 姓名 Like "张*" And 性别="女""。

在SQL视图窗口中输入如下语句。

```
SELECT * FROM 学生 WHERE 姓名 Like "张*" And 性别= "女"
```

在SELECT语句中，利用WHERE <条件>选项可以建立多个表之间的联接。例如，按"学号"字段建立"成绩"表与"学生"表之间的联接，使用WHERE选项表示为"WHERE 成绩.学号=学生.学号"。

3.6.3 查询排序

使用SELECT语句可以对查询结果进行排序，格式如下。

```
SELECT [DISTINCT]
<查询项1> [AS <列标题1>] [,<查询项2> [AS <列标题2>]…]
FROM <表名> [WHERE <条件> ]
ORDER BY <排序项1> [ASC | DESC] [, <排序项2> [ASC | DESC] …]
```

说明

（1）该语句对查询结果按指定的排序项进行升序或降序排列。

（2）ASC项表示按<排序项>升序排序记录，DESC项表示按<排序项>降序排序记录。如果省略ASC或DESC项，则系统默认对查询结果按<排序项>升序排序。

任务3.24 查询"学生"表中"姓名"、"性别"、"出生日期"和"专业"字段内容，按"出生日期"字段降序输出。

任务分析

这是一个对结果进行排序的查询，语句中需要使用“ORDER BY 出生日期”选项。

任务操作

在 SQL 视图窗口中输入如下语句。

```
SELECT 姓名，性别，出生日期，专业FROM学生ORDER BY出生日期 DESC
```

查询结果如图 3-72 所示。

查询1

姓名	性别	出生日期	专业
孙蕾	女	1999/5/5	网络技术与应用
张莉莉	女	1999/3/12	物联网技术
张思雨	女	1998/10/25	餐旅服务
吴海波	男	1998/9/12	网络技术与应用
王建利	男	1998/7/23	餐旅服务
李曼玉	女	1998/6/20	物联网技术

记录: 第 1 项(共 11 项 无筛选器 搜索

图 3-72　按“出生日期”降序排序查询结果

从查询结果可以看出，全部记录按“出生日期”字段内容降序排列。

上述查询语句等价于：

```
SELECT 姓名，性别，出生日期，专业FROM学生ORDER BY 3 DESC
```

在 ORDER BY 中，排序项可以用输出字段或表达式的排列序号来表示。在输出的“姓名”、“性别”、“出生日期”和“专业”字段中，“出生日期”字段的排列序号为 3。

3.6.4　查询分组

使用 SELECT 语句可以对查询结果进行分组，格式如下。

```
SELECT [DISTINCT]
<查询项1> [AS <列标题1>] [,<查询项2> [AS <列标题2>]…]
FROM <表名> [WHERE <条件> ]
GROUP BY <分组项1>[, <分组项2>] [HAVING <条件>]
```

说明

（1）该语句对查询结果进行分组操作。

（2）HAVING <条件>选项表示在分组结果中，对满足条件的组进行操作。HAVING <条件>选项总是跟在 GROUP BY 之后，不能单独使用。

（3）在分组查询中可以使用 Count()、Sum()、Avg()、Max()、Min()等统计函数，计算每组的汇总值。

任务 3.25　统计“学生”表中每个专业的学生最高身高和平均身高。

任务分析

根据题目要求，需要对“学生”表按“专业”字段进行分组，然后使用统计函数来计算最高身高和平均身高。

任务操作

在 SQL 视图窗口中输入如下语句。

```
SELECT 专业，MAX（身高）AS 最高身高，AVG（身高）AS平均身高FROM学生
GROUP BY 专业
```

查询结果如图 3-73 所示。

查询1

专业	最高身高	平均身高
餐旅服务	1.76	1.740
动漫设计	1.68	1.660
网络技术与应用	1.75	1.680
物联网技术	1.65	1.615

记录: 第 1 项(共 4 项)　无筛选器　搜索

图 3-73　SELECT 查询结果

GROUP BY 中的分组项不允许是表达式，如果要按表达式的值进行分组，则可以使用该表达式的列标题或排列序号。

如果 SELECT 语句中可同时使用 HAVING <条件>和 WHERE <条件>选项，HAVING <条件>和 WHERE <条件>不矛盾，则在查询中先用 WHERE 筛选记录，然后进行分组，最后用 HAVING <条件>限定分组。

思考与练习

1. 使用 SELECT 语句分别查询“学生”表、“成绩”表中的全部记录。
2. 查询“学生”表中每个学生的学号、姓名、专业和“成绩”表中对应学生的成绩以及“课程”表中对应的课程名。
3. 从“成绩”表中统计每个学生所有课程的平均成绩。
4. 查询“学生”表姓名、性别、出生日期和专业等信息，按“出生日期”字段降序输出。
5. 查询“学生”表中每个学生的学号、姓名、出生日期、专业和“成绩”表中对应记录的学号和成绩，按“专业”字段升序、“出生日期”字段降序输出。
6. 统计“成绩”表中每门课程的最高成绩和平均成绩。

习题 3

一、填空题

1. 在 Access 中可以创建__________、__________、__________、__________和__________查询。

2．在查询设计视图的________单元格中，选中复选标记表示在查询中显示该字段。

3．在书写查询准则时，日期值应该用_______符号引起来。

4．当用逻辑运算符 Not 连接的表达式为真时，整个表达式的值为_______。

5．Between #2012-1-1# and #2012-12-31#的含义是____________________。

6．特殊运算符 Is Null 用于指定一个字段为__________。

7．参数查询是通过运行查询时输入__________来创建的动态查询结果。

8．将来源于某个表中的字段进行分组，一组列在数据表的左侧，一组列在数据表的上部，然后在数据表行与列的交叉处显示表中某个字段统计值，该查询是____________。

9．每个查询都有 3 种视图，分别是____________、____________和 SQL 视图。

10．操作查询包括____________、____________、____________和____________4 种类型。

11．查询语句 SELECT * FROM 成绩，其中“*”表示____________________；查询语句 SELECT * FROM 学生,成绩，“*”表示______________________________。

12．在 SELECT 语句的 ORDER BY 子句中，DECS 表示按________输出，省略 DECS 表示按________输出。

二、选择题

1．为了和一般的数值数据区分，Access 规定日期类型的数据两端各加一个符号（　　）。

A．*　　B．#　　C．"　　D．?

2．“A　And　B”表达式表示（　　）。

A．查询表中的记录必须同时满足 And 两端的准则 A 和 B，才能进入查询结果集

B．查询表中的记录只需满足准则 A 和 B 中的一个，即可进入查询结果集

C．查询表中记录的数据介于 A、B 之间的记录才能进入查询结果集

D．查询表中的记录当满足 And 两端的准则 A 和 B 不相等时，即可进入查询结果集

3．若要在表“姓名”字段中查找以“李”开头的所有人名，则应在查找内容框中输入的字符串是（　　）。

A．李?　　B．李*　　C．李[]　　D．李#

4．在查询中设置年龄在 18～60 岁的条件可以表示为（　　）。

A．>18 Or <60　　B．>18 And <60　　C．>18 Not <60　　D. >18 Like <60

5．条件“Not 工资>3000”的含义是（　　）。

A．除了工资大于 3000 之外的记录

B．工资大于 3000 的记录

C．工资小于 3000 的记录

D．工资小于 3000 并且不能为 0 的记录

6．特殊运算符 In 的含义是（　　）。

A．用于指定一个字段值的范围，指定的范围之间用 And 连接

B．用于指定一个字段值的列表，列表中的任一值都可与查询的字段相匹配

C．用于指定一个字段为空

D．用于指定一个字段为非空

7．应用查询对表中的数据进行修改，应使用的操作查询是（　　）。

A．删除查询　　B．追加查询　　C．更新查询　　D．生成表查询

8．要将查询结果保存在一个表中，应使用的操作查询是（　　）。

A．删除查询　　B．追加查询　　C．更新查询　　D．生成表查询

9．如果要将两个表中的数据合并到一个表中，则应使用的操作查询是（　　）。

A．删除查询　　B．追加查询　　C．更新查询　　D．生成表查询

10．SELECT 查询中的条件短语是（　　）。

A．WHERE　　B．WHILE

C．FOR　　D．CONDITION

三、操作题

1．打开“图书订购”数据库，使用向导创建一个选择查询，在“图书”表中查询图书明细，包含“图书 ID”、“书名”、“作译者”、“定价”、“出版日期”和“版次”字段。

2．使用设计视图创建一个选择查询，查询中包括“订单”表中的“单位”、“图书 ID”、“册数”、“订购日期”和“发货日期”字段，以及“图书”表中的“书名”和“定价”字段。

3．使用设计视图创建一个选择查询，查询 2014 年 5 月 1 日以后订购图书的情况，包括“订单”表中的“单位”、“图书 ID”、“册数”、“订购日期”和“发货日期”字段，以及“图书”表中的“书名”和“定价”字段。

4．在“订单”表中查询某种图书订购数量在 200 册以上的信息。

5．在“订单”表中查询订购日期在 2014 年 5 月 1 日至 2014 年 12 月 31 日之间的记录。

6．在“图书”表中检索出“电子工业出版社”在 2014 年出版的图书。

7．创建一个查询，每次运行该查询时，通过对话框提示输入要查找的图书 ID，查询结果中包含订购该图书的有关信息。

8．将“图书”表中版次为“01”的记录追加到“图书 01”表中。

9．删除“图书 01”表中“出版社”字段值为空的记录。

10．将“图书 01”表中版次为“01”的图书的定价上调 10%。

11．使用 SELECT 语句分别查询“图书”表中的全部记录。

12．使用 SELECT 语句查询各种图书的最高单价、平均单价。

窗 体 设 计

学习目标

- 了解窗体的功能和类型
- 能使用窗体工具创建窗体
- 能创建分割窗体
- 能创建多个项目窗体
- 能使用窗体向导创建窗体
- 能对窗体进行布局与修饰
- 能使用窗体控件设计窗体
- 会创建主/子窗体

窗体是 Access 数据库中的一个重要对象，是用户和数据库之间进行交互操作的窗口。通过窗体可以显示数据、编辑数据、添加数据，也可以将窗体用做切换面板来管理数据库中的其他对象，或者用来接收用户输入信息，并根据输入的信息执行相应的操作。

4.1　创建窗体

在 Access 2010 中，利用“创建”选项卡“窗体”选项组中的按钮可创建不同类型的窗体。具体可以分为自动创建窗体、使用窗体向导创建窗体和使用设计视图创建窗体等。

4.1.1　自动创建窗体

在 Access 2010 中能够收集和显示表中的数据信息，自动创建窗体。在“创建”选项卡“窗体”选项组中能自动创建窗体的按钮有“窗体”、“分割窗体”、“多个项目窗体”等。

1．使用窗体工具创建窗体

使用窗体工具创建窗体时，选中一个表或查询后，单击“创建”选项卡“窗体”选项组中的“窗体”按钮，自动创建一个包含所选表或查询中所有字段的纵栏式窗体。

任务 4.1 在“成绩管理”数据库中，使用“窗体”按钮创建一个基于“学生”表的窗体。

任务分析

使用“窗体”按钮可以快速创建一个窗体，创建的窗体中将显示记录源表或查询中的所有字段和记录。

任务操作

（1）打开“成绩管理”数据库，在左侧导航窗格中选中窗体记录源“学生”表。

（2）单击“创建”选项卡“窗体”选项组中的“窗体”按钮，系统自动创建窗体，并以布局视图显示该窗体，如图 4-1 所示。

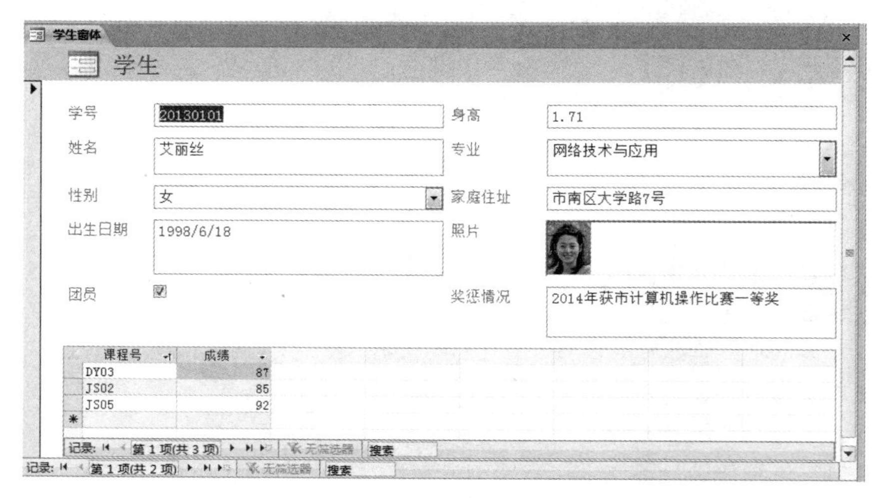

图 4-1 使用“窗体”按钮创建的窗体

（3）以“学生窗体”为名保存该窗体。

其中包含两个窗体，主窗体为“学生”表信息，子窗体为“成绩”表信息，由于“学生”表与“成绩”表具有一对多关系，并建立了关联，因此在窗体中除了学生信息外，还在子窗体中以数据表视图的形式显示了学生信息。

2．创建分割窗体

分割窗体就是将相同的数据同时以两种视图显示。分割窗体上半部分是窗体视图，其作用是描述一条记录的详细信息，并能够浏览、添加、编辑或删除数据；分割窗体的下半部分是数据表视图，其作用是一次浏览全部记录，并且能够快速在记录之间移动并定位于某条记录。

任务 4.2 在“成绩管理”数据库中，创建一个基于“学生”表的分割窗体。

任务分析

分割窗体使用相同的记录源，同时显示窗体视图和数据表视图，彼此之间的数据能够同时更新。

任务操作

（1）打开“成绩管理”数据库，在左侧导航窗格中选中窗体记录源“学生”表。

（2）单击“创建”选项卡“窗体”选项组中的“其他窗体”下拉按钮，在下拉列表中选择“分割窗体”选项，系统自动创建分割窗体，并以布局视图显示该窗体，如图 4-2 所示。

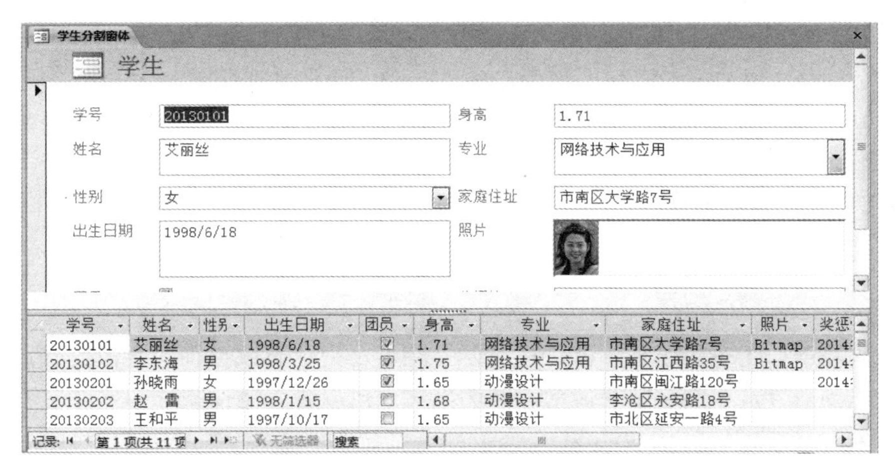

图 4-2　创建的分割窗体

（3）以“学生分割窗体”为名保存该窗体。

相关知识

创建多个项目窗体

多个项目窗体是在一个窗体中显示多条记录，用户可根据需要自定义窗体，如添加按钮、图形和其他控件。

例如，在“成绩管理”数据库中创建一个基于“课程”表的多个项目窗体，具体操作步骤如下。

（1）打开“成绩管理”数据库，在左侧导航窗格中选中窗体记录源“课程”表。

（2）单击“创建”选项卡“窗体”选项组中的“其他窗体”下拉按钮，在下拉列表中选择“多个项目”选项，系统自动创建多个项目窗体，并以布局视图显示该窗体，如图 4-3 所示。

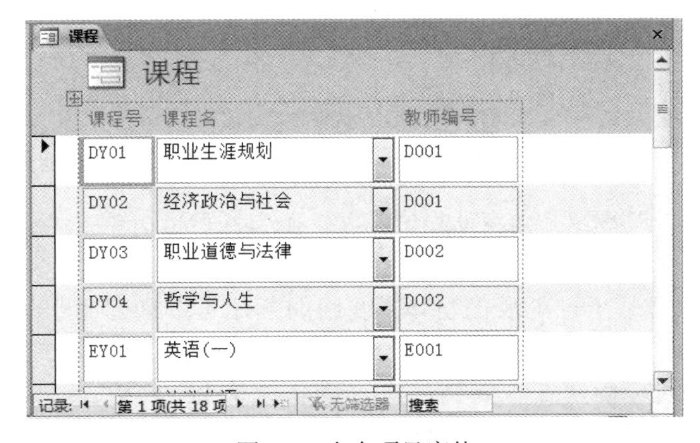

图 4-3　多个项目窗体

多个项目窗体与数据表窗体相似，数据排列成行、列的形式，但又比数据表窗体可定制更多的项目。

4.1.2 使用窗体向导创建窗体

使用窗体向导创建窗体，根据向导提示的有关记录源、字段、指定数据的组合和排列方式、有关创建关系、布局及格式等信息，并根据提示创建窗体。使用向导可以创建纵栏式、表格式、数据表及两端对齐式窗体。

1．创建单一数据源窗体

任务 4.3 以“学生”表为记录源，使用窗体向导创建一个纵栏式窗体。

任务分析

这是创建基于一个表的窗体，纵栏式窗体的特点是指定表或查询的字段内容按列排序，每一列包含两部分内容，左侧显示字段名，右侧显示字段内容，包括图片和备注内容。通过导航按钮，可以浏览其他记录。

任务操作

（1）打开“成绩管理”数据库，单击“创建”选项卡“窗体”选项组中的“窗体向导”按钮，弹出“窗体向导”对话框，选择“学生”表中的字段，添加到“选定字段”列表框中，如图 4-4 所示。

（2）单击“下一步”按钮，弹出如图 4-5 所示的对话框，确定窗体的布局，这里选中“纵栏表”单选按钮。

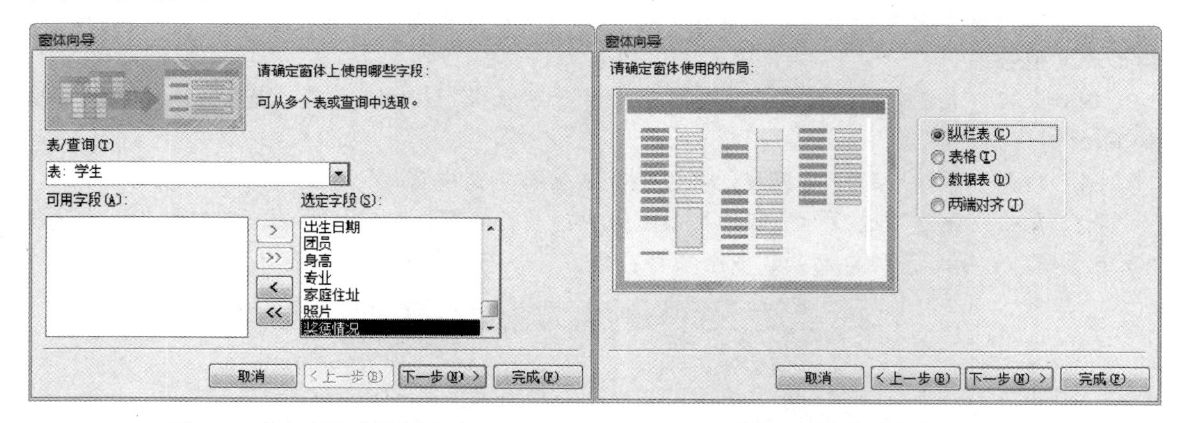

图 4-4　确定窗体使用的字段　　　图 4-5　确定窗体使用的布局

（3）单击“下一步”按钮，为窗体指定标题，确定标题后，单击“完成”按钮，完成窗体的创建，结果如图 4-6 所示。

上述创建的窗体是基于一个表的窗体，使用向导还可以创建基于多个表或查询的窗体。

2．创建主/子窗体

使用窗体向导还可以创建主/子窗体，主/子窗体就是主窗体中含有关联的子窗体，主要用于显示一对多关系表中的数据，主/子窗体需要使用多个数据源。

任务 4.4 使用窗体向导创建一个如图 4-7 所示的窗体，用于查看每个学生的成绩信息。

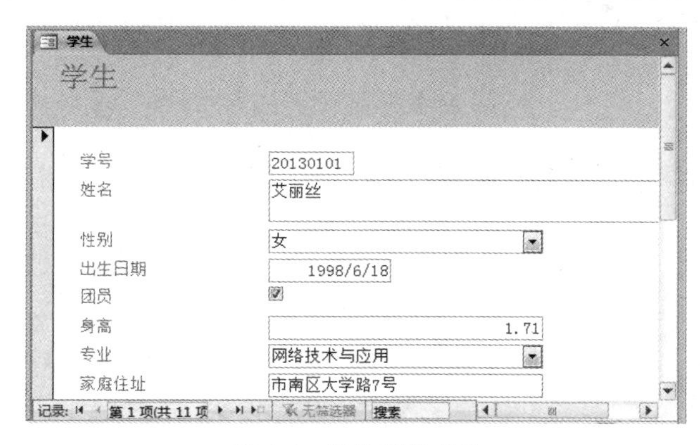

图 4-6　窗体创建成功

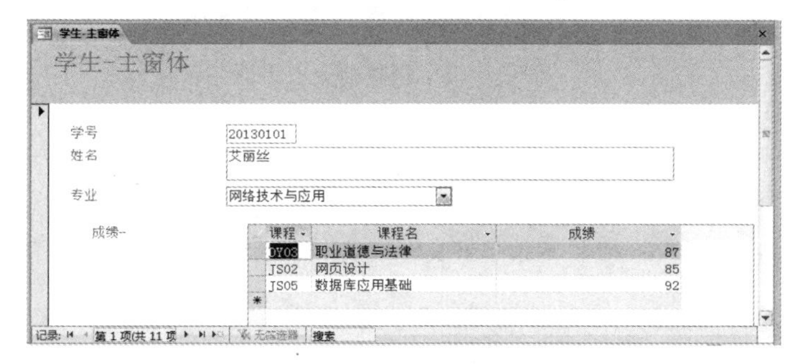

图 4-7　含有成绩子窗体的窗体

任务分析

该窗体为主/子窗体，其中主窗体用于显示每个学生的有关信息，子窗体用于显示学生成绩；主窗体的记录源为“学生”表，而子窗体的记录源为“课程”表和成绩“表。

任务操作

（1）单击“创建”选项卡“窗体”选项组中的“窗体向导”按钮，弹出“窗体向导”对话框，分别将“学生”表中的“学号”、“姓名”和“专业”字段，“课程”表中的“课程号”和“课程名”字段，以及“成绩”表中的“成绩”字段添加到“选定字段”列表框中，如图 4-8 所示。

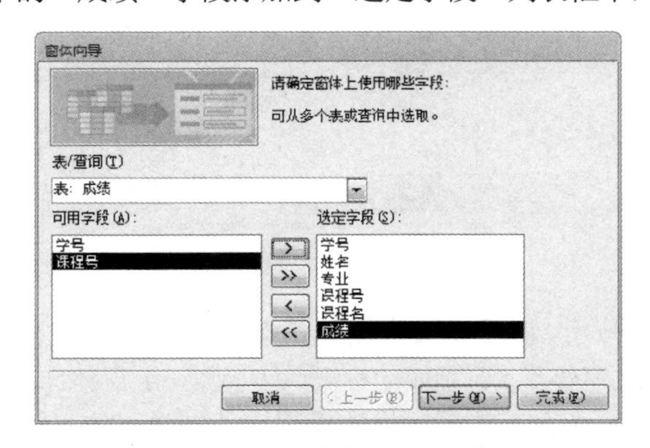

图 4-8　“窗体向导”对话框

（2）单击“下一步”按钮，弹出如图 4-9 所示的对话框。选择“通过学生”查看数据，并选中“带有子窗体的窗体”单选按钮。

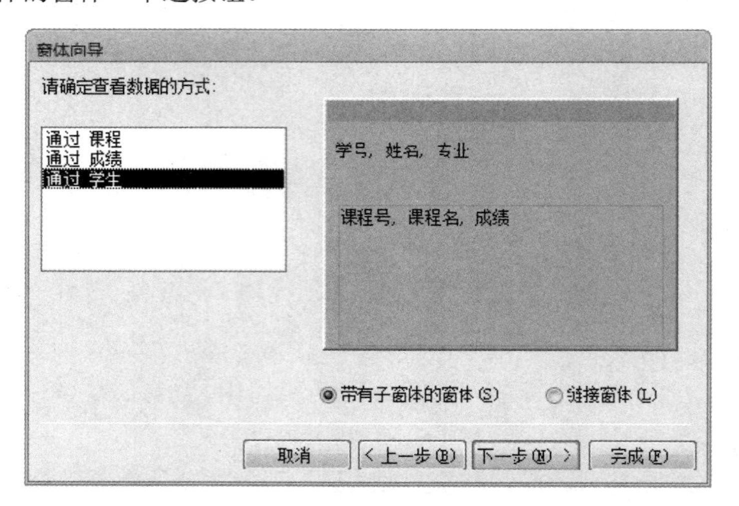

图 4-9　确定查看数据的方式

提示

在建立主子窗体前，应保证提供数据的两个表已建立关联，例如，“学生”表和“成绩”表通过“学号”字段建立了一对多关联，“课程”表与“成绩”表建立了一对多关联。

（3）单击“下一步”按钮，弹出如图 4-10 所示的对话框，确定子窗体使用的布局，这里选中“数据表”单选按钮。

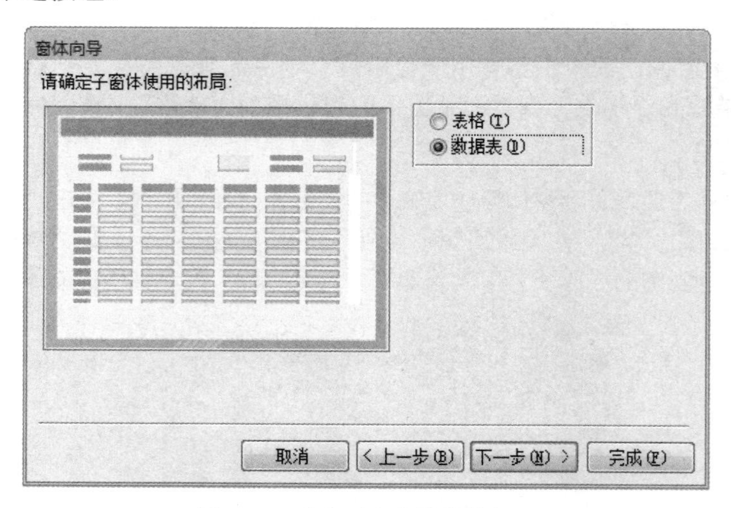

图 4-10　确定子窗体使用的布局

（4）单击“下一步”按钮，窗体指定标题，为新创建的主窗体和子窗体指定标题。例如，主窗体的标题为“学生-主窗体”，子窗体的标题为“成绩-子窗体”。

（5）单击“完成”按钮，系统根据向导的设置自动创建窗体，结果如图 4-7 所示。

在如图 4-7 所示的窗体中，主窗体和子窗体中分别带有记录导航按钮，通过“学生”主窗体导航按钮，可以查看该学生的成绩。通过“成绩”子窗体的导航按钮，可以确定具体的成绩记录。

在图 4-9 中如果选中“链接窗体”单选按钮，则在主窗体中添加“成绩”切换按钮，通过该切换按钮可打开子窗体，如图 4-11 所示。

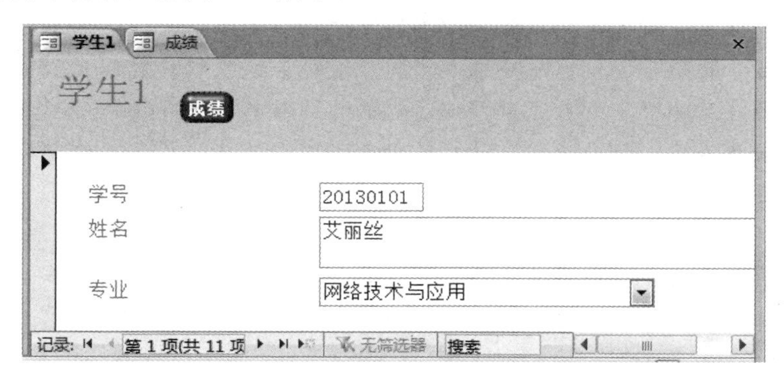

图 4-11 窗体创建成功

在图 4-11 所示的窗体中，两个窗体是分离的，可以任意改变每个窗体的大小和位置，或关闭其中的任何一个窗体。

相关知识

认识窗体

1．窗体的功能

Access 中的窗体主要有以下功能。

（1）显示和编辑数据。窗体的基本功能是显示与编辑数据。窗体可以显示来自多个数据表中的数据。此外，用户可以利用窗体对数据库中的相关数据进行添加、删除和修改，并可以设置数据的属性。用窗体来显示并浏览数据比用表和查询的数据表格式显示数据更加灵活。

（2）添加数据。用户可以根据需要设计窗体，作为数据库中数据输入的接口，这种方式可以节省数据录入的时间并提高数据输入的准确度。窗体的数据输入功能是它与报表的主要区别。

（3）控制程序执行流程。窗体可以与宏或函数结合，作为切换面板，控制程序的执行流程，使数据库中的各个对象紧密地结合起来，形成一个完整的应用系统。

（4）提示信息和打印数据。在窗体中可以显示一些警告或解释信息，或根据输入的数据来执行相应的操作。此外，窗体也可以用来打印数据库中的数据。

2．窗体类型

Access 2010 中的窗体有多种类型，不同类型的窗体适用于不同的应用需求。

（1）纵栏式窗体。窗体内容按列排列，每一列包含两部分内容，左侧显示字段名，右侧显示字段内容，包括图片和备注内容。

（2）表格式窗体。一个窗体内可以显示多条记录，每条记录显示在一行中，且只显示字段的内容，而字段名显示在窗体的顶端。

（3）数据表窗体。数据表窗体和查询显示数据的界面相同，主要用来作为一个窗体的子窗体。

（4）多页窗体。如果一条记录中有许多字段，利用单页窗体无法显示所有的信息，则可以使用选项卡或分页符控件来创建多页窗体，在每一页中只显示一条记录中的部分信息。

（5）主/子窗体。它一般用来显示来自多个表中具有一对多关系的数据。子窗体是指包含在窗体中的窗体，包含窗体的窗体称为主窗体。主窗体一般用来显示联接关系中“一”端表格中的数据，而子窗体用于显示联接关系中“多”端表格中的数据。

（6）分割窗体，即同时提供窗体视图和数据表视图。这两种视图连接到同一数据源上，并且保持同步。如果在窗体的一部分选择了一个字段，则会在窗体的另一部分选择相同的字段。

（7）数据透视表窗体。数据透视表呈矩阵分布，可以选择一个字段作为列字段，则每个字段值是一个列标题；选择一个字段作为行字段，则每个字段值是一个行标题。在行和列的交汇处，数据透视表将计算的数据显示出来。

窗体是以数据表或查询为基础来创建的，在窗体中显示数据表或查询中的数据，窗体本身并不存储数据，数据存储在一个或几个关联的表中。

思考与练习

1. 以“学生”表为记录源，使用窗体向导创建一个表格式窗体。
2. 以“学生”表为记录源，使用窗体向导创建一个数据表窗体，观察并分析纵栏式表窗体、表格窗体和数据表窗体有什么不同。
3. 创建一个如图 4-11 所示的链接窗体。
4. 在如图 4-9 所示的对话框中，如果选择“通过成绩”选项，将创建什么样的窗体？
5. 使用窗体向导创建一个窗体，主窗体为“学生”表中的“学号”、“姓名”、“专业”字段，子窗体包含“课程”表中的“课程号”、“课程名”字段，“成绩”表中的“成绩”字段，“教师”表中的“教师编号”和“姓名”字段信息。

4.2 使用窗体设计视图创建窗体

使用设计视图创建窗体时，可以先创建一个空白窗体，然后指定窗体的数据来源，在窗体中添加、删除控件，利用这些控件既可以方便地对数据库中的数据进行编辑、查询等，又能使工作界面美观大方。

4.2.1 使用空白窗体创建窗体

任务 4.5 使用空白窗体创建一个窗体，再将“学生”表中的“学号”、“姓名”、“性别”、“出生日期”及“专业”字段添加到该窗体中。

任务分析

Access 2010 提供了创建“空白窗体”按钮，创建空白窗体后可以将表中的字段作为窗体控件快速添加到窗体中。

任务操作

（1）单击“创建”选项卡“窗体”选项组中的“空白窗体”按钮，在布局视图中打开一个空白窗体，并显示“字段列表”面板，如图 4-12 所示。

（2）展开“字段列表”面板中的“学生”表，如图 4-13 所示。

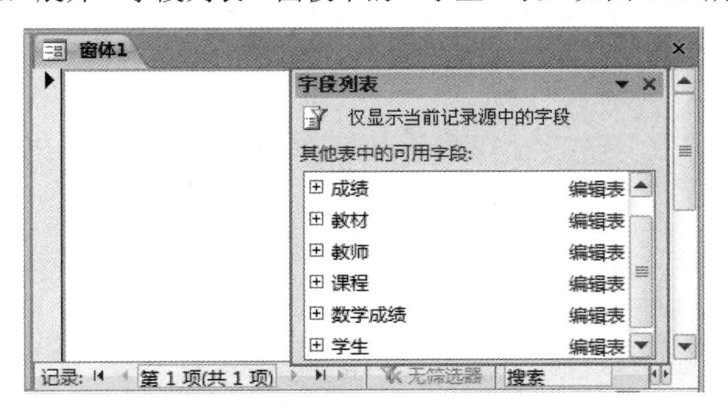

图 4-12 空白窗体布局视图

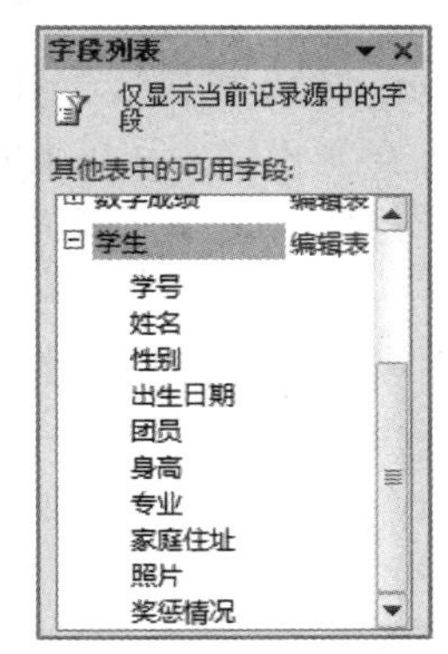

图 4-13 “学生”表字段列表

（3）双击“学号”字段或将其拖动到窗体中。如果一次添加多个字段，可按住 Ctrl 键的同时单击所需的字段，选中多个字段，然后将它们同时拖动到窗体中，结果如图 4-14 所示。

（4）保存该窗体，窗体名称为“学生信息”。

单击“开始”选项卡“视图”选项组中的“视图”下拉按钮，在下拉列表中选择“窗体视图”选项，切换到窗体视图，结果如图 4-15 所示。

图 4-14 在窗体中添加的字段

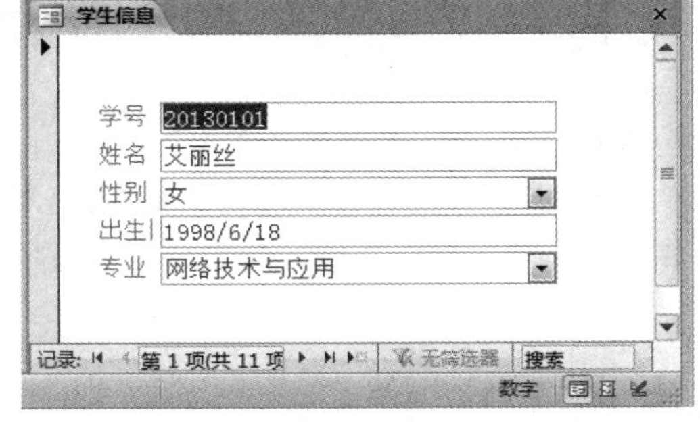

图 4-15 窗体视图

以同样的方法，切换到窗体设计视图，结果如图 4-16 所示。

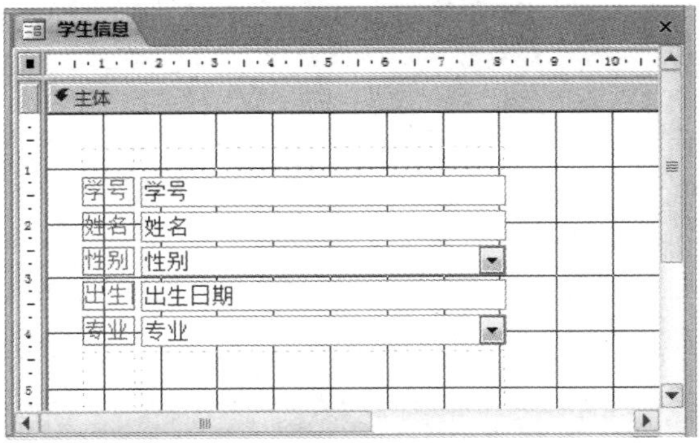

图 4-16 窗体设计视图

该窗体只有一个“主体”节。

相关知识

窗体视图查看方式

Access 2010 提供了多种窗体视图的查看方式。

（1）窗体视图：该视图可以显示数据表中的记录，通过它可查看、添加和修饰数据。

（2）数据表视图：以简单的行列格式一次显示数据表中的多条记录，类似于 Excel 电子表格。

（3）布局视图：与窗体视图类似，区别在于它的各控件位置可以移动，可以对现有的各个控件进行重新布局。

（4）设计视图：可以使用设计视图来设计、修改窗体的结构及美化窗体等。

4.2.2 修改窗体

如果创建的窗体不满足需要，则可以在设计视图中进行修改。

任务 4.6 使用设计视图修改任务 4.5 中创建的窗体“学生信息”，在窗体主体节中添加“学生”表的“奖惩情况”和“照片”字段，在窗体页眉节中添加日期控件。

任务分析

窗体由多个节构成，其中包括窗体页眉和页脚节。创建窗体后，可以通过设计视图在已创建的窗体中添加或删除控件等。

任务操作

（1）打开“学生信息”窗体，切换到设计视图，如图 4-16 所示，将鼠标指针移动到窗体“主体”节右边缘处，当指针变为左右箭头时，按下鼠标左键左右拖动，调整“主体”节宽度。以同样的方法，调整“主体”节的高度，适当即可。

（2）在“字段列表”窗格中，分别将“学生”表中的“奖惩情况”和“照片”字段拖动到窗体的“主体”节中；再单击添加的字段控件及其标签，分别调整其大小和位置，如图 4-17 所示。

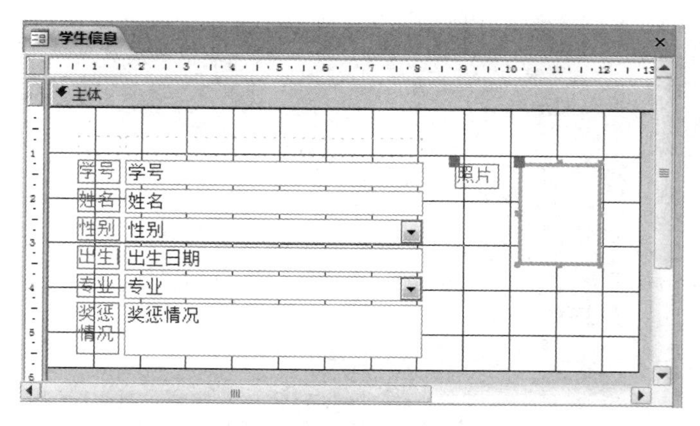

图 4-17　在窗体设计视图中添加字段控件

提示

在窗体设计视图中，如果没有“字段列表”面板，则单击“设计”选项卡“工具”选项组中的“添加现有字段”按钮即可。

（3）右击窗体空白处，在弹出的快捷菜单中选择“窗体页眉/页脚”选项，在窗体中添加窗体页眉和页脚。

（4）单击窗体“页眉”节，单击“设计”选项卡“页眉/页脚”选项组中的“日期和时间”按钮，弹出如图 4-18 所示的“日期和时间”对话框。

（5）选中“包含日期”复选框，单击“确定”按钮，在窗体页眉节中添加日期控件；单击该日期控件，调整控件的大小和位置，如图 4-19 所示。

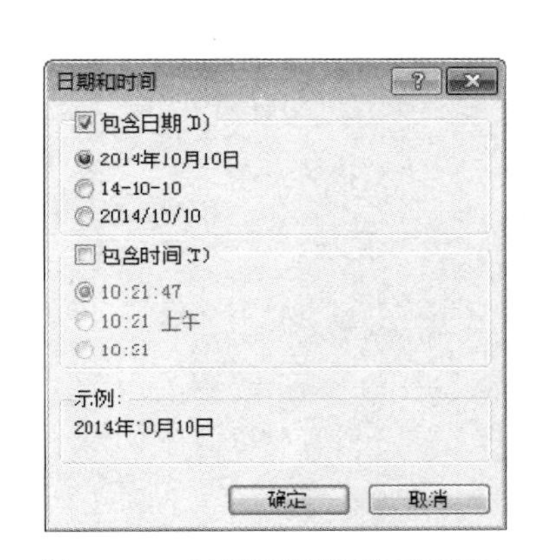

图 4-18 “日期和时间”对话框

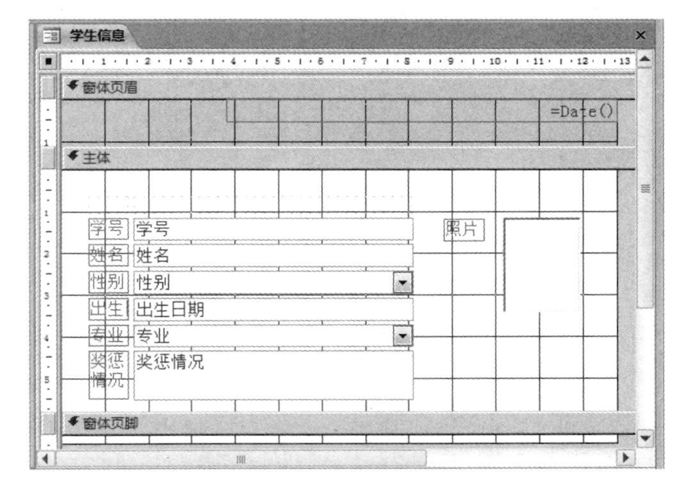

图 4-19 在窗体设计视图中添加日期控件

（6）切换到窗体视图，查看设计结果，如图 4-20 所示。

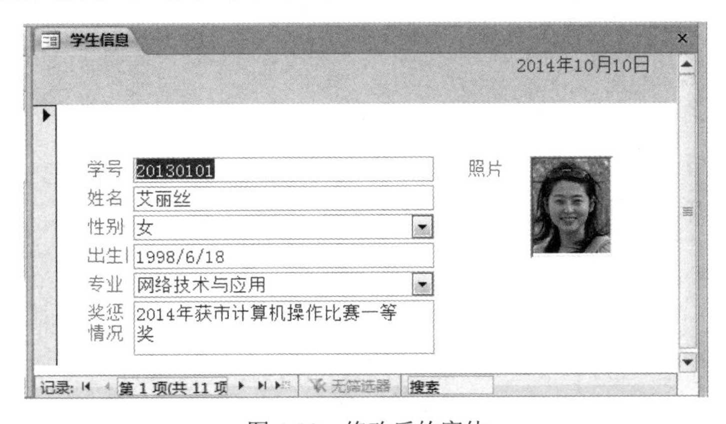

图 4-20 修改后的窗体

（7）保存修改后的窗体。

相关知识

设计窗体的一般步骤

使用设计视图可以创建不同样式的窗体，不同的窗体包含的对象不同，创建的过程也有所不同，但步骤大致相同，一般操作步骤如下。

1．打开窗体设计视图

单击“创建”选项卡“窗体”选项组中的“窗体设计”按钮，打开窗体设计视图，如图 4-21 所示。打开窗体设计视图时，显示“设计”、“排列”和“格式”窗体设计工具选项卡。

2．选择窗体数据源

在窗体设计视图中，单击“设计”选项卡“工具”选项组中的“添加现有字段”按钮，弹出当前数据库中所有数据表的字段列表，如图 4-22 所示。可以选择指定字段列表中的字段来确定窗体设计视图的数据源。

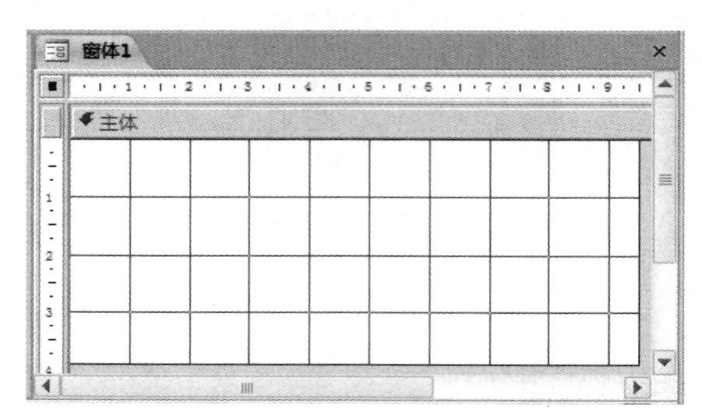

图 4-21　窗体设计视图

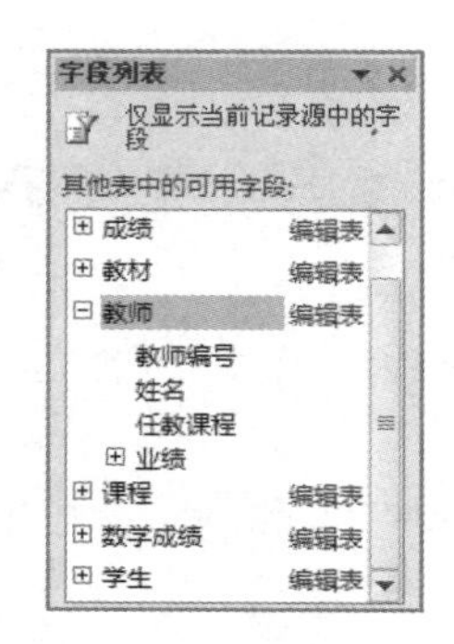

图 4-22　“字段列表”面板

3．添加窗体控件

在窗体中添加控件，一种方法是将“字段列表”面板中的表的字段拖动到窗体中，系统会根据字段的类型自动生成相应的控件，并在控件和字段之间建立关联；另一种方法是在“控件”选项组中将需要的控件添加到窗体中。

4．设置对象属性

选中激活当前窗体的对象或某个控件对象，单击“设计”选项卡“工具”选项组中的“属性表”按钮，弹出当前选中的对象或控件对象的“属性表”面板，可以进行窗体或控件的属性设置，如图 4-23 所示。

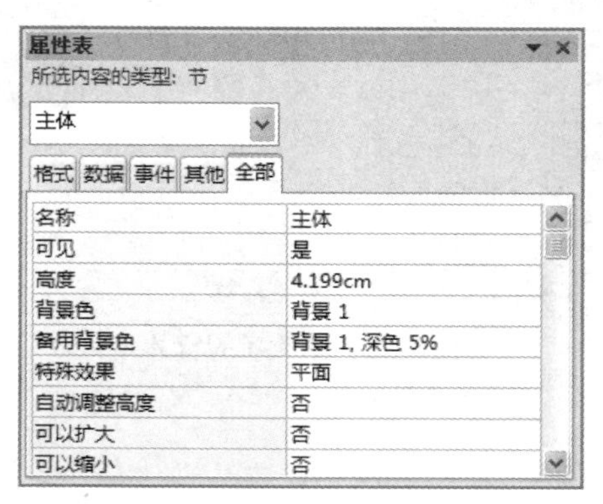

图 4-23　窗体“主体”对象“属性表”面板

5. 查看窗体设计效果

单击“设计”选项卡“视图”选项组中的“窗体视图”按钮，切换到窗体视图，查看窗体视图效果。

6. 保存窗体

将设计好的窗体命名后保存。

思考与练习

1. 创建一个空白窗体，然后在窗体中添加“学号”、“姓名”、“团员”、“家庭住址”和“照片”字段。

2. 在设计视图中修改上题创建的窗体，在窗体主体节中添加“专业”和“身高”字段，在窗体页眉节中添加日期控件，在窗体页脚节中添加时间控件。

4.3 窗体属性设置

创建窗体后，可以在布局视图或设计视图中对布局进行调整，通常使用“格式”选项卡、“设计”选项卡、“排列”选项卡和“属性表”面板对窗体、节和控件进行属性设置。

切换到窗体设计视图，双击窗体选择器按钮■，弹出窗体的“属性表”面板，如图 4-24 所示。“属性表”面板包括“格式”、“数据”、“事件”、“其他”和“全部”5 个选项卡，在不同的选项卡中设置相应的属性，在“全部”选项卡中浏览或设置所有属性项目。

任务 4.7 对已创建“学生信息”窗体，查看其记录源，并设置在窗体中一次显示一条记录，不允许通过窗体删除数据。

任务分析

设置窗体属性，通过如图 4-24 所示的“属性表”面板进行设置，设置属性前要先选中窗体或控件对象，然后在对应的“属性表”面板中进行设置。

任务操作

(1) 切换到“学生信息”窗体设计视图，如图 4-25 所示，双击窗体选择器，弹出“属性表”面板。

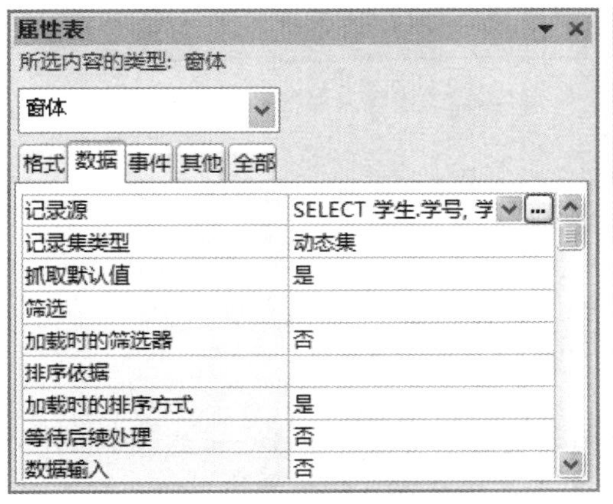

图 4-24 窗体“属性表”面板

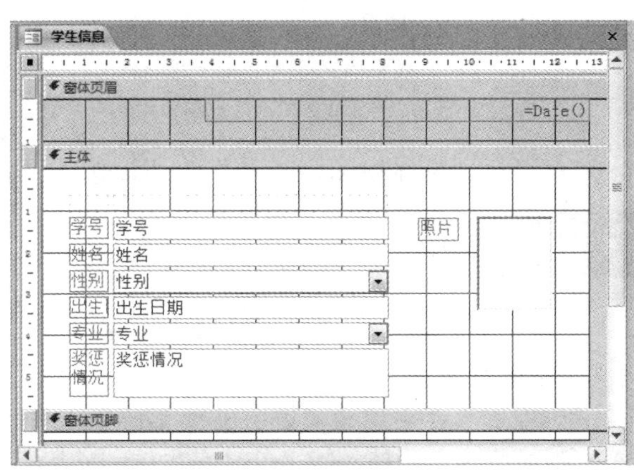

图 4-25 “学生信息”窗体设计视图

（2）单击“记录源”属性框右侧的“生成器”按钮[...]，打开查询生成器窗口，如图 4-26 所示。

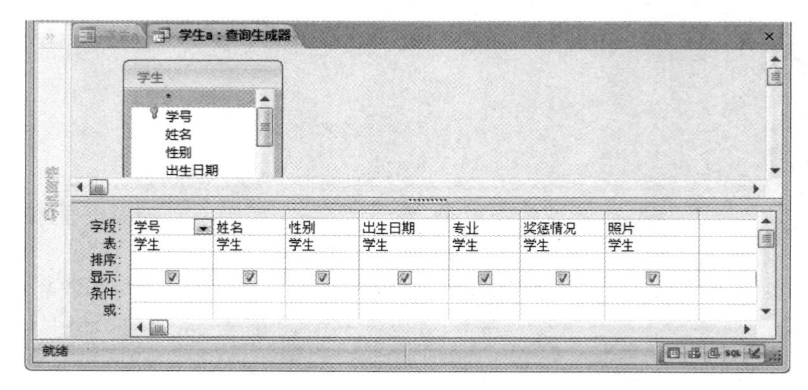

图 4-26　查询生成器窗口

从查询生成器窗口中可以看出，该查询为窗体提供了所需的字段。如果需要，还可以从字段列表中选择其他字段。

（3）在窗体“属性表”面板的“默认视图”下拉列表中选择“单个窗体”选项，如图 4-27 所示。

（4）在窗体“属性表”面板的“允许删除”下拉列表中选择“否”选项，如图 4-28 所示。

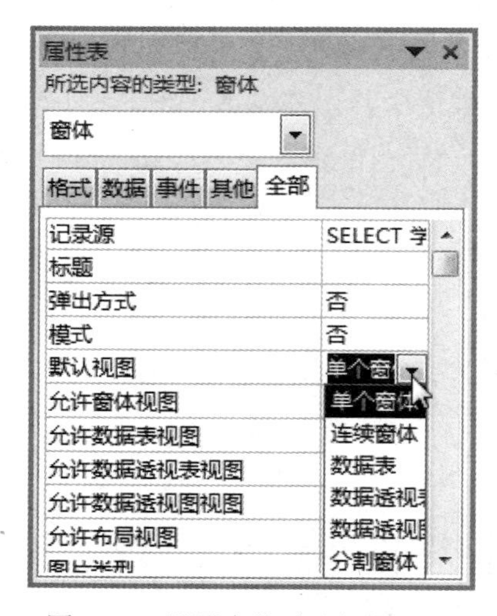

图 4-27　设置窗体默认视图

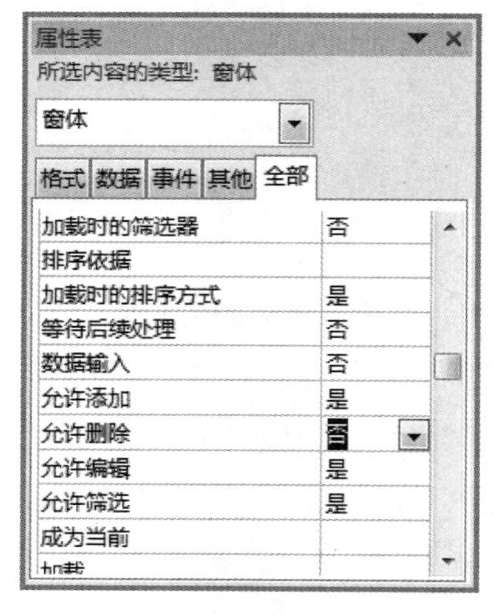

图 4-28　设置使用数据的权限

（5）切换到窗体视图，查看并验证设置结果。

相关知识

窗体结构和常用属性设置

1．窗体结构

一个窗体主要由窗体页眉、窗体页脚、主体、页面页眉和页面页脚 5 个节组成，如图 4-29 所示。每个节中可以添加多个控件，这些控件主要用于显示数据、执行操作、修饰窗体等。

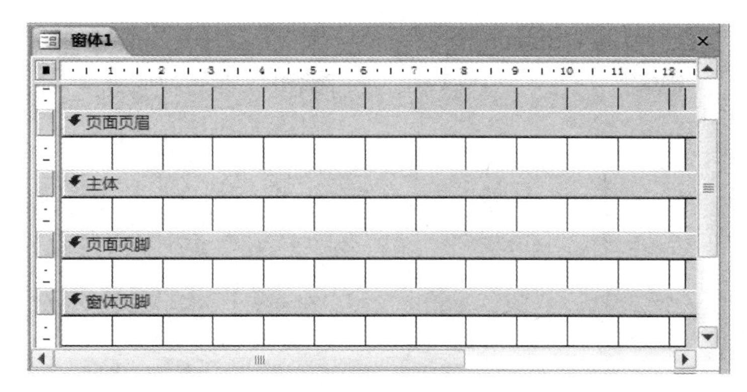

图 4-29 窗体的结构

（1）窗体页眉。它位于窗体的上方，常用于显示窗体的名称、提示信息或放置命令按钮。打印时该节的内容只打印在第一页。在设计视图中，通过“排列”选项卡“显示/隐藏”选项组中的“窗体页眉/页脚”按钮，可以决定是否显示窗体页眉和窗体页脚节。

（2）页面页眉。页面页眉可用于显示每一页的标题、字段名等信息，在打印时才会出现，而且会打印在每一页的顶端。通过“排列”选项卡“显示/隐藏”选项组中的“窗体页眉/页脚”按钮，可以决定是否显示窗体页眉和窗体页脚节。

（3）主体。它是设置数据的主要区域，每个窗体都必须有一个主体节，主要用来显示表或查询中的字段、记录等信息，也可以设置其他控件。

（4）页面页脚。该节的内容只出现在打印时每一页的底端，通常用来显示页码、日期等信息。

（5）窗体页脚。窗体页脚与窗体页眉相对应，位于窗体的最底端，一般用来汇总主体节的数据，如总人数、平均成绩、销售总量等，也可以设置命令按钮、提示信息等。

每个节包含节栏和节背景两部分，节栏的左端显示节的标题和一个向下的箭头，下方为该节的背景区。

每个节都有一个默认的高度，在添加控件时，可以调整节的高度。具体操作方法是将鼠标指定位针在节的下边框上，当指针变成时，按住鼠标左键上下拖动至适当位置即可；拖动节的右边框可调整节的宽度；拖动节的右下角可调整节的高度和宽度。

2．窗体及控件部分属性

（1）设置窗体数据源。创建窗体后，如果窗体没有数据源，则需要为窗体指定数据源。如果窗体已经有了数据源，当需要指定其他数据源字段时，就需要修改窗体数据源。

（2）设置窗体默认视图。窗体默认视图是指窗体打开时使用的视图方式，有单个窗体、连续窗体、数据表、数据透视表、数据透视图和分割窗体等，如图 4-27 所示。

① 单个窗体：指一次显示一条完整的记录。

② 连续窗体：指在主体节中显示所有能容纳的完整记录。

③ 数据表：以行和列的形式显示记录。

④ 数据透视表：在数据透视表视图中打开窗体。

⑤ 数据透视图：在数据透视图视图中打开窗体。

⑥ 分割窗体：以分割窗体形式打开窗体。

（3）设置窗体允许属性。设置窗体允许属性是指允许窗体在指定的视图中打开，而不允许在其他视图中打开窗体。窗体的视图方式有窗体视图、数据表视图、数据透视表视图、数据透视图视图和布局视图。默认情况下，允许窗体视图和允许布局视图均为“是”，可以根据需要进行选择设置，如图 4-30 所示。

（4）设置窗体滚动条、记录选择器、导航按钮和分隔线。默认情况下，窗体视图中会出现水平滚动条和垂直滚动条、记录选择器、导航按钮等。根据需要，用户可以自行设置是否显示水平滚动条和垂直滚动条、记录选择器、导航按钮、分隔线等，如图 4-31 所示。

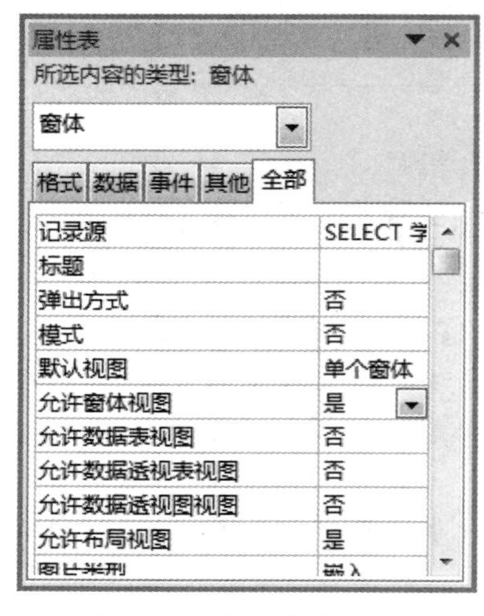

图 4-30　允许窗体视图

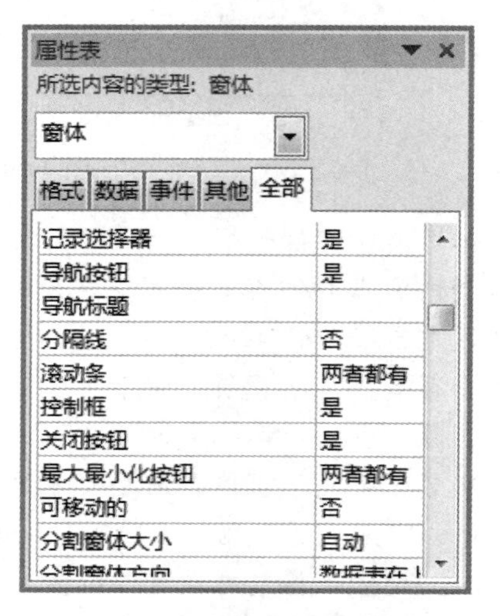

图 4-31　设置导航按钮等属性

① 滚动条：分为两者均无、只水平、只垂直和两者均有 4 种类型，默认值为“两者均有”。

② 记录选择器：位于记录最左端的向右三角形，要隐藏记录选择器，应将该属性设置为“否”。

③ 导航按钮：用来浏览记录。如果窗体中不用于显示记录，或已添加了其他导航按钮，则可以将该属性设置为“否”。

④ 分隔线：在窗体中各个节之间使用线条隔开，也可用连续窗体中将各个记录隔开。

同样，窗体各个节也有自己的属性，如高度、颜色、背景颜色、特殊效果或打印设置等。设置节的属性时，双击窗体设计视图中的节选择器，弹出节的属性对话框，在其中进行设置。

由于窗体及其控件的属性很多，在使用过程中需要读者逐步了解和掌握。

思考与练习

1. 在“学生”窗体设计视图中，分别查看窗体的记录源、标题、默认视图等属性。

2. 在“学生”窗体设计视图中，查看主体节的属性设置及“姓名”文本框控件的有关属性。

3. 在“学生”窗体设计视图中，调整各控件的大小及对齐方式。

4.4　美化窗体

美化窗体是为了使窗体更加美观，包括设置窗体背景色、背景图片、控件的字体、字号、颜色及特殊效果等。

任务 4.8 修饰“学生信息”窗体，设置标签控件字体为华文细黑、11 号、深蓝色，文本框控件为楷体、11 号、深红色，并设置窗体背景图片，如图 4-32 所示。

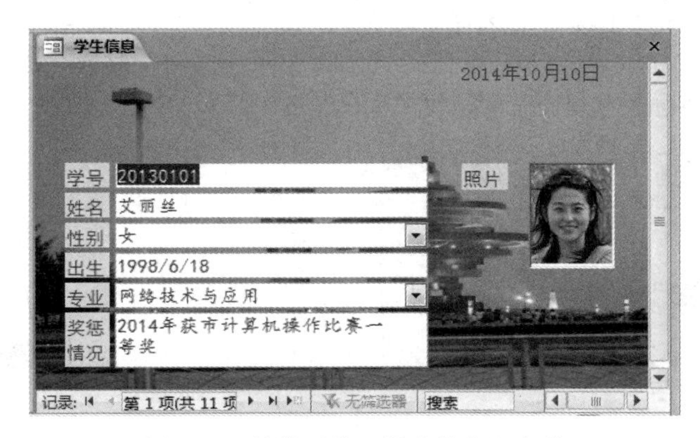

图 4-32 修饰后的“学生信息”窗体

任务分析

修饰窗体及控件时，可以通过窗体的设计视图或布局视图的“设计”选项卡、“格式”选项卡或通过“属性表”来设置。

任务操作

（1）设置字体和字号。切换到“学生信息”窗体布局视图，选择全部字段的附加标签，在窗体设计工具“格式”选项卡“字体”选项组中，设置字体为华文细黑、11 号；也可以在“属性表”面板中进行设置，如图 4-33 所示。

以同样的方法，设置字段控件的文本框控件字体为楷体、11 号等。

（2）设置颜色。选择全部标签控件，单击“格式”选项卡“字体”选项组中的“字体颜色”下拉按钮，在打开的调色板中选择深蓝色；以同样的方法将文本框控件设置为深红色；也可以通过“属性表”面板来设置控件颜色。

如果要填充控件颜色，则可单击“格式”选项卡“字体”选项组中的“背景色”下拉按钮，在下拉列表中选择适当的颜色来填充，如选择标签控件填充色为黄色，结果如图 4-34 所示。

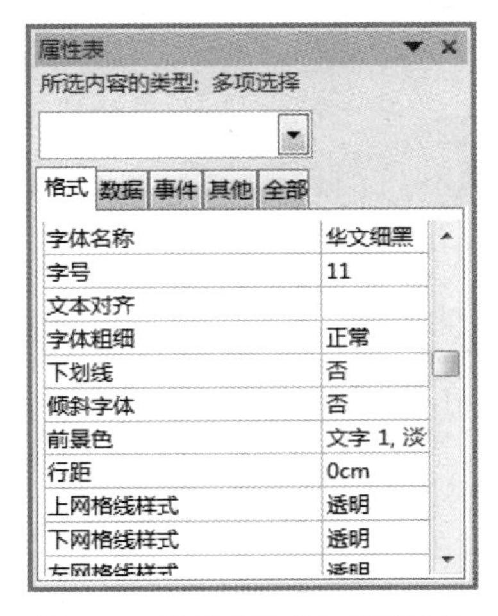

图 4-33 设置字段附加标签属性

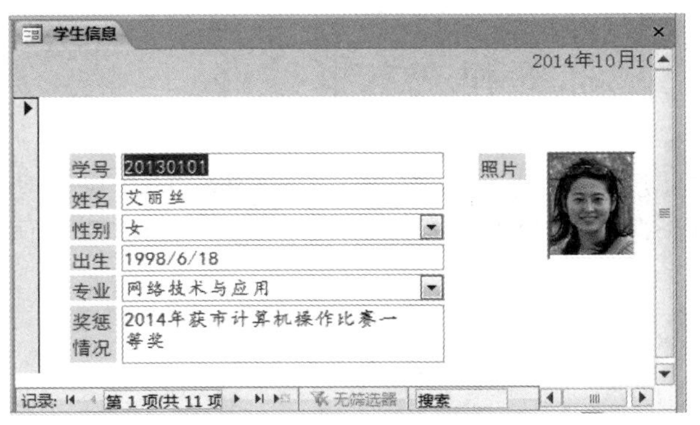

图 4-34 设置控件属性

（3）设置窗体背景图片。切换到窗体设计视图，双击窗体选择器按钮，弹出“属性表”面板。在“图片”属性框选择要插入的图片；在“图片类型”下拉列表中有嵌入、链接和共享 3 种，这里选择“嵌入”；在“图片平铺”中选择“是”选项；在“图片缩放模式”下拉列表中有剪辑、拉伸、缩放、水平拉伸和垂直拉伸 5 种模式，这里选择“拉伸”模式，如图 4-35 所示。

（4）切换到窗体视图，窗体的设置效果如图 4-32 所示。

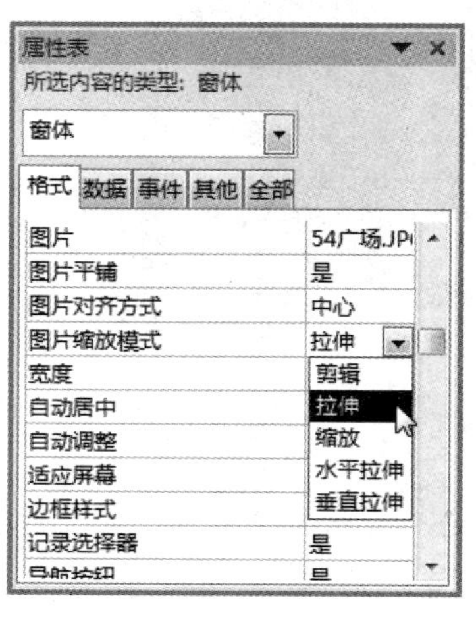

图 4-35　设置窗体背景图片

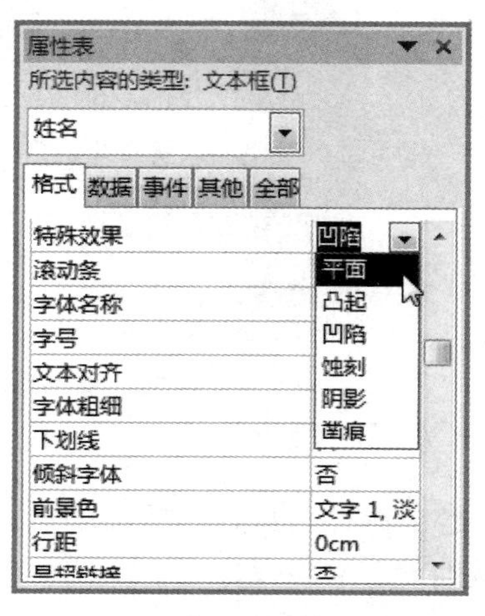

图 4-36　设置控件特殊效果

相关知识

窗体特殊效果设置

在修饰窗体时，可以设置控件凸起、凹陷或蚀刻等特殊效果，使控件看起来更有立体感。Access 提供了平面、凸起、凹陷、蚀刻、阴影和凿痕等效果。设置特殊效果的方法如下：首先选择要设置特殊效果的控件，然后弹出“属性表”面板，在“特殊效果”下拉列表中选择一种效果，如图 4-36 所示。

思考与练习

1. 使用窗体设计视图，对“学生 1”窗体及控件进行字体、字号、填充色设置，并设置窗体背景图片。

2. 对“学生 1”窗体套用不同的窗体格式，观察效果。

4.5　标签和文本框控件

控件是在窗体、报表中用于显示数据、执行操作或进行修饰的对象，窗体或报表中的所有信息都包含在控件中。在窗体设计视图中可以查看窗体中各种类型的控件。

4.5.1　标签控件

在窗体中使用标签控件来显示说明性的文本。标签既可以独立使用，又可以作为字段说明附加到其他显示字段的控件上，如在创建文本框时，文本框有一个附加的标签，用来显示该文本框的标题。标签是未绑定的控件，并不显示字段或表达式的值，当从一条记录移动到另一条记录时，它们不会有任何改变。

任务 4.9 使用窗体设计视图新建窗体，在窗体“窗体页眉”节中添加一个标题为“学生信息管理”的标签，字体为隶书，字体大小为 24，字体颜色为深蓝色。

任务分析

在使用“标签”工具按钮可以在窗体设计视图中添加标签控件，该标签控件将单独存在。

任务操作

（1）使用窗体设计视图新建一个窗体，右击窗体空白处，在弹出的快捷菜单中选择“窗体页眉/页脚”选项，添加窗体页眉和页脚。

（2）单击“设计”选项卡“控件”选项组中的“标签”按钮 Aa，再将鼠标指针移动到窗体的“窗体页眉”节中，按住鼠标左键并拖动鼠标，添加一个空白标签。

（3）在空白标签中输入标签文本内容，如输入“学生信息管理”。

（4）双击该标签控件，弹出“属性表”面板，设置该标签字体为隶书，字体大小为 24，字体颜色为深蓝色，如图 4-37 所示。

（5）调整控件的位置，使其居中，切换到窗体视图，设计效果如图 4-38 所示，以文件名“信息管理”保存该窗体。

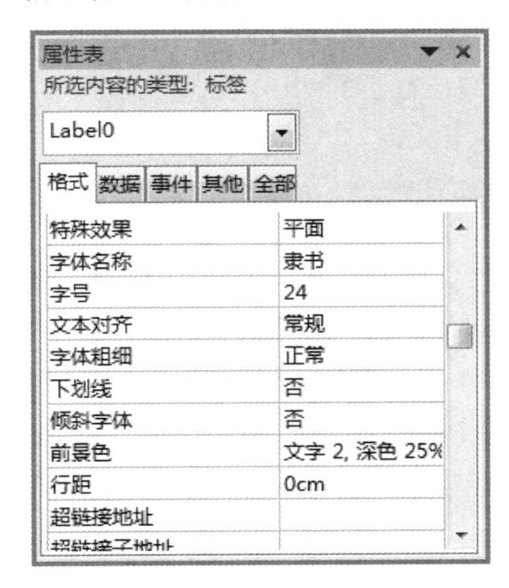

图 4-37 标签“属性表”面板

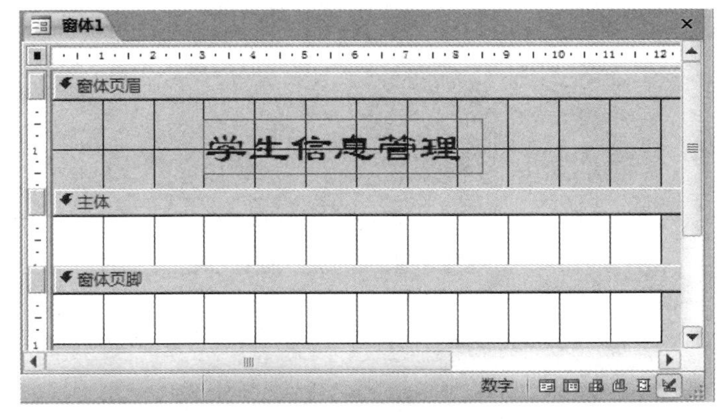

图 4-38 只含有标签控件的窗体

在标签控件中输入文本时，如果一行文字超过了标签的宽度，则自动增加行宽；如果超过了窗体的宽度，则自动换行。

4.5.2 文本框控件

任务 4.10 在“信息管理”窗体中分别添加标签和文本框控件，其中文本框控件用来显示系统日期和学生的有关信息，如图 4–39 所示。

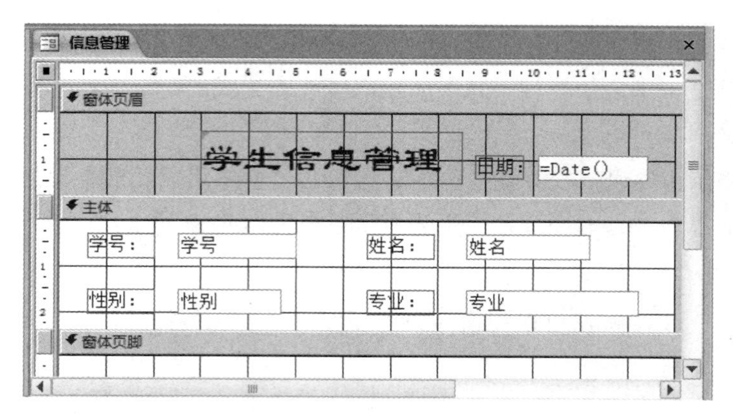

图 4-39　添加标签和文本框控件的窗体设计视图

任务分析

文本框分为绑定型文本框和非绑定型文本框。绑定型文本框可以直接在窗体中显示表或查询的字段值。非绑定型文本框可以用来显示计算结果、当前日期时间或接收用户所输入的数据，该数据是一个用来传递的中间数据，一般不需要存储。“窗体页眉”节中的文本框是非绑定型控件，用来显示系统当前日期，系统当前日期对应的表达式为=Date()；“主体”节中的控件记录源来自“学生”表，是绑定型控件。

任务操作

（1）切换到“信息管理”窗体设计视图，单击“设计”选项卡“控件”选项组中的“文本框”按钮ab|（“使用控件向导”处于按下状态），在窗体“窗体页眉”节中单击，添加一个默认的非绑定型文本框及附加标签，如图 4-40 所示。

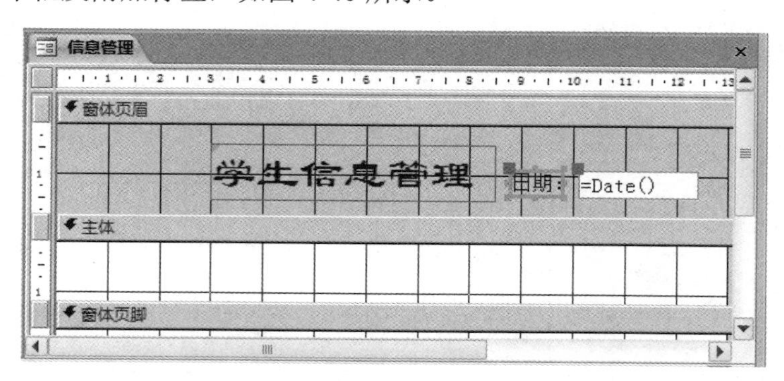

图 4-40　添加的非绑定型文本框

（2）调整文本框及附加标签的位置及大小，然后将标签的标题 Text1 修改为“日期:”，在“未绑定”文本框中输入日期表达式“=Date()”。

（3）双击窗体左上角的选择器按钮，弹出“属性表”面板，选择“记录源”为“学生”表，从“字段列表”中拖动字段到窗体设计视图中，如图 4-41 所示。

（4）在“主体”节中添加一个文本框控件，修改标签标题后，弹出文本框的“属性表”面板，设置“控件来源”属性。例如，将标签“学号:”对应文本框的“控件来源”属性设置为“学号”，如图 4-42 所示。

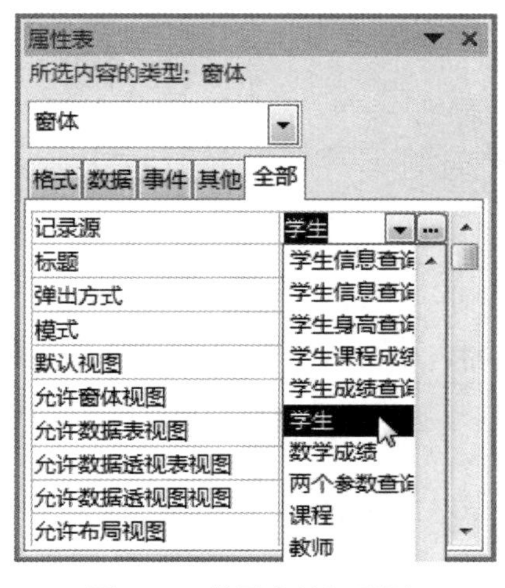

图 4-41 设置窗体记录源

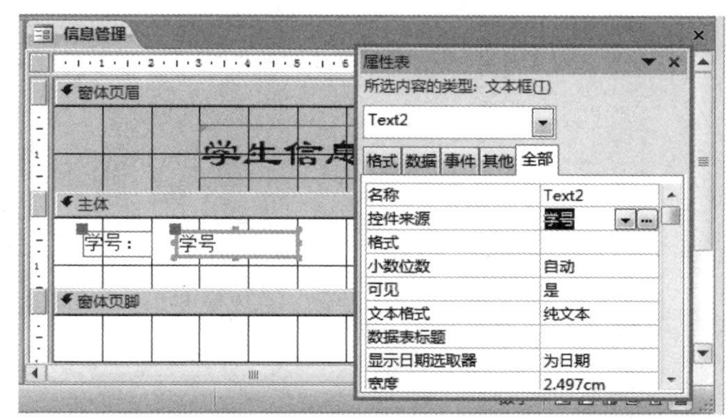

图 4-42 设置“学号”文本框控件来源

（5）切换到窗体视图，结果如图 4-43 所示。

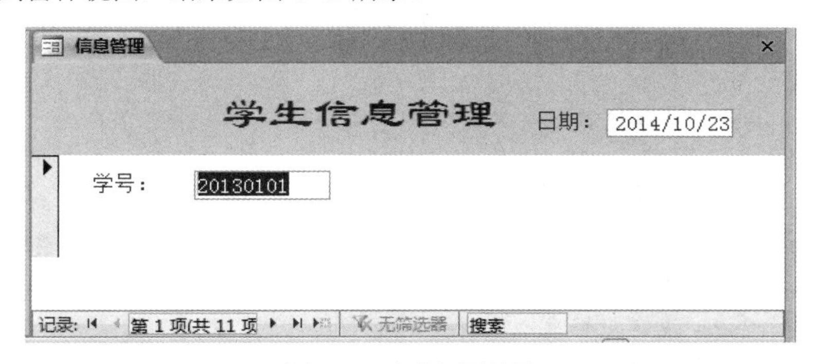

图 4-43 窗体视图效果

（6）以同样的方法，根据图 4-39，添加其他标签和文本框，并设置文本框的“控件来源”属性。切换到窗体视图，观察窗体设计效果，如图 4-44 所示，保存该窗体。

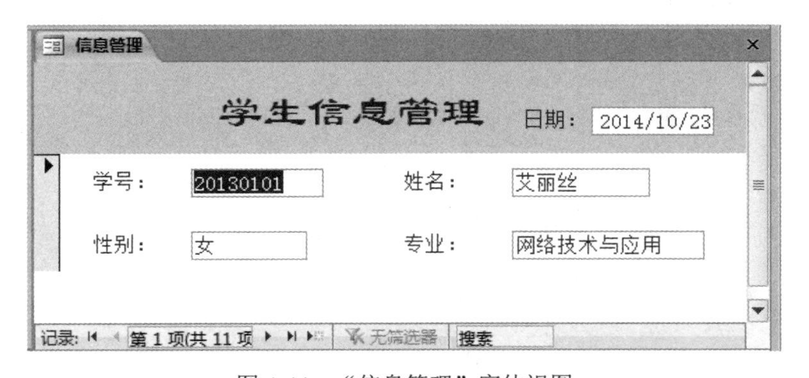

图 4-44 “信息管理”窗体视图

在图 4-44 所示的窗体视图中，设置窗体属性，可以取消窗体的记录选择器。

在窗体设计视图中，如果“使用控件向导”处于按下状态（单击“设计”选项卡“控件”选项组中的“使用控件向导”按钮），在视图中添加文本框控件时，自动弹出“文本框向导”对话框，如图 4-45 所示，可以在该对话框中对字体、字号、字形等选项进行设置。

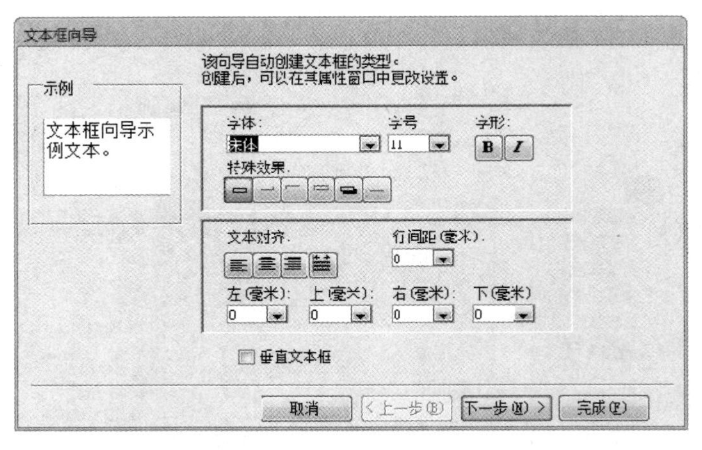

图 4-45　“文本框向导”对话框

相关知识

控件类型

1．控件类型

Access 2010 中的控件根据数据来源及属性不同，可以分为绑定型控件、非绑定型控件和计算型控件 3 种。

（1）绑定型控件：与表或查询中的字段相连，主要用来输入、显示或更新数据表中的字段内容。当把一个数值输入给一个绑定型控件时，系统自动更新对应表中记录字段的内容。例如，窗体的显示学生姓名的文本框可以从“学生”表中的“姓名”字段获取数据。

（2）非绑定型控件：没有数据来源，主要用于显示信息、线条及图像等，它不会修改数据表中记录字段的内容，如窗体的标题、图片等。非绑定型控件可用于美化窗体。

（3）计算型控件：数据源是表达式而不是字段的控件。表达式可以是运算符（如=、+）、控件名称、字段名称、返回单个值的函数等。例如，计算课程的平均分。

2．计算型控件的应用

文本框常用来显示计算结果，这种文本框也称为计算型文本框。例如，在如图 4-44 所示的“信息管理”窗体“主体”节中添加一个显示学生年龄的文本框，主要用于显示学生的年龄，如图 4-46 所示。

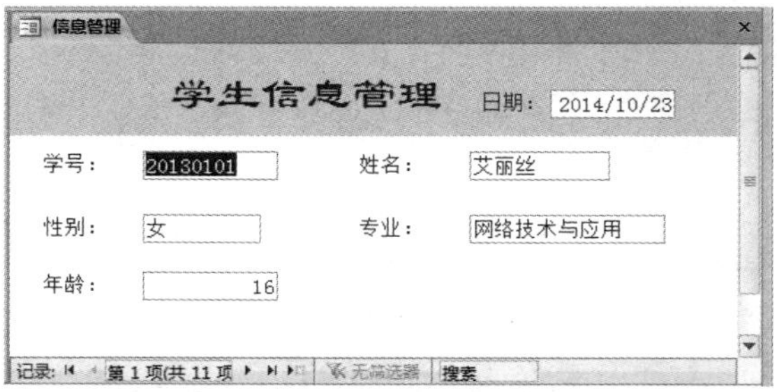

图 4-46　“信息管理”窗体布局视图

由于“学生”表字段中没有“年龄”字段，其年龄可以由“出生日期”字段计算得出，其表达式为“=Year（Date()）-Year（[出生日期]）”，因此，创建的年龄文本框为计算型控件。

（1）在窗体设计视图中打开“管理信息”窗体，单击“设计”选项卡“控件”选项组中的“文本框”按钮，在窗体“主体”节中单击，添加一个大小适中的文本框，并将附加标签的文本改为“年龄:”。

（2）在文本框中输入表达式“=Year（Date()）-Year（[出生日期]）”，如图 4-47 所示。

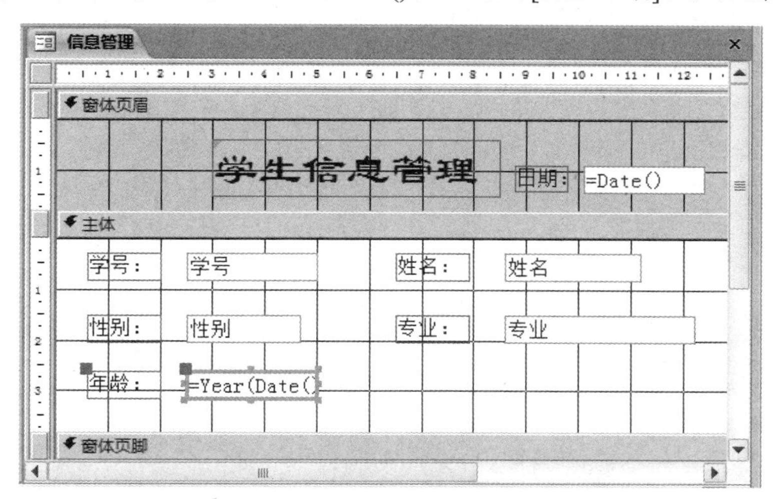

图 4-47 “信息管理”窗体设计视图

（3）切换到布局视图，查看添加计算型控件的结果，选中“年龄”文本框控件，调整其大小、位置及对齐方式。

（4）保存该窗体。

思考与练习

1. 在图 4-44 所示的窗体视图中，设置窗体属性，取消窗体的记录选择器。

2. 在“信息管理”窗体“主体”节中添加标签和文本框控件，文本框用来显示学生的出生日期。

3. 在“信息管理”窗体“窗体页脚”节中添加一个文本框，用于显示当前系统时间，其表达式为“=Time()”。

4.6 组合框和命令按钮控件

4.6.1 组合框控件

组合框显示为一个带有下拉箭头的文本框，即下拉列表。使用组合框可以输入下拉列表中的值，这也是它与列表框最大区别之一。组合框中的列表由数据行组成。数据行可以有一个或多个列，这些列可以显示或不显示标题。

创建绑定到字段的组合框，既可以通过向导来创建，也可以不使用向导创建，如通过列表框的“属性表”面板来设置属性。

任务 4.11 将“信息管理”窗体中的“专业”文本框设置为组合框，如图 4–48 所示。

任务分析

组合框中有一个下拉箭头，通过下拉列表选择所需的选项或输入数值，所以比文本框和列表框更节省空间。可以使用组合框向导来添加组合框控件。

任务操作

（1）打开“信息管理”窗体设计视图，先删除“专业”文本框，单击“设计”选项卡 “控件”选项组中的“使用控件向导”按钮，再单击“组合框”按钮，在窗体中要放置组合框的位置，单击并将其拖动到适当大小，此时弹出“组合框向导”对话框，如图 4-49 所示。

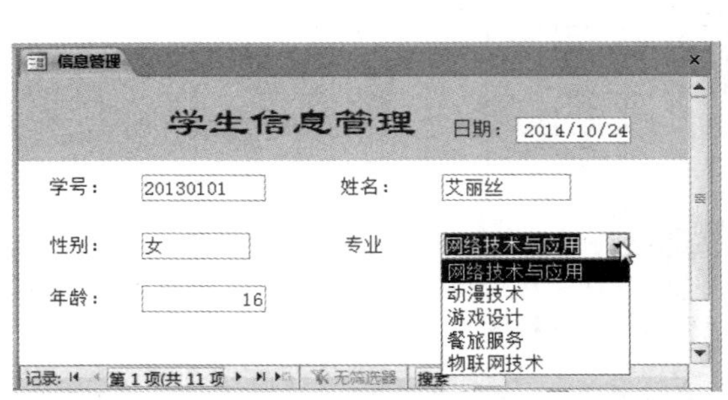

图 4-48　添加组合框窗体的

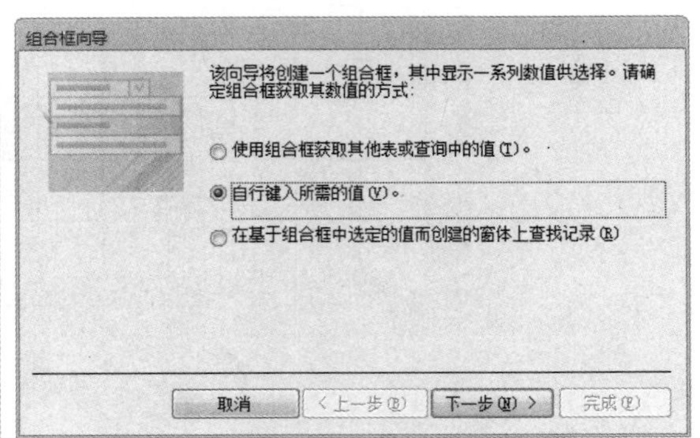

图 4-49　“组合框向导”对话框

（2）选中“自行键入所需的值”单选按钮，单击“下一步”按钮，为组合框提供数值，在“第 1 列”中输入为列提供的数值，如图 4-50 所示。

（3）单击“下一步”按钮，在选择组合框中数值的保存方式时，选中“将该数值保存在这个字段中”单选按钮，如图 4-51 所示。

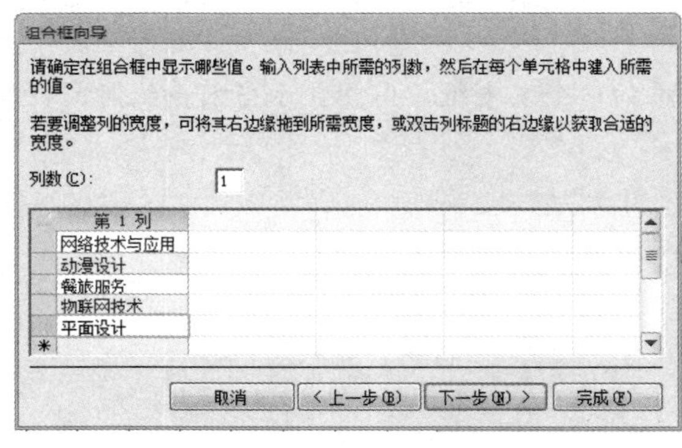

图 4-50　为组合框提供数值

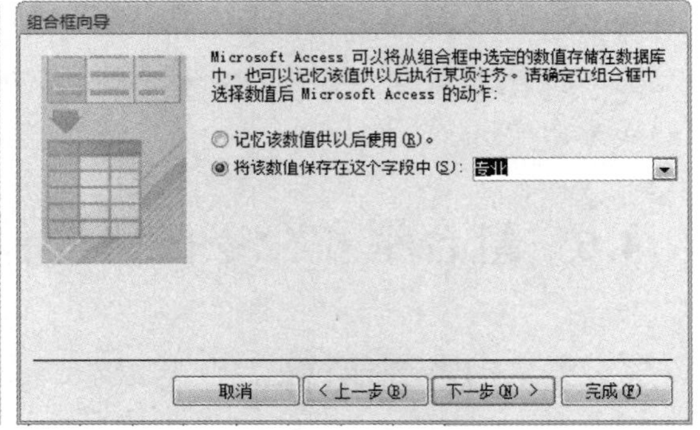

图 4-51　选择组合框中数值的保存方式

（4）单击“下一步”按钮，为组合框指定一个标签标题，如“专业”，然后单击“完成”按钮，结束组合框控件的创建操作，如图 4-52 所示。

在该组合框对应的“属性表”面板中查看该控件相关属性的设置，如图 4-53 所示。

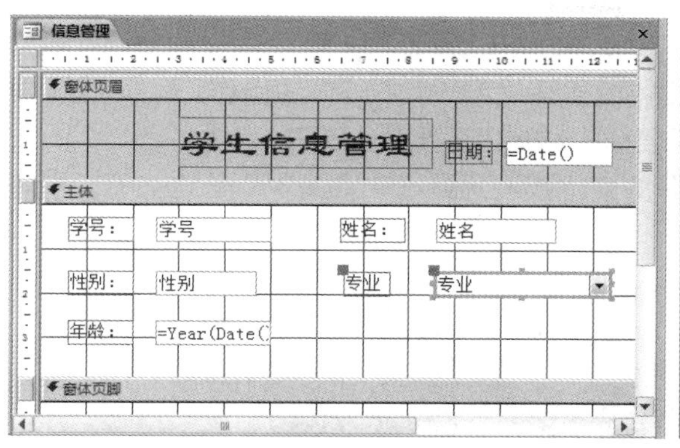

图 4-52 添加完组合框的窗体设计视图

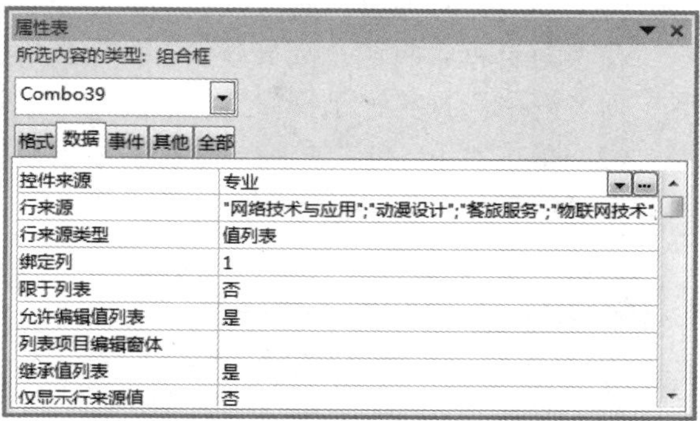

图 4-53 组合框控件的属性

组合框中包含控件的值列表，在输入过程中可以在列表中选择一个值，这样不仅可以提高输入效率，也避免了输入错误。如果在窗体中修改“专业”字段值，则修改的结果直接保存在“学生”表的“专业”字段中。

4.6.2 命令按钮控件

命令按钮提供了一种只需单击按钮即可执行操作的方法。单击按钮时，它不仅会执行相应的操作，其外观也会有先按下后释放的视觉效果。

任务 4.12 在“信息管理”窗体中添加一组记录操作的命令按钮，并实现相应的功能，如图 4–54 所示。

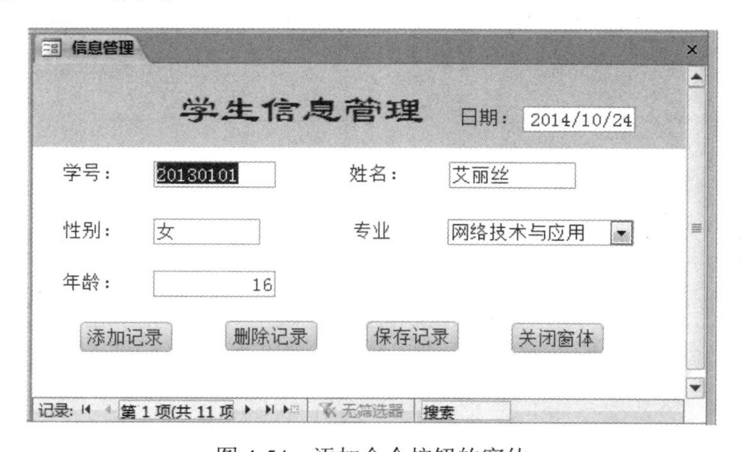

图 4-54 添加命令按钮的窗体

任务分析

使用向导可以快速创建执行特定操作的命令按钮，设置命令按钮后，可以通过单击命令按钮，执行浏览记录、窗体操作、报表操作、退出应用程序及运行查询等功能。

任务操作

（1）打开“信息管理”窗体设计视图，单击“设计”选项卡“控件”选项组中的“使用控件向导”按钮，再单击“按钮”控件按钮，在窗体中选择要放置命令按钮的位置，单击并拖动

至适当大小，此时弹出“命令按钮向导”对话框，如图 4-55 所示。

在该对话框中有两个列表框，一个是命令按钮的类型，另一个是具体的操作。例如，在“类型”列表框中选择“记录操作”，在“操作”列表框中选择“添加新记录”。

（2）单击“下一步”按钮，选择按钮上设置的文本或图片，选中“文本”单选按钮，并输入文本“添加记录”，如图 4-56 所示。

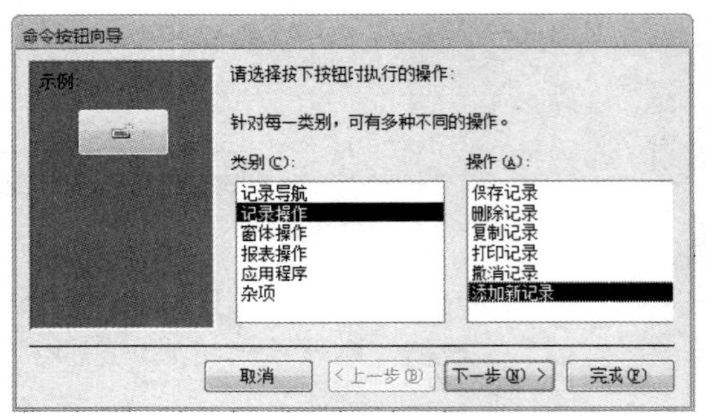

图 4-55　“命令按钮向导”对话框

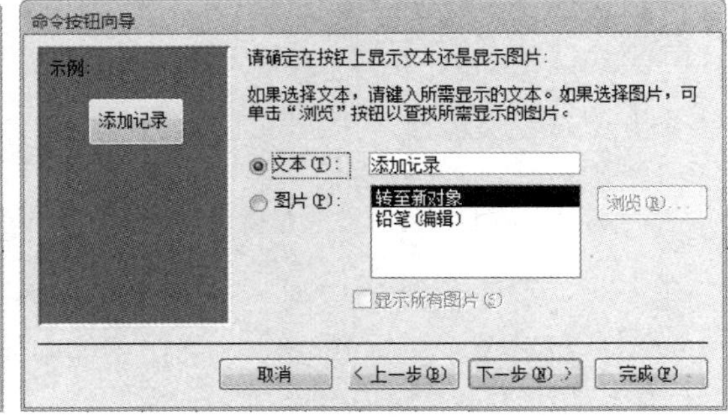

图 4-56　选择按钮的呈现方式

（3）单击“下一步”按钮，为按钮指定一个名称，这个名称是系统内部识别该按钮的标识，建议不要修改，单击“完成”按钮。至此即可添加一个命令按钮，如图 4-57 所示。

（4）以同样的方法，依次添加并设置其他命令按钮，其中“关闭窗体”按钮需要通过“类别”列表框“窗体操作”选项来添加，如图 4-55 所示。设置命令按钮控件后，调整其大小、对齐方式，结果如图 4-58 所示。

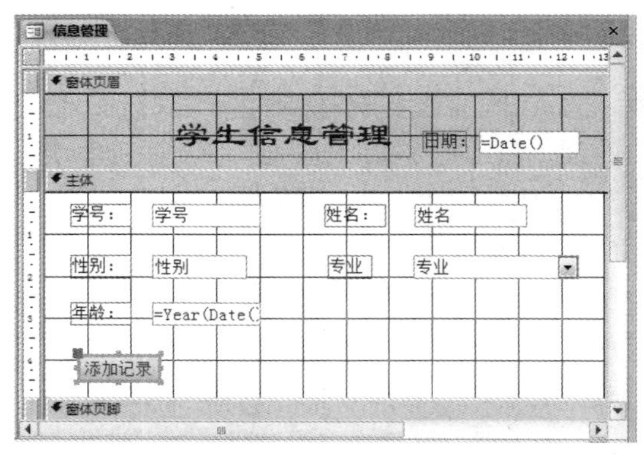

图 4-57　添加了命令按钮的窗体

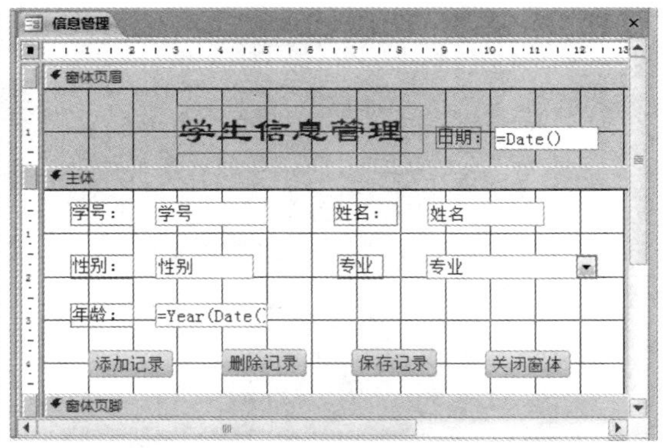

图 4-58　添加命令按钮的窗体设计视图

在窗体视图中通过命令按钮新增一条记录，然后切换到数据表视图，打开“学生”表，观察是否新增加了一条记录，再通过“删除记录”按钮删除该记录。

相关知识

列表框控件

列表框与组合框类似，提供一组数据选项供用户选择。如果显示的数据选项较多，则可以通过滚动条上下移动、选择选项，但不允许用户在列表框中输入数据。例如，将“信息管理”窗体中“性别”文本框设置为列表框，如图 4-59 所示。

（1）切换到“信息管理”窗体设计视图，先删除“性别”文本框，单击“设计”选项卡“控件”选项组中的“使用控件向导”按钮，再单击“列表框”按钮，在窗体中选择要放置列表框的位置，单击并拖动至适当大小，此时弹出“列表框向导”对话框，该对话框与“组合框向导”对话框类似。

（2）选中“自行键入所需的值”单选按钮，单击“下一步”按钮，弹出为列表框提供数值对话框，输入为列提供的值，如图 4-60 所示。

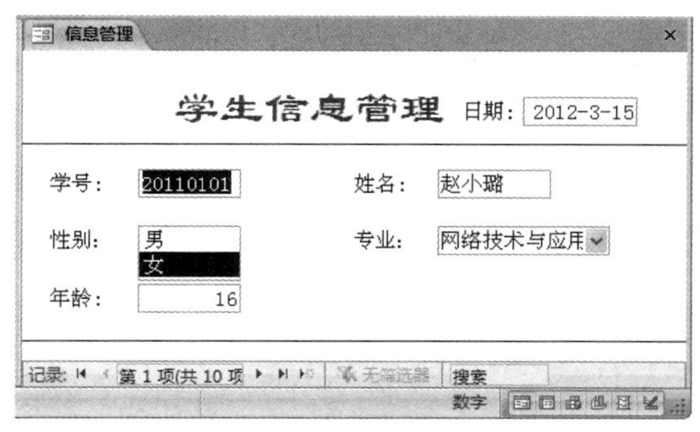

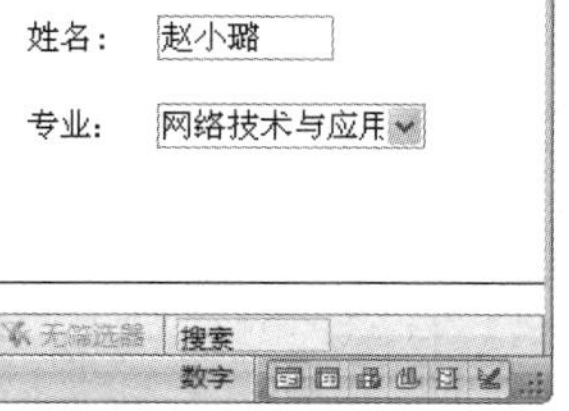

图 4-59　添加的列表框

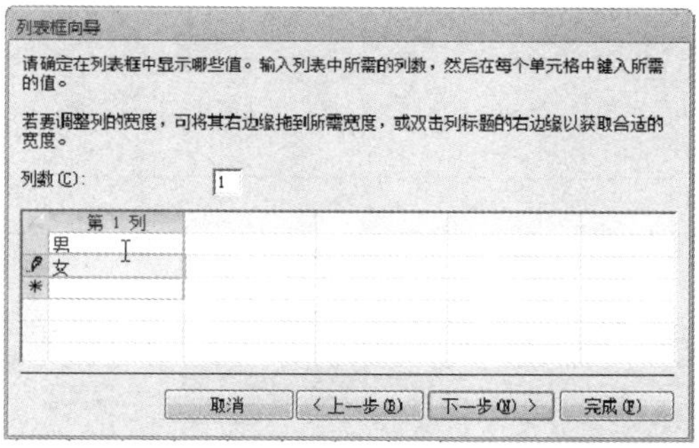

图 4-60　为列表框提供数值

（3）单击“下一步”按钮，选中“将该数值保存在这个字段中”单选按钮，并选择“性别”字段，如图 4-61 所示。

（4）单击“下一步”按钮，为列表框指定一个标签标题，如“性别”，单击“完成”按钮，结束列表框的创建操作，如图 4-62 所示。

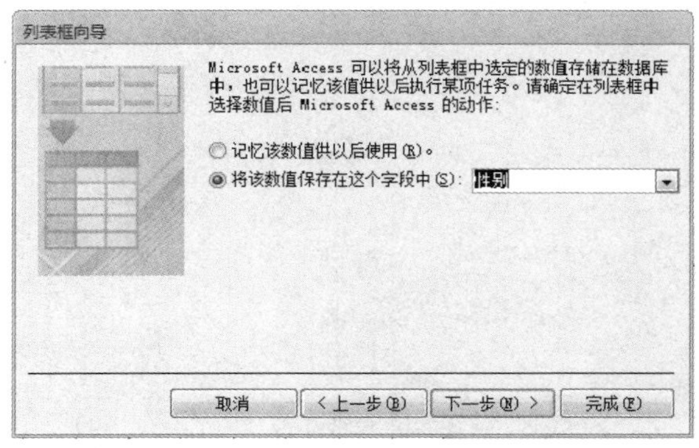

图 4-61　选择列表框中数值的保存方式

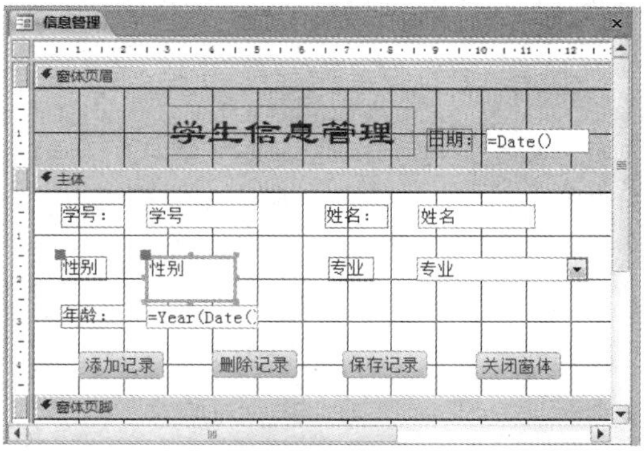

图 4-62　添加列表框的窗体设计视图

打开该“性别”列表框控件对应的“属性表”面板，查看有关属性的设置，如图 4-63 所示。

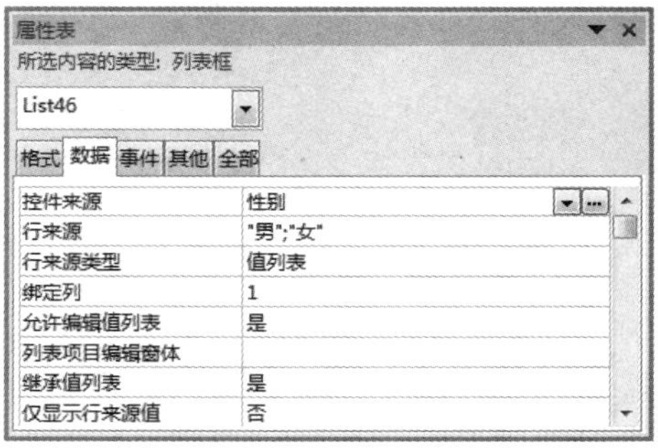

如果列表框是绑定的，则 Access 会将所选值插入列表框绑定到的字段。

在创建组合框或列表框时，如果创建输入数据或编辑记录的窗体，则一般选中“自行键入所需的值”单选按钮，这样的列表框中列出的数据不会重复，此时从列表框中直接选择所需的选项即可；如果要创建显示记录的窗体，则可以选中“使用组合框查阅表或

图 4-63　列表框控件的属性

查询中的值”或“使用列表框查阅表或查询中的值”单选按钮，这样的组合框或列表框中显示的是存储在表或查询中的实际值。

思考与练习

1. 将“信息管理”窗体中的“性别”控件设置为组合框，并为该组合框提供列表值。

2. 在“学生信息”窗体中添加一组记录浏览记录的导航命令按钮，如图4-64所示，并实现相应的功能。

注意

在“命令按钮向导”对话框中，选择“类型”列表框中的“记录导航”选项进行设置。

3. 在第2题的基础上添加一组记录操作命令按钮，并实现相应的功能，如图4-65所示。

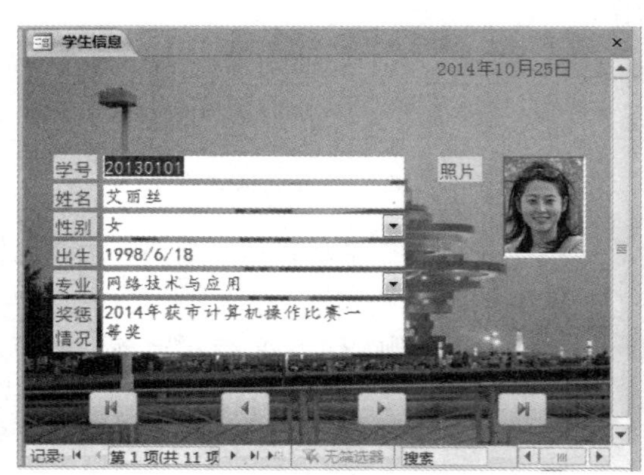

图4-64　添加记录导航命令按钮的窗体视图

图4-65　添加两组命令按钮的窗体视图

4. 在第3题的基础上添加“学生信息”和“学生成绩”两个命令按钮，如图4-66所示，单击按钮后能分别打开“学生窗体”窗体和“学生成绩查询”窗体。

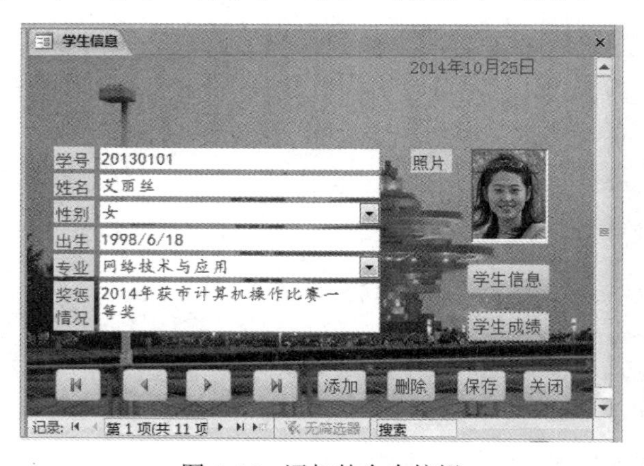

图4-66　添加的命令按钮

4.7　选项按钮、选项组按钮和选项卡控件

选项按钮控件用于单选项操作；选项组按钮控件用于从选项组中选择其中的一项，而不能

同时选择多个选项。

4.7.1 选项按钮控件

选项按钮用于单选操作，可以显示“是/否”数据类型的字段值，如性别等。

任务 4.13 “学生”表中的“团员”字段为“是/否”类型，设计一个“学生信息 1”窗体，通过“团员”命令按钮来确定该学生是否为团员，如图 4–67 所示。

任务分析

在窗体中添加的“团员”控件是一个选项按钮，可以将选项按钮用做独立的控件来显示记录源的“是”、“否”值。

任务操作

（1）新建一个窗体，设置窗体记录源“学生”表，并添加窗体页眉和页脚。

（2）在窗体页眉节中添加“学生信息”标签，并设置字体和字号等；在“字段列表”面板中分别将“学号”、和“姓名”字段拖动到主体节中，并进行属性设置。

（3）单击“控件”选项组列表中的选项按钮◉，在“字段列表”中将“团员”字段拖动到主体节中，产生一个选项按钮，并将标签标题设置为“团员”，调整控件位置，如图 4-68 所示。

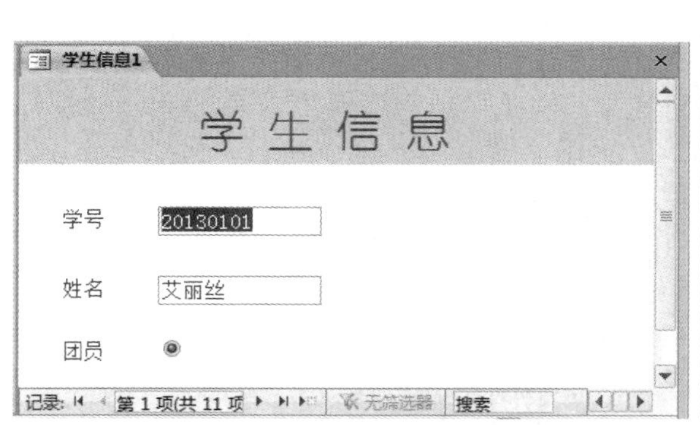

图 4-67 “学生信息 1”窗体

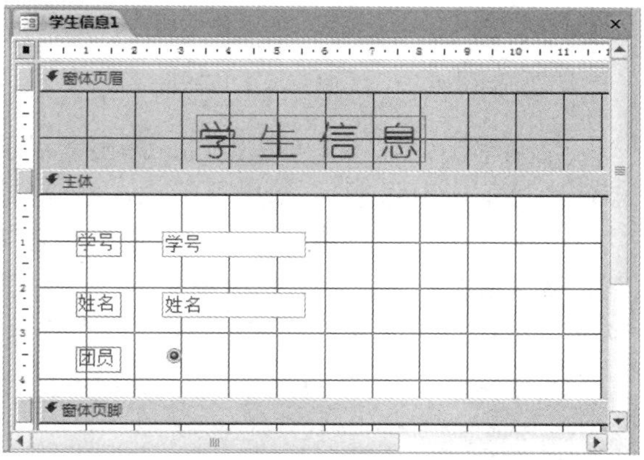

图 4-68 添加的选项按钮控件

（4）以“学生信息 1”为名保存该窗体。

通过窗体中的记录导航按钮浏览记录，观察“团员”选项按钮控件的变化。

4.7.2 选项组按钮控件

选项组由一个组框架及一个复选框、选项按钮或切换按钮组成。使用选项组可以在窗体或报表中显示一组限定性的选项值，每次只能选择一个选项。在输入数据时，使用选项组可以方便地确定字段的值。

任务 4.14 在“学生”表中增加一个“技能证书”字段，再在“学生信息 1”窗体中添加一个选项组控件，利用该控件来确定“学生”表中“技能证书”字段的值，如图 4–69 所示。

任务分析

使用“控件”选项组列表中的“选项组”按钮，可以在窗体中添加一个选项组控件按钮。

任务操作

（1）打开“学生”表，添加一个文本类型的“技能证书”字段。

（2）切换到“学生信息 1”窗体设计视图，单击“控件”选项组中的“使用控件向导”按钮，再单击选项组按钮，在窗体中要放置选项组控件的位置单击并拖动出一个方框至所需大小，此时弹出“选项组向导”对话框，在“标签名称”中输入所需的选项值，如图 4-70 所示。

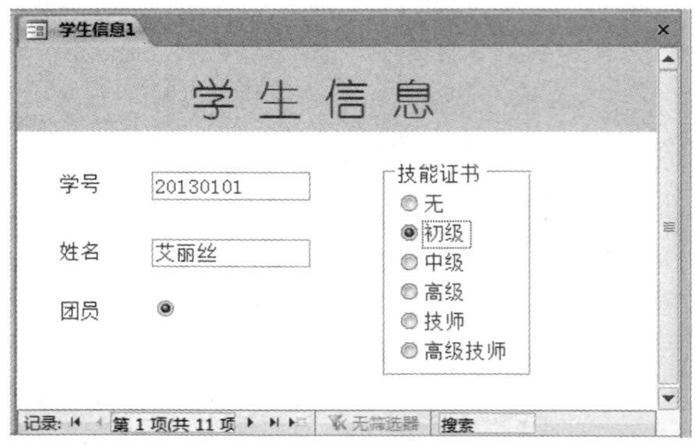

图 4-69　添加选项组按钮的窗体

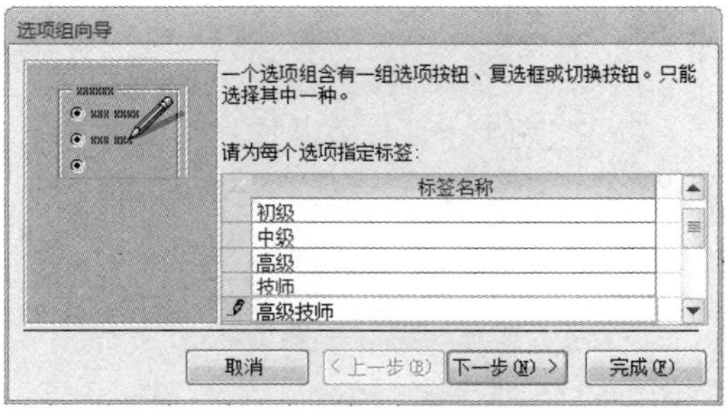

图 4-70　“选项组向导”对话框

（3）单击“下一步”按钮，在弹出的对话框中指定一个默认的选项（当没有任何选择时，该选项处于选中状态），如果不指定，系统会把第一项作为默认值，如图 4-71 所示。

（4）单击“下一步”按钮，设定选项对应值，如图 4-72 所示。这是当事件发生后，用来判断哪个值被选中，对话框中第 1 列为选项序列，第 2 列为选项所对应的数值。向导指定第一个选项所对应的值为 1，依次递增。这里选择系统默认的设定值。

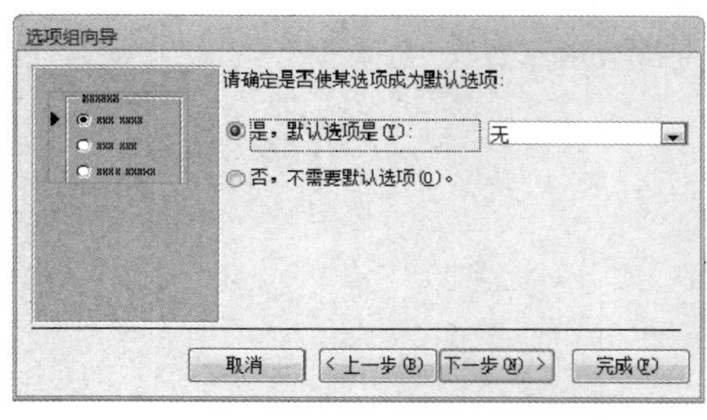

图 4-71　确定默认选项

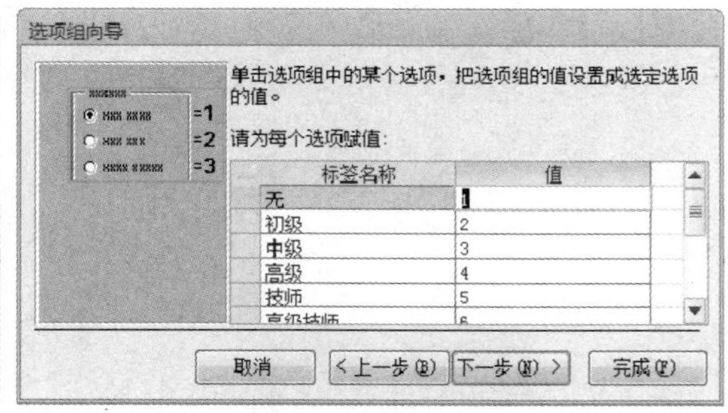

图 4-72　设定选项对应值

（5）单击“下一步”按钮，设置保存字段，如图 4-73 所示。选中“在此字段中保存该值”单选按钮，选中的值保存到“技能证书”字段中。

（6）单击“下一步”按钮，选择选项组类型和样式，如图 4-74 所示。

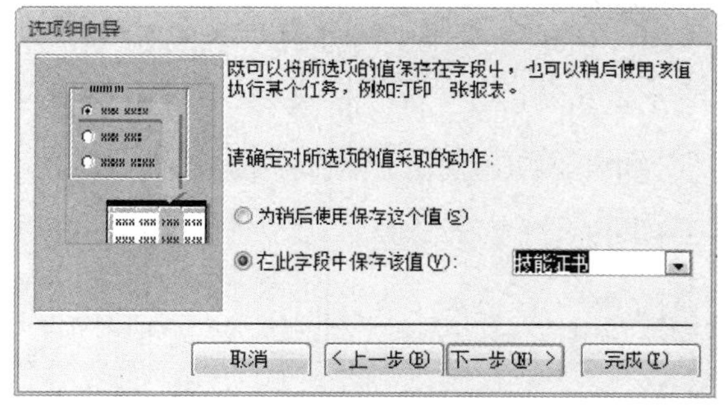

图 4-73　设定选项值的保存字段

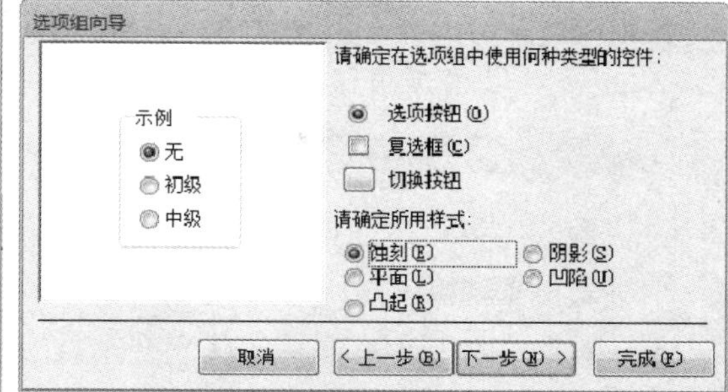

图 4-74　选项组类型和样式

（7）单击“下一步”按钮，在弹出的对话框中指定选项组的标题为“技能证书”，最后单击“完成”按钮，结果如图 4-75 所示。

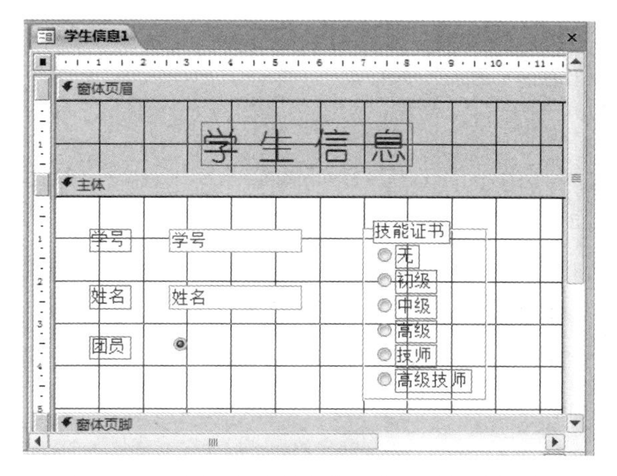

图 4-75　添加选项组控件后的窗体设计视图

如果选项组绑定到字段，那么只是组框本身绑定到字段，而框内的复选框、切换按钮或选项按钮并没有绑定到字段。因为组框的“控件来源”属性被设为选项组绑定到的字段，所以不能为选项组中的每个控件设置“控件来源”属性。与此相反，应该为每个复选框、切换按钮或选项按钮设置“选项值”或“值”属性。在窗体或报表中，应将控件属性设为对绑定了组框字段有意义的数字。当在选项组中选择选项时，Access 会将选项组绑定到字段的值设为已选择选项的“选项值”或“值”属性的值。

“选项值”或“值”属性之所以设为数字，是因为选项组的值只能是数字，而不能是文本。Access 将该数字存储在基础表中。上例中如果要在“学生”表中显示技能证书的名称而不是“学生”表中的数字，则可以创建一个单独的“证书”表来存储技能证书的名称，然后将“学生”表中的“技能证书”字段作为“查阅”字段来查找“证书”表中的数据。

4.7.3　选项卡控件

创建一个多页窗体时，可以使用选项卡控件或分符页控件。使用选项卡控件，可以将独立的页全部创建到一个控件中。如果要切换页，则选择其中某个选项卡即可。

任务 4.15 设计一个包含两个页面的选项卡窗体，第 1 页显示“学生”表的有关信息，第 2 页显示学生成绩的有关信息，分别如图 4–76 和图 4–77 所示。

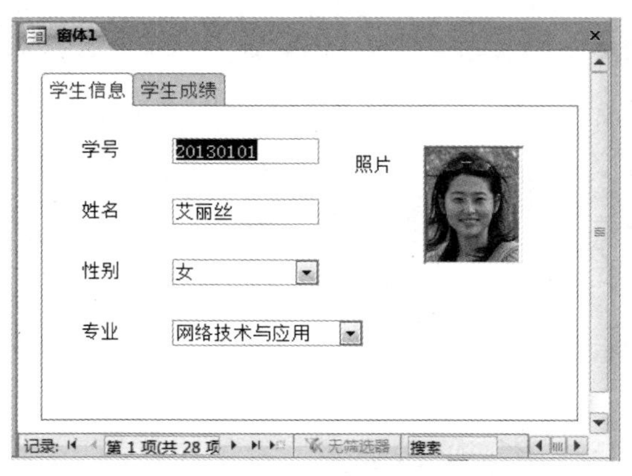

图 4-76　“学生信息”选项卡窗体

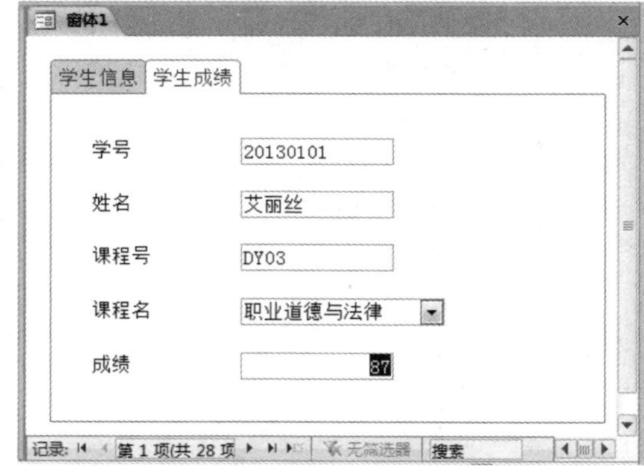

图 4-77　“学生成绩”选项卡窗体

任务分析

使用选项卡控件可以用来构建包含若干个页的单个窗体或对话框，每页一个选项卡，每个选项卡都包含类似的控件，如文本框或选项按钮。当用户选择选项卡时，所在页就转入活动状态。

任务操作

（1）新建一个窗体，在设计视图中单击“控件”选项组中的“选项卡控件”按钮，然后在设计视图中单击，自动添加两个页面的选项卡，标题分别默认为“页 1”和“页 2”。

（2）弹出“属性表”面板，分别将“页 1”和“页 2”两个选项卡的“标题”设置为“学生信息”和“学生成绩”。

（3）弹出“字段列表”面板，从“字段列表”面板中将“学生”表中的部分字段拖动到“学生信息”选项卡，如图 4-78 所示。以同样的方法，在“字段列表”面板中，将相关联的“成绩”表的“学号”和“成绩”字段、“学生”表的“姓名”字段以及“课程”表的“课程名”字段拖动到“学生成绩”页中，并适当调整各控件的大小和位置，如图 4-79 所示。

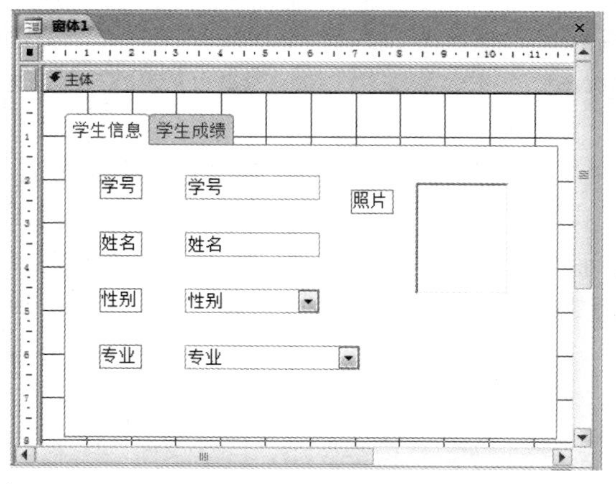

图 4-78　“学生信息”选项卡窗体设计视图

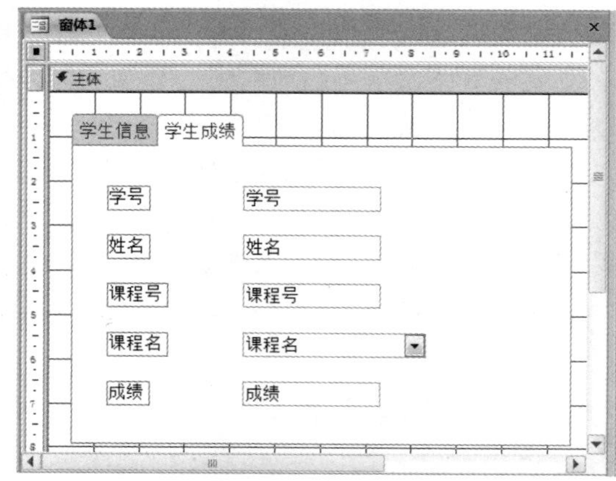

图 4-79　“学生成绩”选项卡窗体设计视图

提示

如果要增加或删除页面，则可在窗体设计视图当前页中右击，在弹出的快捷菜单中选择“插入页”选项，即可插入一个新页；选择“删除页”选项，即可将当前页删除。

（4）以“选项卡窗体”为名保存该窗体。

浏览各页面内容，观察两个页面中的记录是否同步移动。

相关知识

复选框和切换按钮控件

复选框、切换按钮和选项按钮 3 个控件都可以显示“是/否”数据类型的字段值，其中复选框可用于多选操作，如学生的爱好有读书、游泳、篮球、羽毛球、旅游、听音乐等；切换按钮与复选框类似，但以按钮的形式表示。

在窗体或报表中，可以将复选框用做独立的控件来显示来自表、查询或 SQL 语句中的“是”或“否”值。如果复选框内包含复选标记，则其值为“是”；如果不包含，则其值为“否”。

除了在窗体中分别添加选项按钮、复选框或切换按钮控件外，如果已添加了其中的一个控件，要更改为其他控件，则选项按钮、复选框和切换按钮可以互相转换。例如，如果将“学生信息 1”窗体中“团员”选项按钮转换为复选框，则可在窗体设计视图中右击该选项按钮，在弹出的快捷菜单中选择“更改为”子菜单中的“复选框”选项，即可将选项按钮转换为复选框，如图 4-80 所示。

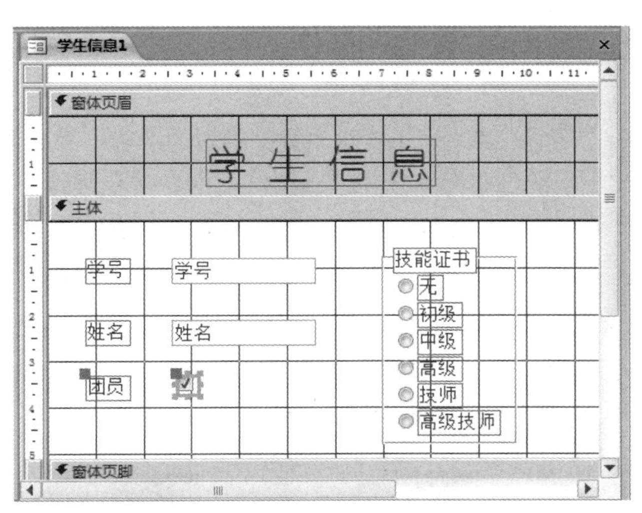

图 4-80　将选项按钮更换为复选框控件

以同样的方法，将选项按钮转换为切换按钮，也可以将复选框控件转换为选项按钮或切换按钮。

对于切换按钮，除了设置标题外，还可以建立图片式的切换按钮。方法是在切换按钮的“属性”面板中，通过“图片”属性弹出“图片生成器”对话框，设置图片标签。

思考与练习

1. 分别将图 4-67 所示的“学生信息 1”窗体中的“团员”选项按钮更改为复选框和切换按钮。

2. 能否在任务 4.14 的基础上，再建立一个“证书”表，将“学生”表中的“技能证书”字段作为“查阅”字段来查找“证书”表中的数据。

3. 创建一个含有学生基本信息、学生成绩、授课教师信息 3 个选项卡的窗体。

4. 修改任务 4.15 中创建的选项卡窗体，在原有两个选项卡的基础上，增加一个“成绩单”选项卡，该页显示学生全部课程成绩，如图 4-81 所示。

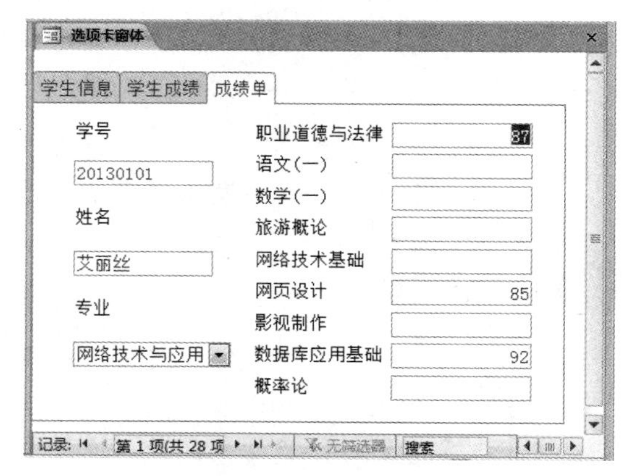

图 4-81　学生各门课程成绩选项卡窗体

注意

设置窗体记录源，单击“记录源”属性框右侧的生成器按钮，将“学生”表和第 3 章创建的“交叉表成绩查询”添加到“查询生成器”中，选择“学生”表中的全部字段及“交叉表成绩查询”中除“学号”和“姓名”外的其他字段，关闭并保存生成的 SQL 语句。

4.8　绑定对象框和图像控件

绑定对象框控件可在窗体中连接 OLE 对象数据类型的字段，并且会随着记录指针的移动而改变图片内容。利用图像控件可在窗体中插入图片，以显示必要的信息。

任务 4.16 修改“信息管理”窗体，分别添加一个绑定对象框和一个图像控件，其中绑定对象框控件显示“学生”表中的“照片”字段，图像控件在标题栏中显示一幅图片，如图 4-82 所示。

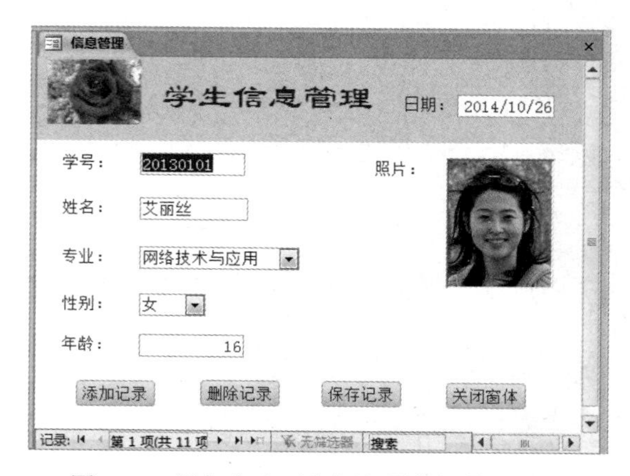

图 4-82　添加绑定对象框和图像控件的窗体

任务分析

该窗体中的照片控件为绑定对象，它存储在表中，随着记录的变化而变化；标题左侧的图片为插入的图像控件，该对象可以嵌入或链接到窗体中，嵌入到窗体中的图片是数据库的一个组成部分，而链接到窗体中的图片会随着图片源的变化而变化。

任务操作

（1）切换到“信息管理”窗体设计视图，单击“设计”选项卡“控件”选项组中的“图像”按钮，在“窗体页眉”左侧单击，弹出“插入图片”对话框，选择一幅要插入的图片，并调整图片的大小和位置。

（2）弹出图像控件的“属性表”面板，如图 4-83 所示，设置该图片类型采用“嵌入”还是“链接”方式；在“缩放模式”下拉列表中选择“缩放”、“拉伸”或“剪裁”选项。

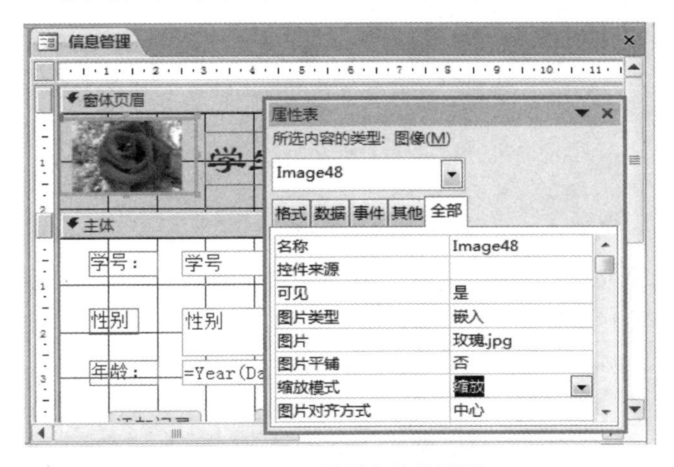

图 4-83　设置图像控件属性

（3）调整窗体中的控件布局，然后单击“设计”选项卡“控件”选项组中的“绑定对象框”按钮，在窗体“主体”节中拖动鼠标指针，在窗体中添加一个绑定型对象框。

（4）设置绑定对象控件的属性，其中，“控件来源”为“学生”表中的“照片”字段，如图 4-84 所示；修改其附属标签标题为“照片:”。

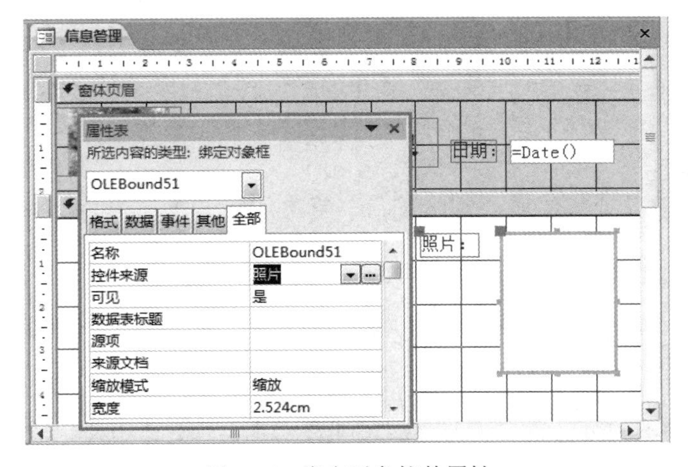

图 4-84　绑定对象控件属性

（5）调整窗体各控件的布局及对齐方式，窗体设计视图如图 4-85 所示。

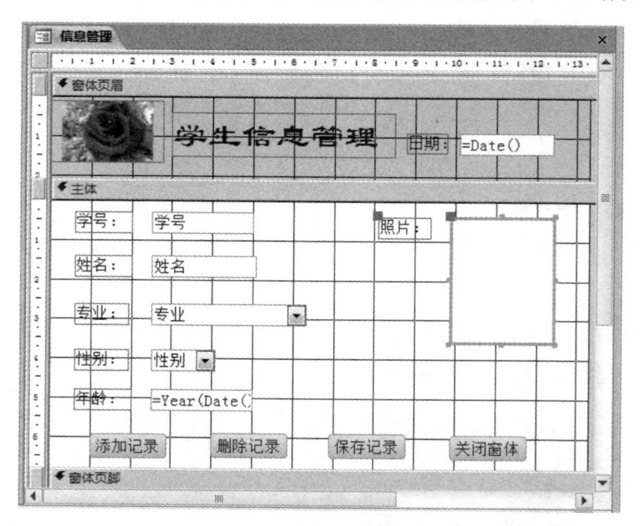

图 4-85　设置绑定对象控件和图像控件的窗体设计视图

提示

在窗体的设计视图中，在“字段列表”面板中将“照片”字段拖动到窗体“主体”节中，在窗体中添加一个绑定对象框。

未绑定对象框和绑定对象框不同，但同样可以在窗体中插入其他应用软件建立的 OLE 对象，但是该 OLE 对象并没有连接到表或查询的字段上，因此，它是较为独立的控件。未绑定对象框的内容并不会随着记录指针的移动而改变，因而如果想随时看到该控件的内容，最好将其添加到窗体页眉或窗体页脚节中。

如果对图像控件和未绑定对象加入的图片做比较，前者显示图片的速度较快，适合保存不需要更新的图片；而后者可直接在窗体中双击修改，而且图片只是未绑定对象支持的数据类型之一，可以根据具体的需要来选择使用。

思考与练习

1. 在“学生信息 1”窗体的“主体”节中添加“学生”表中的“照片”字段。

2. 在“学生信息 1”窗体的“窗体页眉”节中添加一个未绑定对象框，该对象可以是图片或其他类型的文档。

3. 在“学生信息 1”窗体的“窗体页眉”节中添加一个图像控件，窗体控件布局合理、美观。

4.9　创建子窗体

子窗体是窗体中的窗体，包含子窗体的窗体称为主窗体。子窗体一般用于显示具有一对多关系的表或查询中的数据，其中，主窗体用于显示具有一对多关系的“一”方，子窗体用于显示具有一对多关系的“多”方。当主窗体中的记录变化时，子窗体中的记录也发生相应的变化，主窗体和子窗体彼此关联。主窗体中可以包含多个子窗体，子窗体中可以再包含子窗体。

创建主/子窗体时，一种方法是使用窗体向导创建；另一种方法是先建立子窗体，再建立主窗体，并将子窗体插入到主窗体中。第一种方法前面已经介绍，下面介绍第二种方法。

任务 4.17 创建一个“学生基本信息”主窗体和“各科成绩”子窗体，如图 4–86 所示。

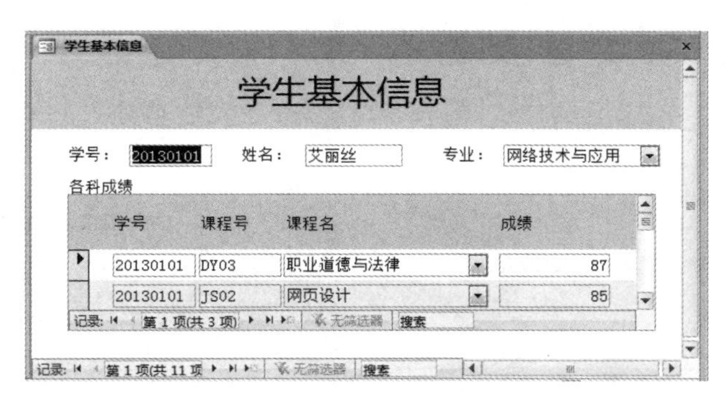

图 4-86　主/子窗体

任务分析

首先创建一个子窗体，然后创建一个相关联的子窗体，把该子窗体插入到主窗体中，使用“控件”选项组中的“子窗体/子报表”控件来完成此操作。

任务操作

（1）新建“各科成绩”子窗体。使用窗体向导快速新建一个表格式窗体，记录源为“成绩”表和“课程”表，如图 4-87 所示。

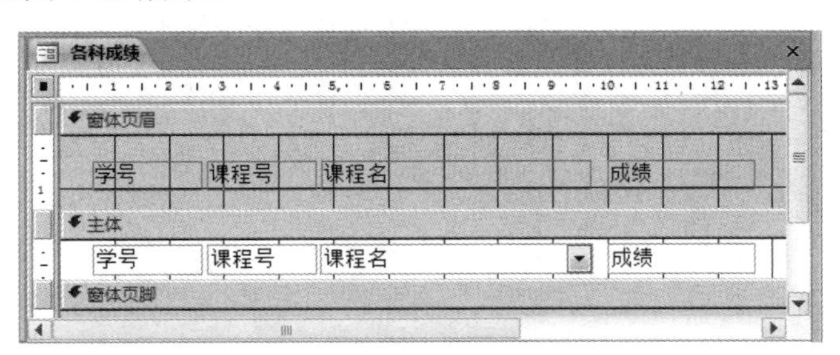

图 4-87　“各科成绩”窗体设计视图

（2）新建“学生基本信息”主窗体。切换到窗体设计视图，设置“学生”表为窗体记录源，添加标签及字段控件，并调整控件大小和位置，设置字体、字号等，如图 4-88 所示。

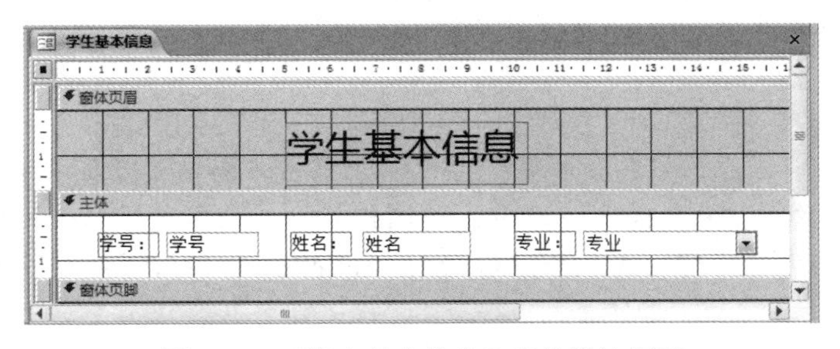

图 4-88　“学生基本信息”窗体设计视图

（3）单击“设计”选项卡“控件”选项组中的“使用控件向导”按钮，单击“子窗体/子报表”按钮，在窗体“主体”节的适当位置单击，此时子窗体向导被启动，弹出如图 4-89 所示的“子窗体向导”对话框，选择新建的“各科成绩”窗体。

（4）单击“下一步”按钮，弹出如图 4-90 所示的对话框，选中“从列表中选择”单选按钮，两个窗体通过“学号”字段建立关联。

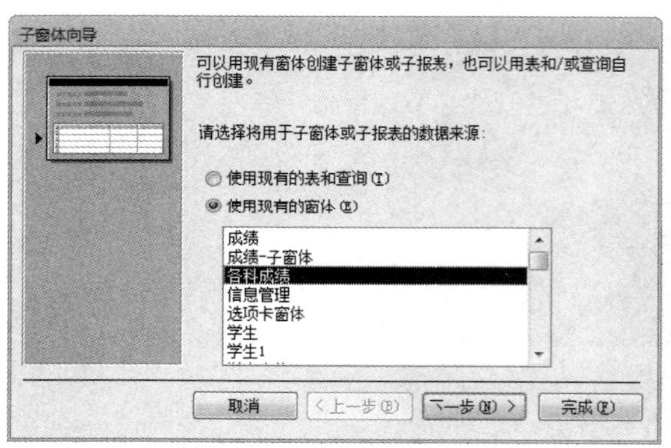

图 4-89　选择数据来源

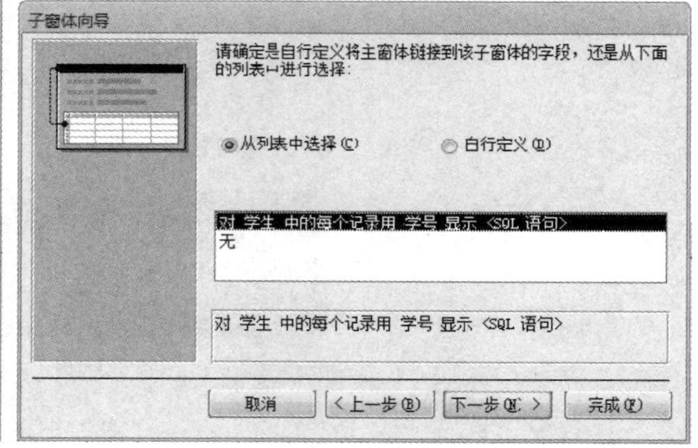

图 4-90　设置主/子窗体关联字段

（5）单击“下一步”按钮，给子窗体指定一个标题，标题名称为“各科成绩”，单击“完成”按钮。此时在主窗体中添加了一个“各科成绩”子窗体，如图 4-91 所示，并使主窗体和子窗体保持记录同步。

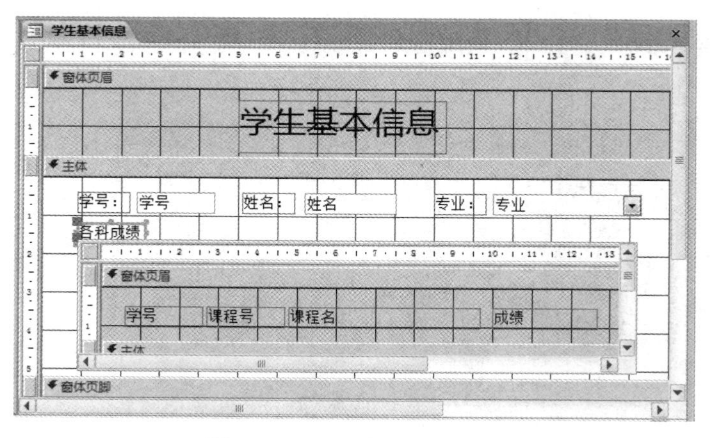

图 4-91　主/子窗体设计视图

打开主窗体后，通过主窗体的记录导航按钮可以浏览各学生的成绩，通过子窗体的记录导航按钮可以浏览该学生各门课程的成绩。

思考与练习

1. 创建主/子窗体，在主窗体中显示“学生”表的基本信息，子窗体的记录源为“成绩”表、“课程”表和“教师”表，显示对应学生的课程成绩，包含每门课程的授课教师。

2. 修改任务 4.17 中创建的主/子窗体，在子窗体中显示各门课程的平均成绩，如图 4-92 所示。

注意

在子窗体“窗体页脚”节中添加文本框控件，将该控件的属性名改为“平均成绩”，在“控件来源”属性框中输入表达式“=Avg([成绩])”，保留两位小数，格式为“固定”，窗体设计视图如图 4-93 所示。

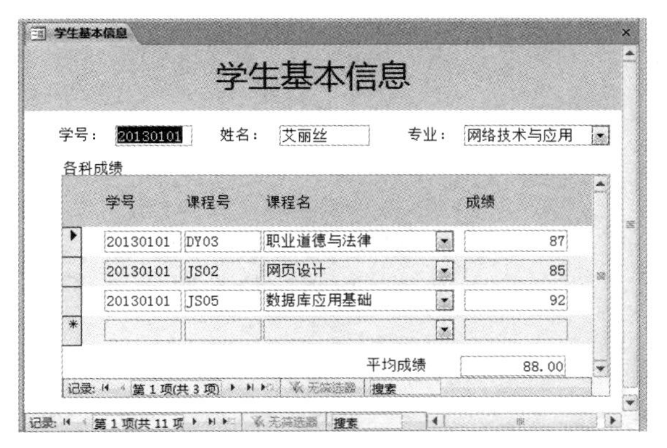

图 4-92 在子窗体中计算各科平均成绩

图 4-93 在子窗体添加文本框

习题 4

一、填空题

1．窗体的记录源可以是表或__________。

2. 在 Access 2010 数据库中窗体主要有__________、__________、__________等视图方式。

3．一个窗体主要由__________、__________、__________、__________和__________5 个节组成，其中________是窗体的核心。

4．文本框分为绑定型文本框和__________。

5．Access 中的控件根据数据来源及属性不同，可以分为__________、__________和__________3 种类型。

二、选择题

1．下面关于窗体的作用中，叙述不正确的是（　　）。

A．可以接收用户输入的数据或命令　　B．可以编辑、显示表中的数据

C．可以构造方便、美观的输入/输出界面　　D．可以直接存储数据

2．窗体中主要用来设置显示表或查询中的字段、记录等信息，也可以设置其他控件，是窗体中不可或缺的节是（　　）。

A．窗体页眉　　B．页面页眉　　C．页面页脚　　D．主体

3．窗体由不同的对象组成，每一个对象都有自己独特的（　　）。

A．字段窗口　　B．工具栏窗口　　C．属性窗口　　D．节窗口

4．不能用来显示“是/否”数据类型的控件是（　　）。

A．命令按钮　　B．复选框　　C．选项按钮　　D．切换按钮

5．不支持图像控件显示模式的是（　　）。

A．剪裁　　B．缩放　　C．拉伸　　D．显示比例

6．属于交互式控件的是（　　）。

A．命令按钮控件　　B．文本框控件　　C．标签控件　　D．图像控件

7．用于显示线条、图像的控件类型是（　　）。

A．绑定型　　B．非绑定型　　C．计算型　　D．附件型

8．下面关于子窗体的叙述中正确的是（　　）。

A．子窗体只能显示为数据表窗体　　B．子窗体中不能再创建子窗体

C．子窗体可以显示为表格式窗体　　D．子窗体可以存储数据

三、操作题

1．在“图书订购”数据库中，使用窗体向导，创建一个基于“图书”表的纵栏式窗体。

2．使用窗体工具创建一个基于“图书”表的窗体。

3．创建一个基于“图书”表的多个项目窗体。

4．创建一个基于“订单”表的分割窗体。

5．使用窗体向导创建具有一对多关系表的窗体，数据选取“出版社”表中的“出版社 ID”、“出版社”、“出版社网页”和“图书”表中的“图书 ID”、“书名”、“作译者”、“定价”、“出版日期”、“版次”字段。

6．使用设计视图创建一个窗体，窗体中含有“订单”表中的“订单 ID”、“单位”、“图书 ID”、“册数”和“图书”表中的“书名”、“作译者”、“定价”、“出版社 ID”字段。

7．修饰第 6 题创建的窗体，设置控件字体（标签为黑体，文本框、组合框为方正姚体，11 号字），颜色（标签为蓝色，文本框、组合框为红色），并设置窗体背景。

8．创建一个包含“订单”表中的“订单 ID”、“单位”、“册数”和“图书 ID”字段的图表窗体。

9．使用设计视图创建“图书管理”窗体，如图 4-94 所示，分别添加标签和文本框控件，记录源为“图书”表。

10．在“图书管理”窗体的基础上，分别添加组合框和命令按钮控件，并实现相应的功能，如图 4-95 所示。

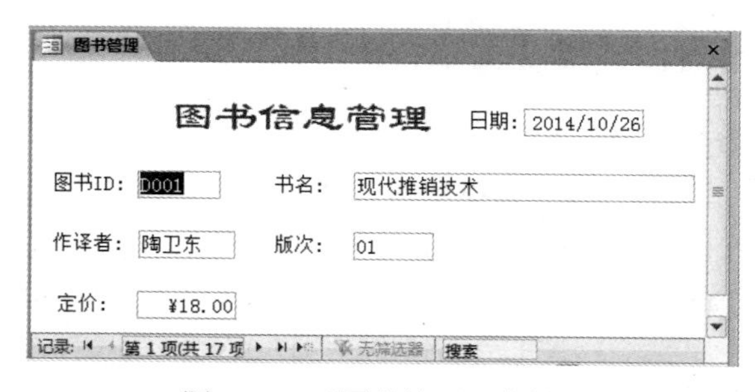

图 4-94　“图书管理”窗体

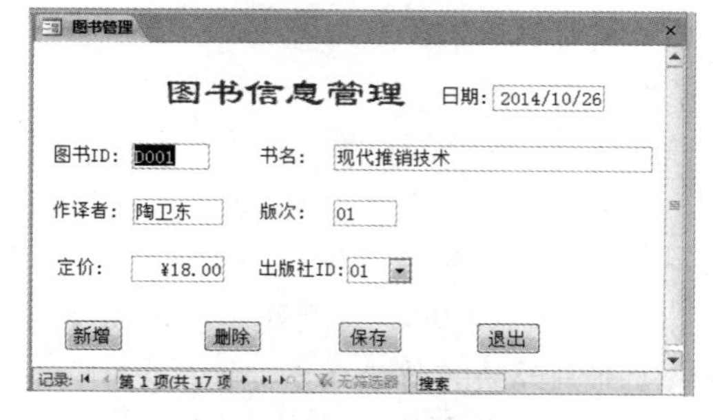

图 4-95　添加控件的“图书管理”窗体

11．修改“图书管理”窗体，分别添加图像控件、图书封面、记录导航按钮等，如图 4-96

所示。

12．创建一个如图 4-97 所示的“作者信息”窗体。

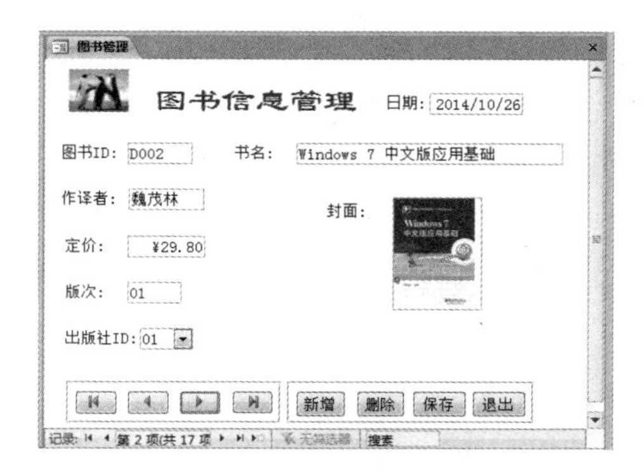

图 4-96　添加绑定控件的“图书管理”窗体

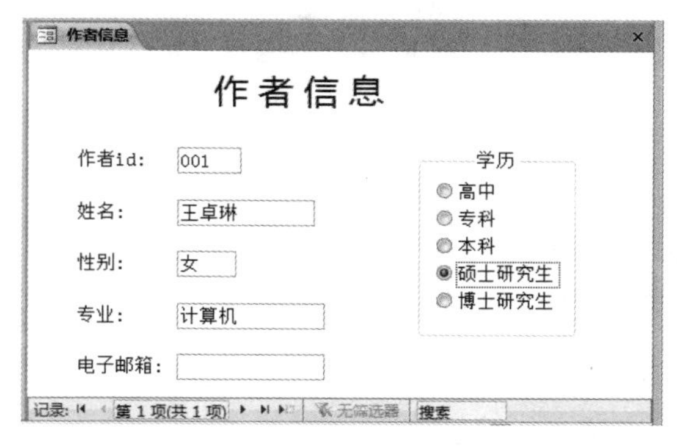

图 4-97　“作者信息”窗体

13．设计一个包含两个页面的选项卡窗体，“图书”选项卡显示“图书”表的记录，“作者”选项卡显示“作者”表的记录，如图 4-98 所示。

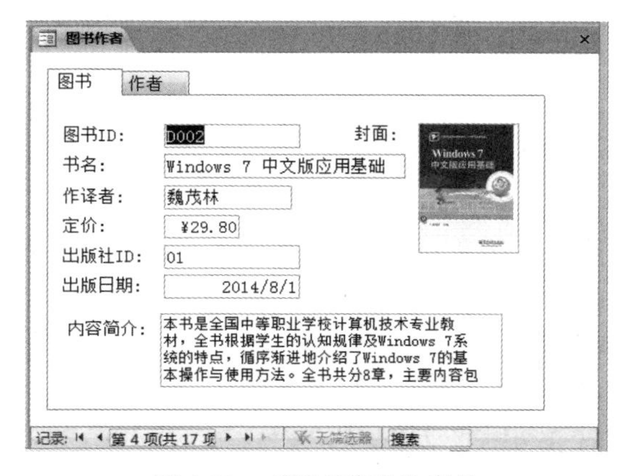

图 4-98　“图书作者”窗体

14．创建一个主/子窗体，主窗体中显示图书信息，子窗体中显示订购该图书的订单信息。

报表设计

学习目标

- 了解报表的结构
- 能使用报表工具快速创建报表
- 能使用报表向导创建报表
- 能使用设计视图创建报表
- 能在报表中添加常用的报表控件
- 会在报表中对数据进行分组和排序
- 会对报表中的数据进行统计汇总
- 会创建子报表
- 能预览和打印报表

使用 Access 数据库的报表功能，可以将数据按指定的格式打印出来。利用报表不仅可以将数据直接打印出来，还可以对记录进行分组，并对各组数据进行汇总。

5.1 创建报表

报表是以打印格式显示数据的一种有效方式，报表的主要功能如下。

（1）报表不仅可以打印和浏览原始数据，还可以对原始数据进行比较、汇总和小计，并把结果打印出来。

（2）利用报表控制信息的汇总，以多种方式对数据进行分组和分类，然后以分组的次序打印数据。

（3）利用报表可以生成清单、标签、图表等形式的输出内容。

（4）报表输出内容的格式可以按照用户的需求定制，从而使报表更美观、更易于阅读和理解。

在报表中可以添加页眉和页脚，还可以利用图形、图表帮助说明数据的含义。

在 Access 数据库中，系统也为创建报表提供了方便的向导功能，利用报表工具和报表向导可以快速创建报表。

5.1.1 使用报表工具创建报表

使用报表工具可以快速创建一个显示基表或查询中所有字段和记录的报表。

任务 5.1 在“成绩管理”数据库中，以“教师”表为记录源，使用报表工具创建一个报表。

任务分析

如果用户对报表没有特殊的要求，使用报表工具可以快速创建一个报表，而不提示任何信息。报表将显示指定记录源中的所有字段。

任务操作

（1）打开“成绩管理”数据库，在左侧导航窗格中，选中要作为报表记录源的“教师”表。

（2）单击“创建”选项卡“报表”选项组中的“报表”按钮，系统自动在布局视图中生成报表，如图 5-1 所示。

（3）保存该报表，报表名称为“教师”。

使用报表工具可能无法创建完美的报表，如果对使用报表工具创建的报表不满意，则可以在布局视图或设计视图中进行修改，使报表满足用户的需求。

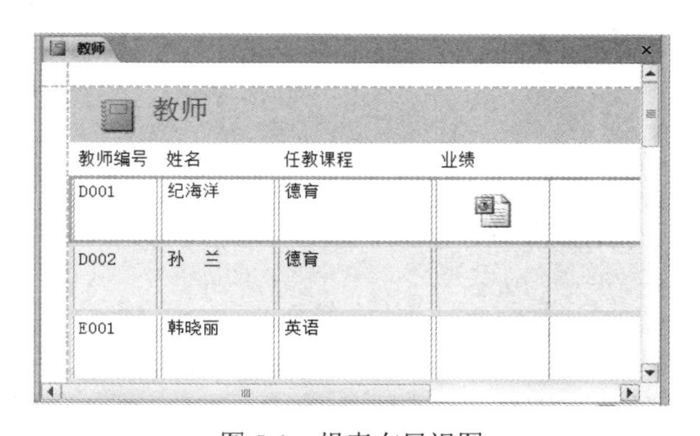

图 5-1　报表布局视图

5.1.2 使用向导创建报表

使用向导创建报表，可以从多个表或查询中选择字段，在报表中对记录进行分组、排序，计算汇总数据等。

任务 5.2 以“成绩”表、“学生”表和“课程”表为数据源，使用报表向导按“课程”表中的课程名创建分组报表，并计算每位学生各门课程的平均成绩。

任务分析

本任务以“成绩”表、“学生”表和“课程”表为数据源，分别选取“成绩”表中的“学号”、“课程号”、“成绩”字段，“学生”表中的“姓名”字段以及“课程”表中的“课程名”字段，计算各门课程的平均成绩，并按课程名进行分组。

任务操作

（1）单击“创建”选项卡“报表”选项组中的“报表向导”按钮，弹出“报表向导”对话框，分别选择“成绩”表中的“学号”、“课程号”、“成绩”字段，“学生”表中的“姓名”字段以及“课程”表中的“课程名”字段，如图 5-2 所示。

（2）单击“下一步”按钮，弹出如图 5-3 所示的对话框，确定是否添加分组。选择按“课程名”进行分组，报表将以该字段为标准，将所有该字段值相同的记录作为一组。

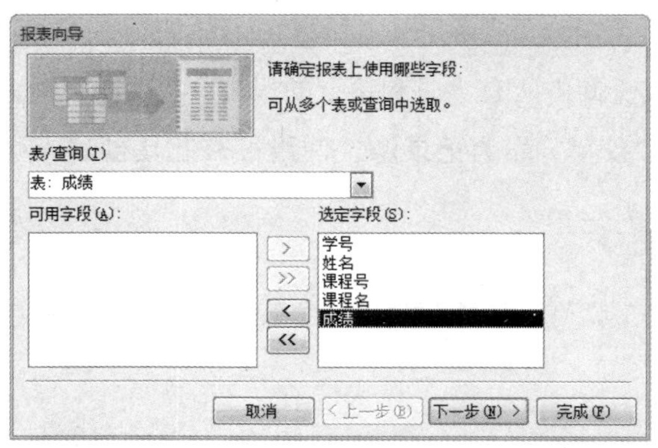

图 5-2　选取字段

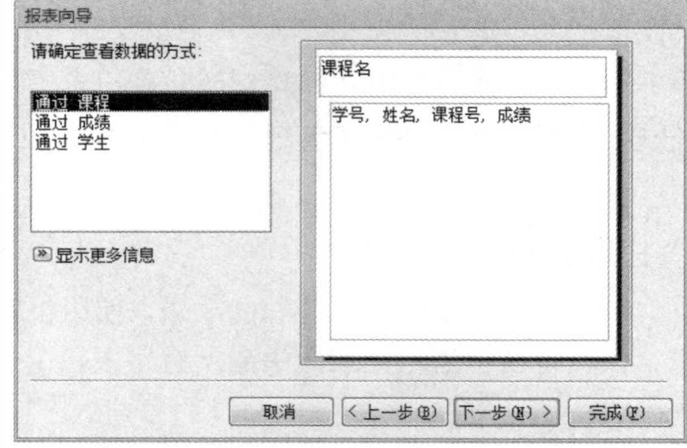

图 5-3　确定查看数据的方式

（3）单击“下一步”按钮，弹出如图 5-4 所示的对话框，设置分组级别。在为报表添加分组级别时，可以选择多个字段进行多级分组，系统将按照分组级别高的字段分组。当该字段值相同时，按分组级别下一个字段进行分组，以此类推。

分组级别设置后，单击“分组选项”按钮，弹出“分组选项”对话框，选择分组时的不同间隔方式。不同类型的字段有不同的间隔方式，如字符型字段有普通、第一个字母、两个首写字母、三个首写字母等间隔方式；数字型字段有普通、10s、50s、100s 等间隔方式；日期/时间型字段有年、季、月、周、日、时、分等间隔方式。

（4）单击“下一步”按钮，弹出如图 5-5 所示的对话框，用以确定排序次序和数据汇总方式。例如，按“学号”字段升序排序。

图 5-4　设置报表分组级别

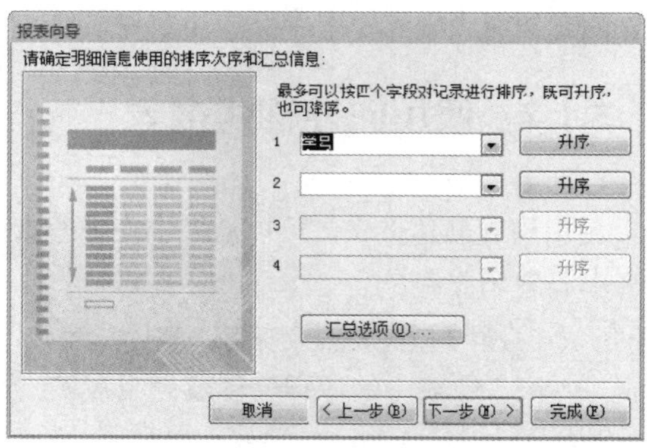

图 5-5　设置报表排序

在设置排序字段时，最多按照 4 个字段进行排序。当排序的第一个字段值相同时，按第二个字段排序，以此类推。

（5）单击“汇总选项”按钮，弹出“汇总选项”对话框，确定数值字段的汇总方式，包括

“汇总”、“平均”、“最小”和“最大”及显示方式的选择，如图 5-6 所示。例如，选中“平均”复选框，再单击“确定”按钮。

（6）单击“下一步”按钮，弹出如图 5-7 所示的对话框，选择报表的布局方式。创建的报表不同，对应的布局选项也不同。每选中一种，都会在窗口左侧显示对应的布局方式图例。方向有“纵向”和“横向”两种方式。

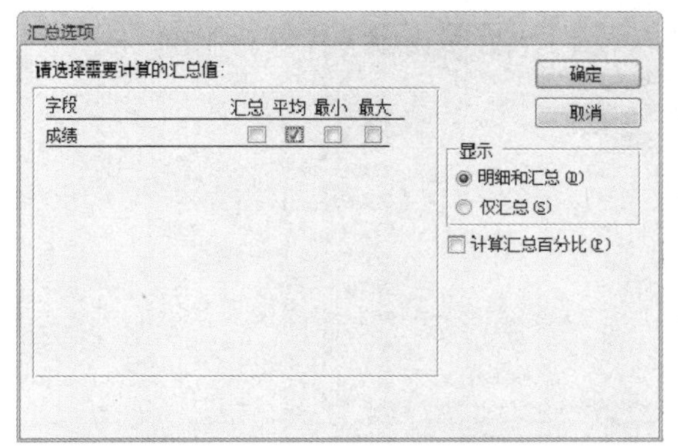

图 5-6 “汇总选项”对话框

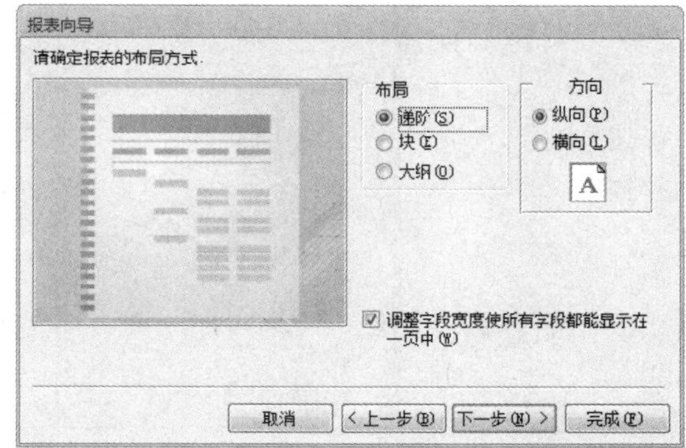

图 5-7 设置报表布局方式

如果表中字段所占空间较大，可选中“调整字段宽度使所有字段都能显示在一页中”复选框，否则，当报表中的字段总长超过系统默认的纸张总宽度时，多余字段将显示或打印在另一页上。

（7）单击“下一步”按钮，为创建的报表指定标题，例如，指定报表标题为“学生成绩”。单击“完成”按钮，预览报表，如图 5-8 所示。

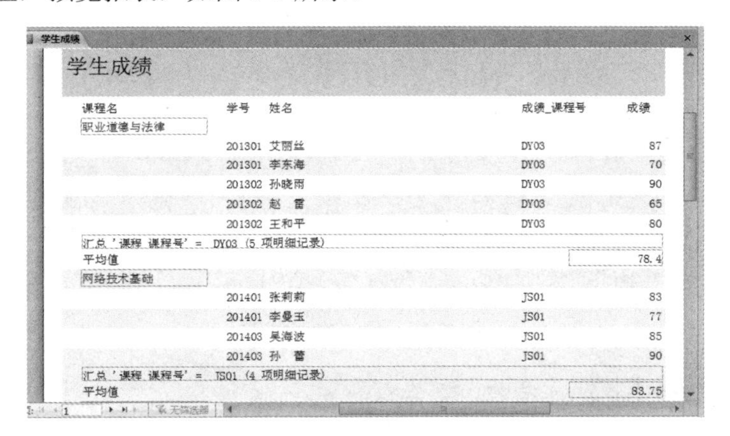

图 5-8 “学生成绩”报表

从预览报表结果中可以看出，该报表按“课程名”进行了分组，并且计算出了每门课程的平均成绩。

相关知识

使用空报表工具创建报表

使用空报表工具可以创建空白报表，然后在空白报表中添加字段或控件，并设计报表。例如，以“学生”表为记录源，先使用空报表工具创建报表，再将“学生”表中的“学号”、“姓名”、“性别”、“出生日期”、“团员”、“专业”和“家庭住址”字段拖动到空白报表中。

（1）单击“创建”选项卡“报表”选项组中的“空报表”按钮，系统自动在布局视图中创建一个空白报表，并显示“字段列表”面板，如图 5-9 所示。

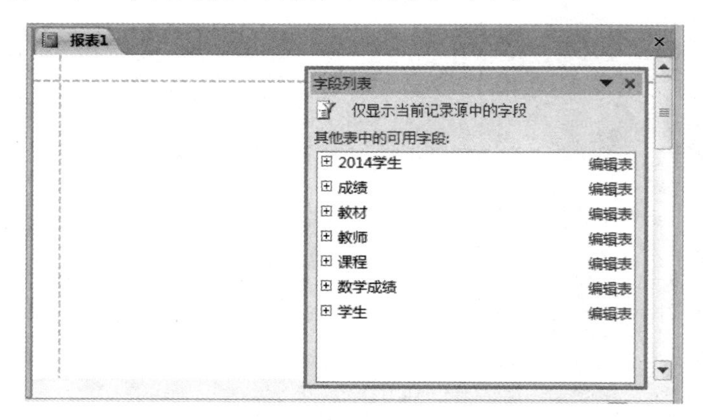

图 5-9　空白报表

（2）在“字段列表”面板中展开要在报表中添加的字段列表，如“学生”表，双击要添加的字段，或将要添加的全部字段逐个或全部拖动到报表中，再适当调整各列的宽度，报表布局视图如图 5-10 所示。

报表1

学号	姓名	性别	出生日期	团员	专业	家庭住址
20130101	艾丽丝	女	1998/6/18	☑	网络技术与应用	市南区大学路7号
20130102	李东海	男	1998/3/25	☑	网络技术与应用	市南区江西路35号
20130201	孙晓雨	女	1997/12/26	☑	动漫设计	市南区闽江路120号
20130202	赵　雷	男	1998/1/15	☐	动漫设计	李沧区永安路18号
20130203	王和平	男	1997/10/17	☐	动漫设计	市北区延安一路4号
20140101	张莉莉	女	1999/3/12	☑	物联网技术	市南区北京路17号
20140102	李曼玉	女	1998/6/20	☐	物联网技术	市北区威海路108号

图 5-10　报表布局视图

（3）保存创建的报表，报表名为“学生信息”。

如果要查看设计视图，可单击“开始”选项卡“视图”选项组中的“设计视图”按钮，切换到设计视图，结果如图 5-11 所示。

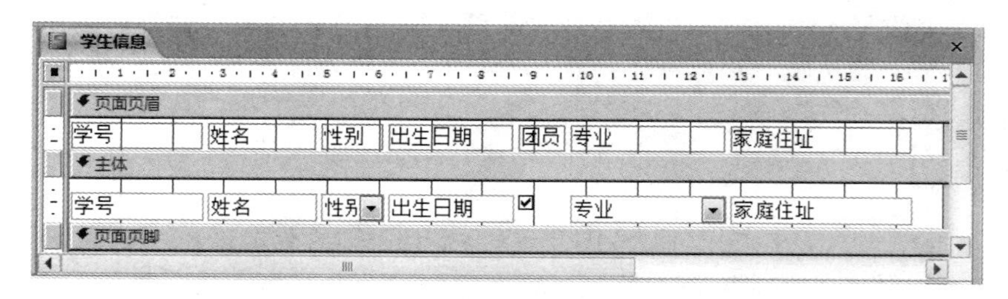

图 5-11　报表设计视图

思考与练习

1. 使用报表工具生成报表时，报表记录源能否为查询？

2. 在“成绩管理”数据库中，以“学生”表为记录源，使用报表工具创建一个报表。

3. 以“学生”表为记录源创建报表，按“专业”字段进行分组，并且统计各专业学生的平均身高。

5.2 使用报表设计视图创建报表

使用设计视图创建报表时，先新建一个空白报表，再指定报表的数据来源，然后添加报表控件，最后设置报表分组、计算汇总信息等。通常只有简单的报表才会使用设计视图从空白开始来创建一个新的报表，而一般先使用向导创建报表的基本框架，再切换到设计视图对所创建的报表进行美化和修饰，使其功能更加完善。

任务 5.3 以已创建的“学生成绩查询”为数据源，使用设计视图创建“学生成绩 1”报表，如图 5-12 所示。

任务分析

该报表以查询为数据源，是一个表格式报表，报表中的字段需要自己确定，如同创建窗体一样，在“字段列表”中将字段拖动到报表设计视图中，即可创建报表。

任务操作

（1）新建报表。单击“创建”选项卡“报表”选项组中的“报表设计”按钮，系统自动打开设计视图，创建一个空白报表。如果没显示“属性表”面板，则单击“工具”选项组中的“属性表”按钮，即可弹出“属性表”面板，如图 5-13 所示。

图 5-12 “学生成绩 1”报表

图 5-13 报表设计视图

（2）设置记录源。单击报表选择器按钮，在“属性表”面板的“全部”选项卡的“记录源”下拉列表中，选择“学生成绩查询”为报表数据源。

（3）添加字段标题。单击“设计”选项卡“控件”选项组中的“标签”按钮，在报表“页面页眉”节中依次添加 4 个标签控件，标签标题分别为“学号”、“姓名”、“课程名称”和“成绩”，并在标签控件下添加一条直线控件，如图 5-14 所示。

（4）添加报表字段。在“字段列表”面板中将“学号”、“姓名”、“课程名称”和“成绩”

字段依次拖动到“主体”节中，在“主体”节中添加了 4 个文本框控件，删除产生的附加标签，调整控件位置后，设计视图如图 5-15 所示。

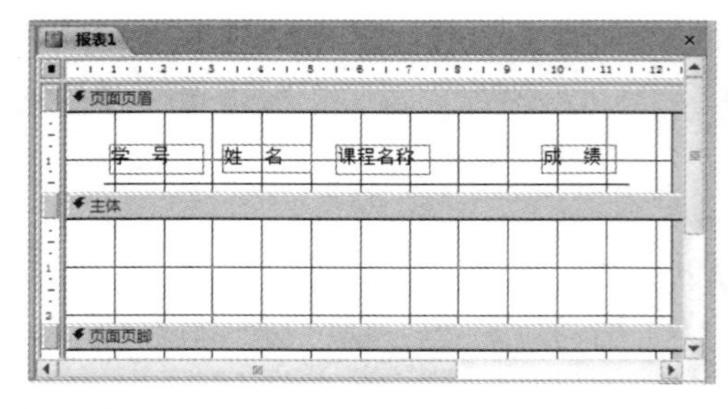

图 5-14　添加字段标题的报表设计视图

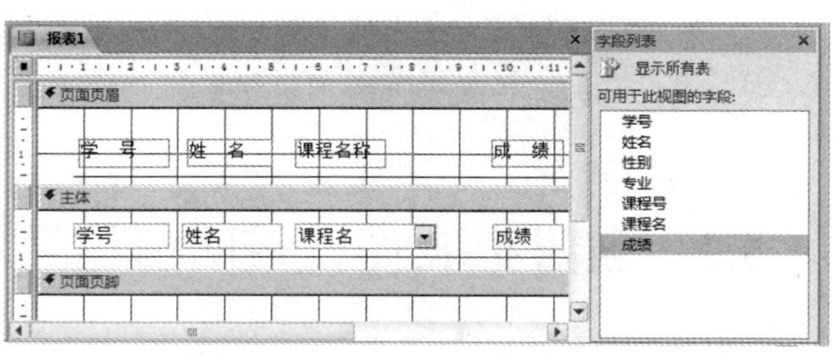

图 5-15　添加字段的设计视图

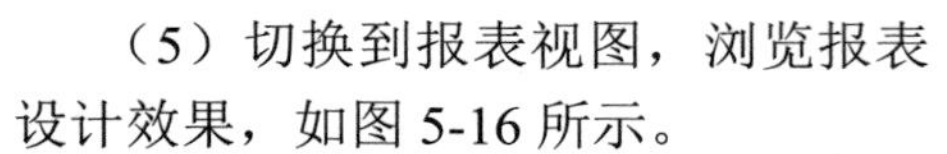

（5）切换到报表视图，浏览报表设计效果，如图 5-16 所示。

（6）从报表视图中可以看出，每个字段值添加了边框，如果要去掉表框，则应切换到报表设计视图，弹出“属性表”面板，单击“学号”字段，将其“边框颜色”设置为“窗体背景”。以同样的方法设置其他字段的边框颜色，结果如图 5-12 所示。

（7）以“学生成绩 1”为名保存当前创建的报表。

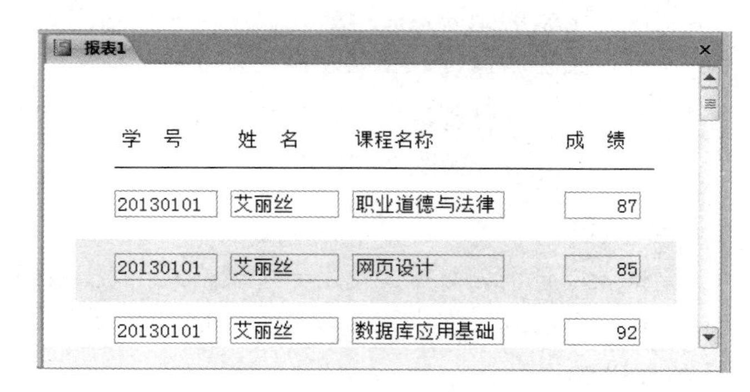

图 5-16　报表设计效果

相关知识

报表结构

报表和窗体类似，也由 5 个部分组成，每个部分称为节。默认方式下，报表由页面页眉、主体和页脚页眉 3 个节组成，如图 5-15 所示。在报表设计视图中右击，在弹出的快捷菜单中选择“报表页眉/页脚”选项，可以添加报表页眉和报表页脚两个节。在分组报表时，还可以增加相应的组页眉和组页脚，如图 5-17 所示。

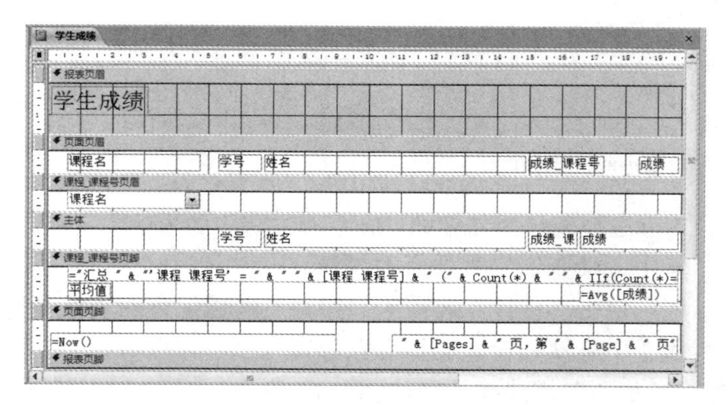

图 5-17　“学生成绩”报表结构

1．报表页眉

报表页眉是整个报表的页眉，显示或打印在报表的首部，它的内容在整个报表中只显示或打印一次，常用来存放整个报表的内容，如公司名称、标志、制表时间和制表单位等。报表页眉和报表页脚的添加和删除总是成对进行的，不能分开。

2．页面页眉

页面页眉中的内容显示在每一页的最上方。其主要作用是显示字段标题、页号、日期和时间。一个典型的页面页眉包括页数、报表标题或字段选项卡等。页面页眉和页面页脚的添加和删除也总是成对出现的，不能分开。

3．主体

主体是报表的主要部分。可以将工具箱中的各种控件添加到主体中，也可将数据表中的字段直接拖动到主体中用来显示数据内容。

主体是报表的关键部分，不能删除。如果特殊报表不需要显示主体，则可以在其“属性表”面板中将其主体“高度”属性设置为“0”。

4．页面页脚

页面页脚中的内容将显示在每一页的最下方。它主要用来显示页号、制表人、审核人或其他信息。在一个较大的报表主体中可能有很多记录，这时通常将报表主体中分组的记录总数也显示在页面页脚中。

5．报表页脚

报表页脚只显示在整个报表的末尾，但它并不是整个报表的最后一节，而是显示在最后一页的页面页脚之前。它主要用来显示有关数据统计信息，如总计、平均值等信息。

6．组页眉和组页脚

在分组报表中会自动显示组页眉和组页脚。组页眉显示在记录组开头，可以利用组页眉显示整个组的内容，如组名称。组页脚显示在记录组的末尾，可以利用组页脚显示组的总计等内容。

思考与练习

1. 使用报表设计器新建报表，默认的节有哪几个？如何添加“报表页眉/页脚”节？
2. 使用设计视图创建一个以“学生”表为记录源的报表，其设计视图如图 5-18 所示。

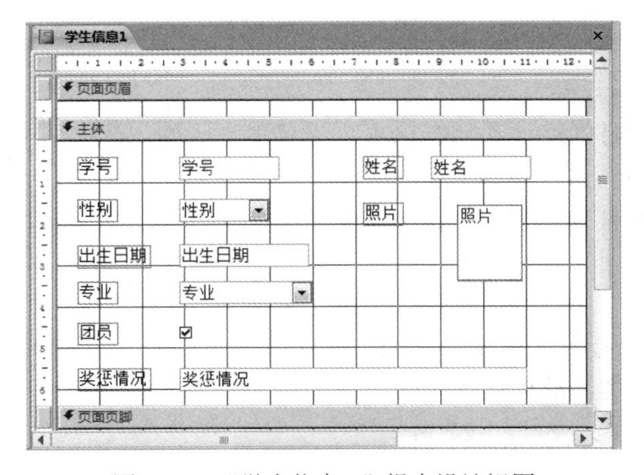

图 5-18 “学生信息 1”报表设计视图

5.3 美化报表

如果对使用向导创建的报表不满意，可以在设计视图中进行编辑、修改。其方法与在窗体设计视图中使用的方法相同。

1．添加报表标题

报表标题通常添加在报表页眉节中，例如，为“学生信息”报表添加报表标题“学生基本信息”。

在设计视图中打开“学生信息”报表，如图 5-19 所示，右击报表设计视图，添加报表页眉和页脚。单击“设计”选项卡“控件”选项组中的“标题”按钮，在报表页眉中添加标签控件，设置标签标题为“学生基本信息”，并使其居中显示，如图 5-20 所示。

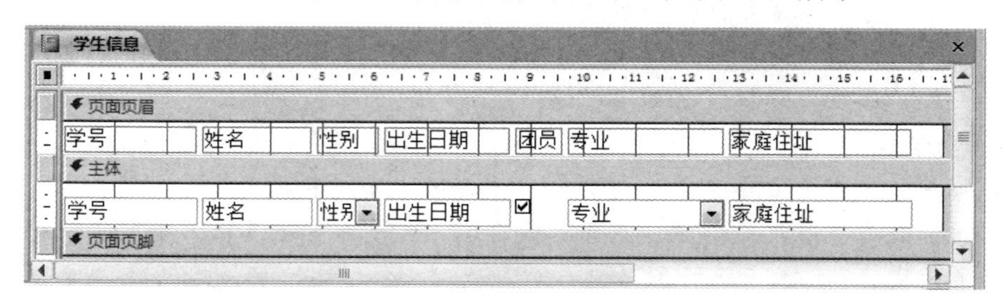

图 5-19 “学生信息”报表设计视图

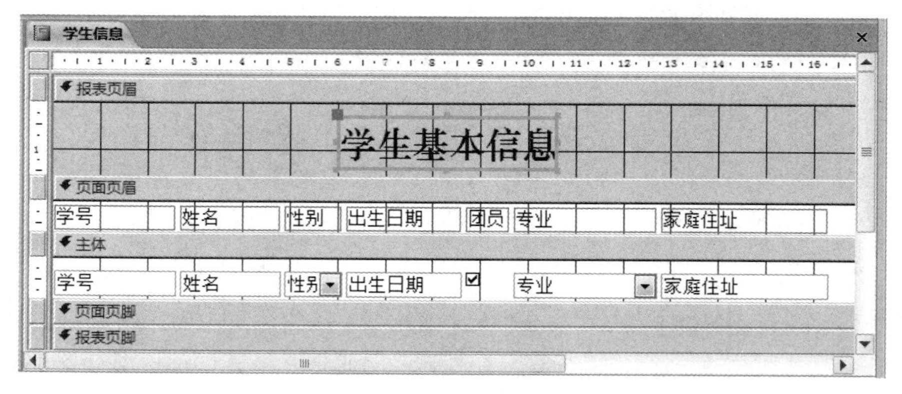

图 5-20 添加标题

2．添加报表徽标和日期

报表徽标、日期和时间默认添加在报表页眉节中。例如，在“学生信息”报表中插入徽标以及报表制作的日期的操作步骤如下。

（1）在设计视图中打开“学生信息”报表，如图 5-20 所示，单击“设计”选项卡“控件”选项组中的“徽标”按钮，弹出“插入图片”对话框，选择一幅图片，将该图片作为徽标插入到报表页眉节中。

（2）单击“设计”选项卡“页眉/页脚”选项组中的“日期和时间”按钮，弹出“日期和时间”对话框，选择要插入的日期或时间，如选择“包含日期”选项，在报表页眉节中添加日期文本框，调整控件位置，如图 5-21 所示。

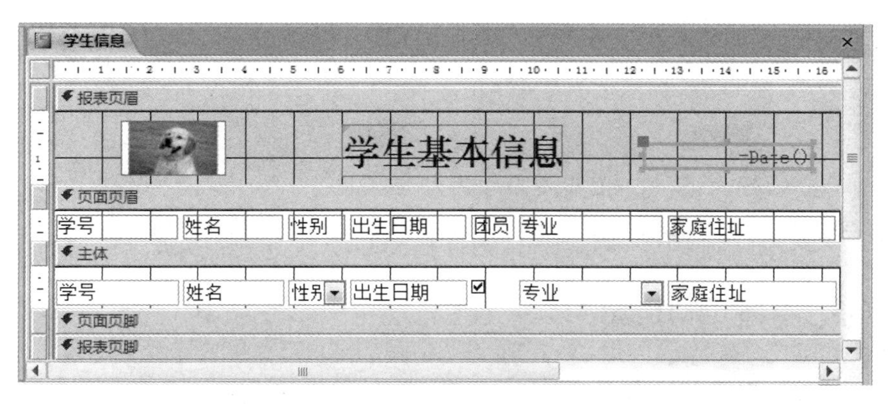

图 5-21 添加徽标和日期后的报表设计视图

3．添加报表页码

页码通常添加在报表页面节中，例如，在“学生信息”报表中添加页码。

（1）在设计视图中打开“学生信息”报表，如图 5-21 所示，单击“设计”选项卡“页眉/页脚”选项组中的“页码”按钮，弹出“页码”对话框，选择页码的格式和位置，如图 5-22 所示。

（2）单击“确定”按钮，在报表页面页脚节中添加页码，如图 5-23 所示。

图 5-22 “页码”对话框

图 5-23 添加页码后的报表设计视图

（3）切换到报表视图，结果如图 5-24 所示。

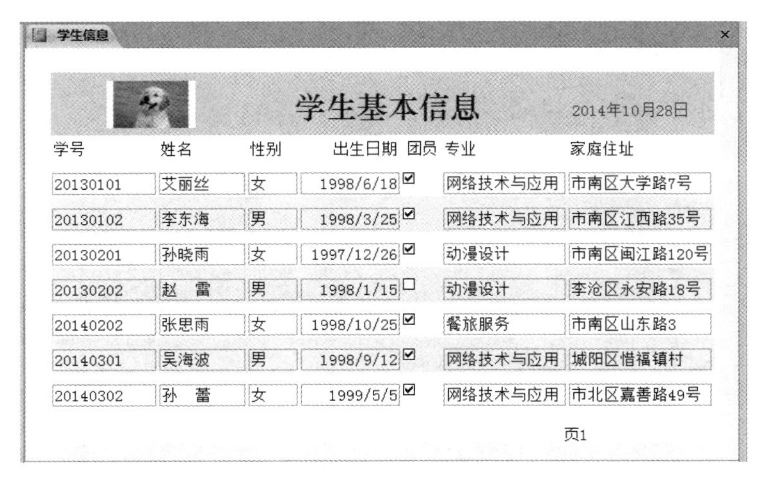

图 5-24 报表视图

（4）保存对报表所做的修改。

思考与练习

1. 在“学生成绩 1”报表中添加报表标题“学生成绩报表”，以及日期和时间控件。
2. 在“学生成绩 1”报表页面页眉节中添加页码控件。
3. 在“学生成绩 1”报表中插入一幅图片作为背景，图片类型为嵌入，缩放模式为剪辑。

5.4 报表排序和分组

报表中的数据排序是指按某个字段值进行排序输出，一般用于整理数据记录，便于查找或打印。分组就是将报表中具有共同特征的相关记录排列在一起，并且可以为同组记录设置要显示的汇总信息。

5.4.1 报表记录排序

任务 5.4 修改如图 5–24 所示的“学生信息”报表，按“出生日期”字段升序排序。

任务分析

在报表布局视图或设计视图中，通过“分组和排序”按钮设置排序字段。

任务操作

（1）在布局视图中打开“学生信息”报表，单击“设计”选项卡“分组和汇总”选项组中的“分组和排序”按钮，在报表下部弹出“分组、排序和汇总”窗格，如图 5-25 所示。

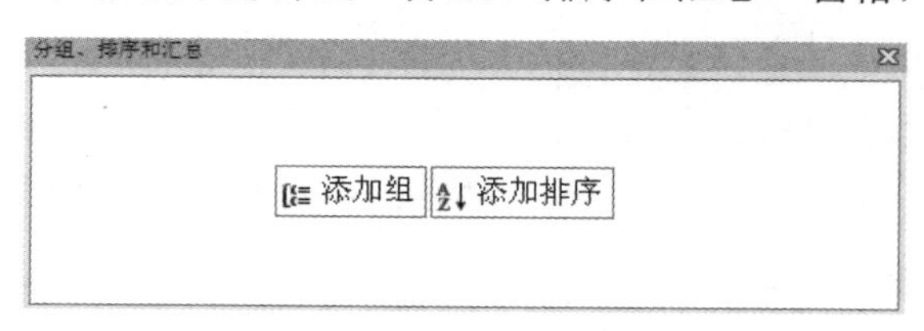

图 5-25 “分组、排序和汇总”窗格

（2）单击窗格中的“添加排序”按钮，打开字段排序窗口，单击要排序的“出生日期”字段，在“分组、排序和汇总”窗格中出现“排序依据 出生日期”行，默认为升序排序，如图 5-26 所示。

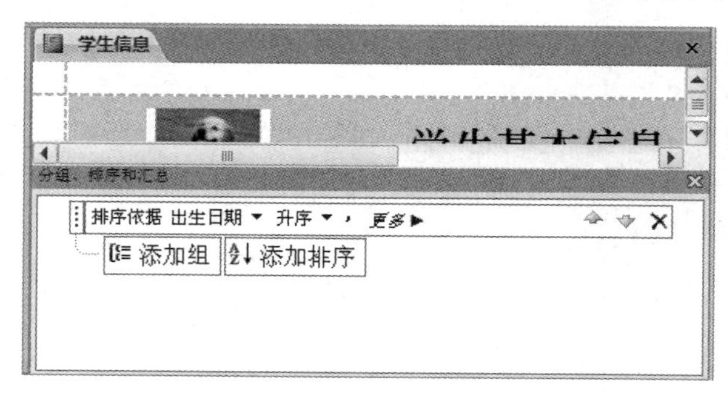

图 5-26 设置排序字段

（3）在布局视图中可以直接预览到按“出生日期”字段升序排序的结果，如图 5-27 所示。

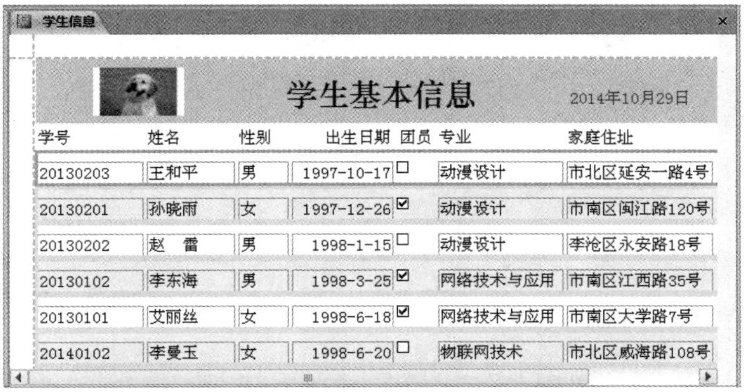

学生信息

学生基本信息 2014年10月29日

学号	姓名	性别	出生日期	团员	专业	家庭住址
20130203	王和平	男	1997-10-17	☐	动漫设计	市北区延安一路4号
20130201	孙晓雨	女	1997-12-26	☑	动漫设计	市南区闽江路120号
20130202	赵　雷	男	1998-1-15	☐	动漫设计	李沧区永安路18号
20130102	李东海	男	1998-3-25	☑	网络技术与应用	市南区江西路35号
20130101	艾丽丝	女	1998-6-18	☑	网络技术与应用	市南区大学路7号
20140102	李曼玉	女	1998-6-20	☐	物联网技术	市北区威海路108号

图 5-27　按“出生日期”字段排序的结果

（4）保存修改后的报表。

如果要取消排序，则在“分组、排序和汇总”窗格中选定排序依据行，单击该行右侧的“删除”按钮即可。

提示

在报表布局视图中，右击要排序的字段值，在弹出的快捷菜单中选择“升序”或“降序”排序方式，即可直接按该字段进行排序。

5.4.2　报表记录分组

通过分组可以将相关记录组织在一起，还可以为每一个分组数据进行汇总等，提高报表的可读性。在建立报表时，可以按不同数据类型的字段对记录进行分组，如对“文本”、“数字”、“货币”、“日期/时间”等字段进行分组，但不能对 OLE、超链接等进行分组。

任务 5.5　修改“学生信息”报表，按“专业”字段对记录进行分组，并按“学号”升序排序。

任务分析

创建报表后，可以在布局视图或设计视图中按“专业”字段进行分组。建立分组有两种方法：一种是右击该字段，在弹出的快捷菜单中选择相应的选项；另一种是使用“分组、排序和汇总”窗格对分组字段先进行排序，再添加分组。

任务操作

（1）在报表布局视图中打开“学生信息”报表，先观察记录排列情况。

（2）右击要分组的“专业”字段值，在弹出的快捷菜单中选择“分组形式专业”选项，记录按“专业”字段进行分组，如图 5-28 所示。

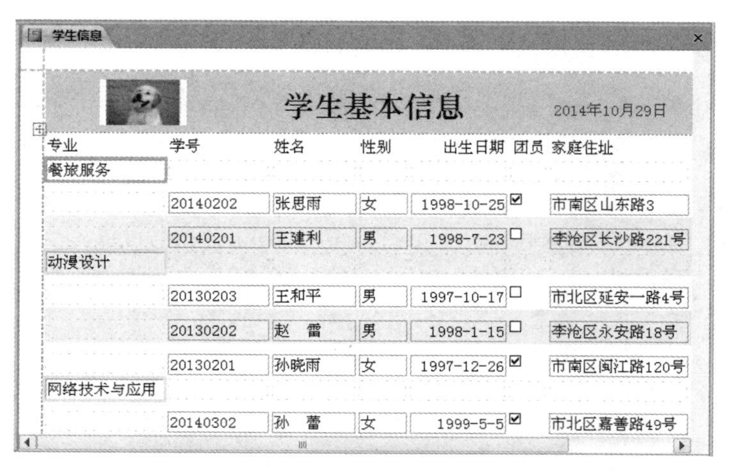

图 5-28 按“专业”字段分组

（3）右击要排序的“学号”字段值，在弹出的快捷菜单中选择“升序”选项，在分组的记录中按“学号”升序排序。

（4）切换到报表设计视图，添加了以分组字段“专业”命名的组页眉“专业页眉”，如图 5-29 所示。

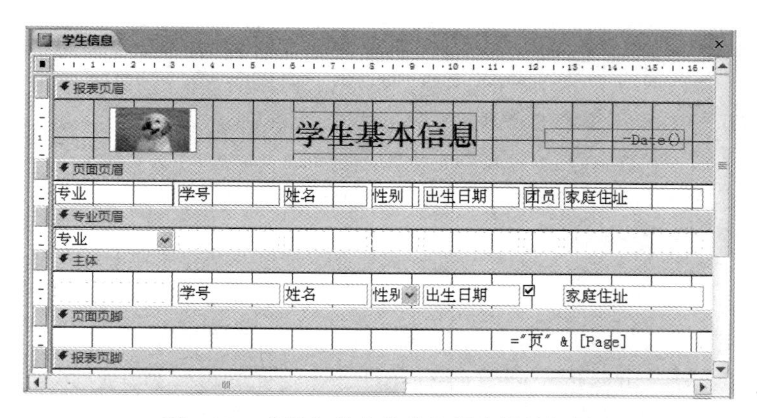

图 5-29 “学生基本信息”报表设计视图

同样，可以设置按多个字段进行分组，在对第一个字段进行分组的前提下，再对同组中的记录按第二个字段进行分组，以此类推。

要更改报表排序和分组次序，在报表布局视图或设计视图下方的“分组、排序和汇总”窗格中，单击右侧的箭头即可。要删除分组或排序依据时，在“分组、排序和汇总”窗格中，单击右侧的按钮✕即可。

思考与练习

1. 在“学生信息”报表中先按“专业”字段进行排序，再按“出生日期”字段排序。

2. 使用“分组、排序和汇总”窗格对“学生信息”报表先按“专业”字段排序，再按“出生日期”进行分组。

3. 在第 2 题分组的基础上，再按“性别”字段进行分组。

5.5 报表数据汇总

在报表中有时需要对报表分组中的数据或整个报表中的数据进行汇总。数据汇总分为两种：一种是按组汇总，另一种是对整个报表进行汇总。

任务 5.6 修改任务 5.3 中创建的“学生成绩 1”报表，按“学号”字段进行分组，分别统计每个学生各门课程的平均成绩、最高成绩和最低成绩，如图 5-30 所示。

学生成绩1

学 号	姓 名	课程名称	成 绩
20130101			
	艾丽丝	网页设计	85
	艾丽丝	数据库应用基础	92
	艾丽丝	职业道德与法律	87
		成绩 平均值	88
		成绩 最大值	92
		成绩 最小值	85

图 5-30 报表数据统计汇总

任务分析

该报表需要先按“学号”进行分组，再分别统计每人各门课程的成绩。分组汇总时需要用到表达式，在文本框中输入计算表达式时，要在函数或表达式的前面加上等号“=”。

任务操作

（1）建立分组。在报表布局视图中打开“学生成绩 1”报表，如图 5-12 所示，右击“学号”字段值，在弹出的快捷菜单中选择“分组形式学号”选项，报表按“学号”字段进行分组，如图 5-31 所示。

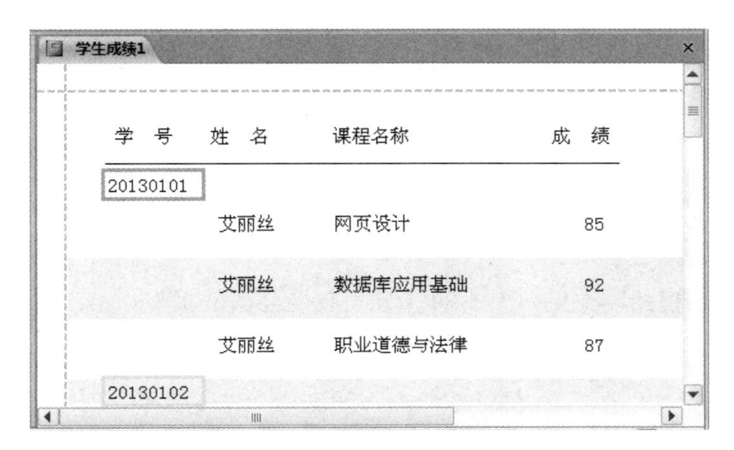

图 5-31 按“学号”字段分组

（2）计算平均成绩。单击“成绩”列数据，单击“设计”选项卡“分组和汇总”选项组中的“合计”下拉按钮，选择“平均值”选项，自动将平均成绩添加到每个分组页脚中；再右击其中的一个平均成绩，在弹出的快捷菜单中选择“设置题注”选项，添加平均成绩题注“成绩平均值”，如图 5-32 所示。

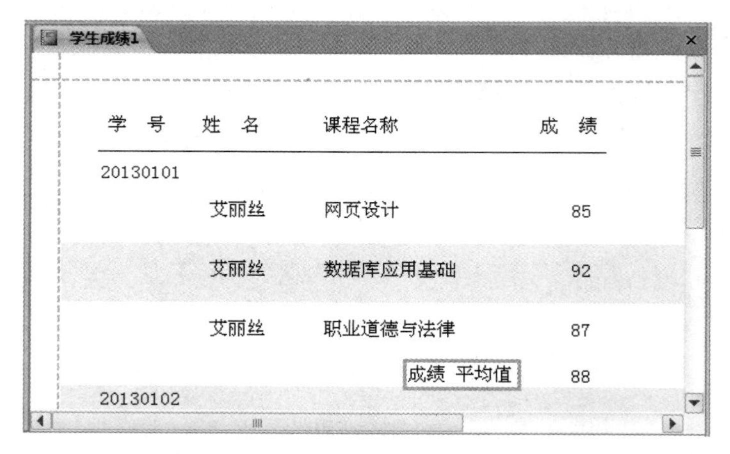

图 5-32 “学生成绩 1”报表布局视图

（3）切换到设计视图，可以看到在学号页脚中添加了计算平均成绩的文本框，控件来源属性为“=Avg（[成绩]）”，附属标签为“成绩 平均值”。参照此方法，在学号页脚中自行添加计算最高成绩和最低成绩的文本框，控件来源属性分别为“=Max（[成绩]）”和“=Min（[成绩]）”及附属标签控件，如图 5-33 所示。

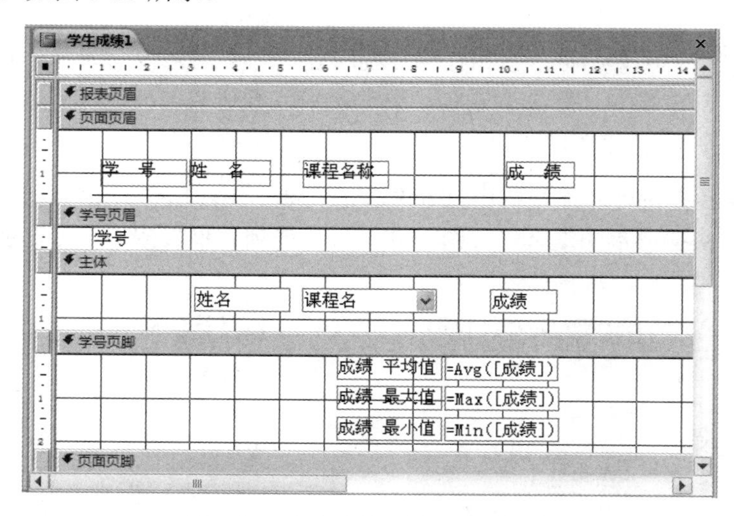

图 5-33 在组页脚中添加计算控件

（4）切换到报表视图，结果如图 5-30 所示，保存修改的报表。

相关知识

统计汇总函数

报表中要汇总每个分组的数据，需要在组页眉或组页脚中添加一个文本框，在该文本框中输入计算表达式。如果要汇总整个报表的数据，则可以在报表页眉或报表页脚中添加计算文本框，输出所需要的数据。在报表中常用的统计汇总函数及功能如表 5-1 所示。

表 5-1 报表中常用的统计汇总函数及功能

函　　数	功　　能
Sum()	计算所有记录或记录组中指定字段值的总和
Avg()	计算所有记录或记录组中指定字段的平均值
Min()	计算所有记录或记录组中指定字段的最小值
Max()	计算所有记录或记录组中指定字段的最大值
Count()	计算所有记录或记录组中指定记录的个数

思考与练习

1. 在“学生信息”报表中添加一个计算控件，用于显示学生的年龄，如图 5-34 所示。

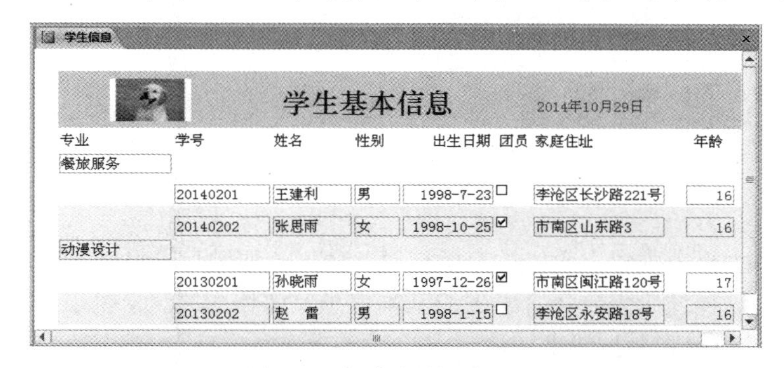

图 5-34 添加年龄后的报表

注意

计算年龄的表达式为“=Year（Date()）-Year（[出生日期]）”。

2. 修改“学生信息”报表，按“专业”字段进行分组，分别统计各分组的平均身高以及全部学生的平均身高。

3. 修改“学生成绩 1”报表，在报表页脚中添加计算文本框控件，计算全部课程的总平均成绩。

5.6 创建子报表

在复杂的报表中，为了将数据以更加清晰的结构显示出来，可以在报表中添加子报表。子报表是插入到另一个报表中的报表。在报表中加入子报表后成为多个报表的组合，其中包含子报表的报表为主报表。通常情况下主报表与子报表之间存在一对多的联系，主报表用来显示“一”方的数据记录，子报表用来显示“多”方的数据记录。创建子报表主要有以下两种形式。

（1）在已有的报表中创建子报表。

（2）将已有报表作为子报表添加到另一个报表中。

任务 5.7 创建一个以“学生”表为数据源的主报表“学生_信息”，再在主报表中创建一个用于显示每个学生各门课程成绩的子报表“学生_成绩”，如图 5-35 所示。

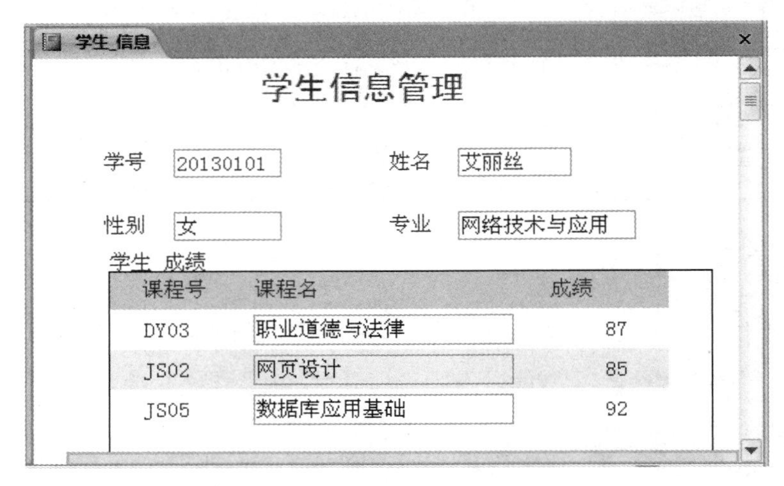

图 5-35　学生信息管理主/子报表

任务分析

“学生_信息”主报表中含有学生的有关信息，“学生_成绩”子报表是对应主报表中学生的各门课程的成绩，这样便于查看每个学生的基本信息及课程成绩。子报表可以使用“控件”选项组中的“子窗体/子报表”按钮来创建。

任务操作

（1）创建“学生_信息”主报表。单击“创建”选项卡“报表”选项组中的“报表设计”按钮，打开空白的报表设计视图。在页面页眉节中添一个标签，其标题为“学生信息管理”。

（2）在“字段列表”面板中，展开“学生”字段列表，依次将“学号”、“姓名”、“性别”和“专业”字段拖动到主体节中，并调整控件的位置和字体的大小，如图 5-36 所示。

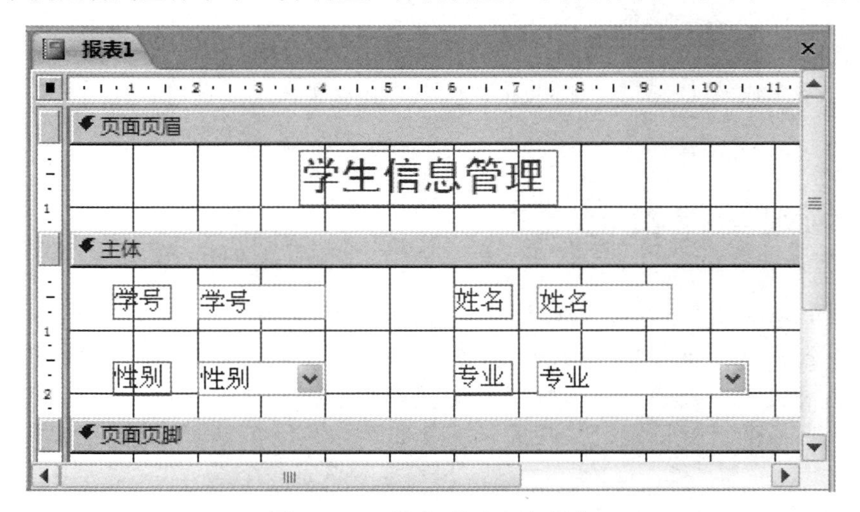

图 5-36　“学生_信息”主报表

（3）创建“学生_成绩”子报表。单击“设计”选项卡“控件”选项组中的“使用控件向导”按钮，单击“子窗体/子报表”按钮，在报表“主体”节中要放置子报表的位置单击，弹出“子报表向导”对话框，如图 5-37 所示，选中“使用现有的表和查询”单选按钮。

（4）单击“下一步”按钮，弹出如图 5-38 所示的对话框，分别将“成绩”表中的“课程号”、“成绩”字段和“课程”表中的“课程名”字段添加到“选定字段”列表框中。

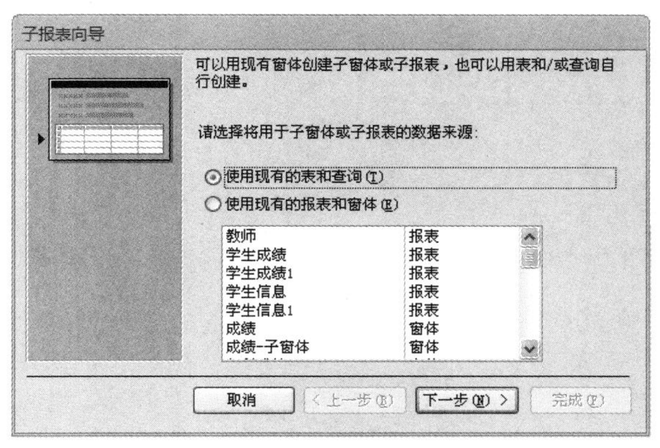

图 5-37 “子报表向导”对话框

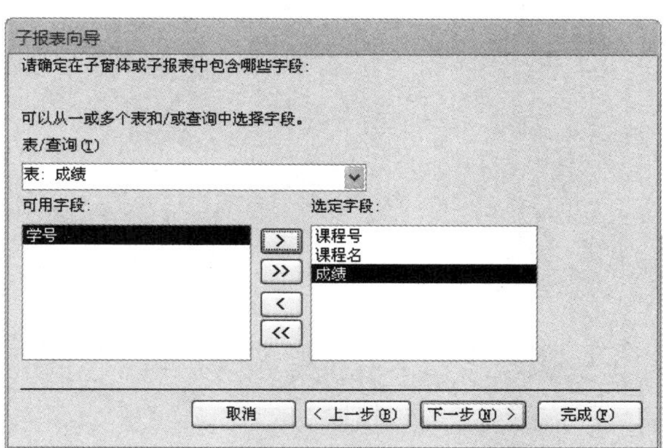

图 5-38 选择子报表字段

（5）单击“下一步”按钮，弹出如图 5-39 所示的对话框，选择默认的选项，将子报表通过“学号”字段链接到主报表。

（6）单击“下一步”按钮，为子报表指定标题，输入标题“学生_成绩”，单击“完成”按钮，在主报表中创建的子报表如图 5-40 所示。

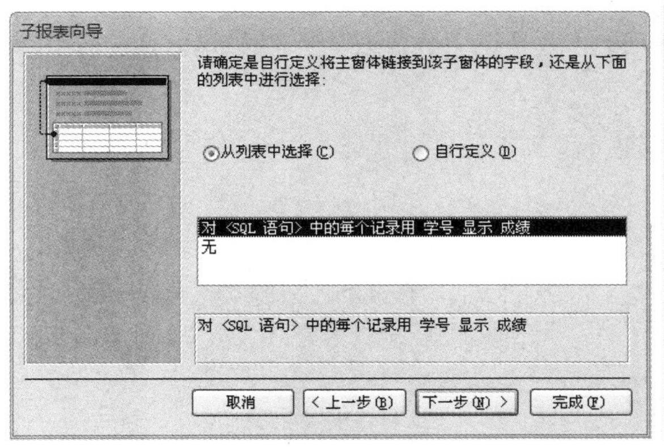

图 5-39 建立子报表与主报表之间的关联

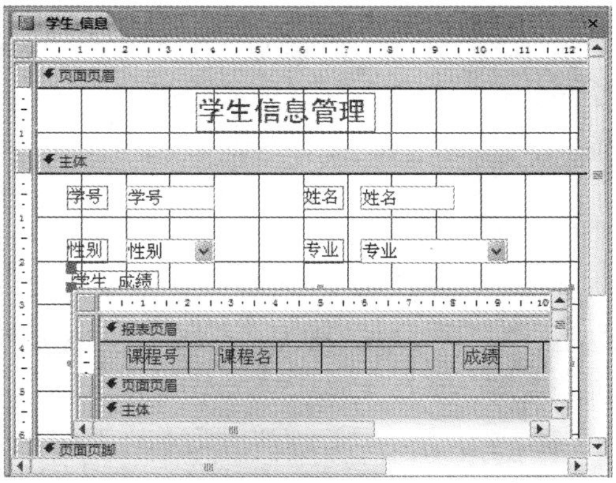

图 5-40 建立的主/子报表设计视图

（7）单击“保存”按钮，以报表名“学生_信息”保存该报表。

在创建主/子报表时，如果子报表已经存在，则要在如图 5-37 所示的对话框中，选中“使用现有的报表和窗体”单选按钮，此时可以直接将子报表添加到主报表中。

思考与练习

1. 如何将已创建的窗体添加到一个报表中？

2. 将已建立的“学生成绩 1”报表通过向导添加到“学生_信息 1”主报表的主体节中，主报表设计视图如图 5-41 所示。

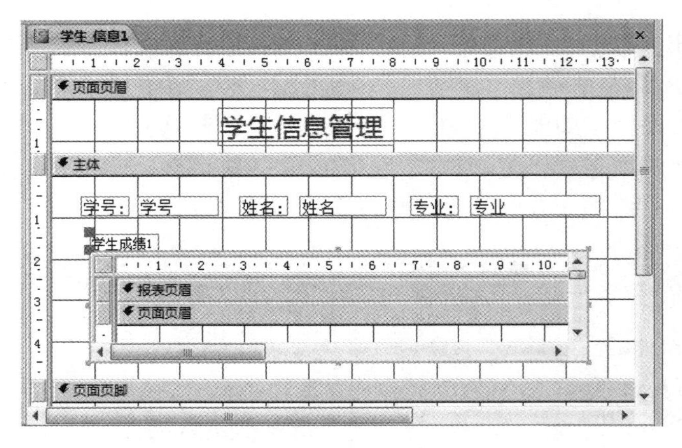

图 5-41　建立的主/子报表设计视图

5.7　打印报表及页面设置

设计报表的最终目的就是将报表打印出来。在打印报表之前，为了节约纸张和提高工作效率，应首先保证报表的准确性，Access 提供了打印预览功能，根据预览所得到的报表，可调整报表的布局及进行页面设置，使之达到满意的效果后再将设计好的报表打印出来。

5.7.1　页面设置

在正式打印报表前应进行打印设置。打印设置主要是指页面设置，目的是保证打印出来的报表既美观又便于使用。

任务 5.8　对“学生成绩”报表进行页面设置。

任务分析

页面设置指设置打印机型号、纸张大小、页边距、打印对象在页面上的打印方式及纸张方向等内容。

任务操作

（1）在报表布局视图或设计视图中打开报表，单击“页面设置”选项卡“页面布局”选项组中的“页面设置”按钮，弹出“页面设置”对话框，如图 5-42 所示，该对话框中包括“打印选项”、“页”和“列”3 个选项卡。

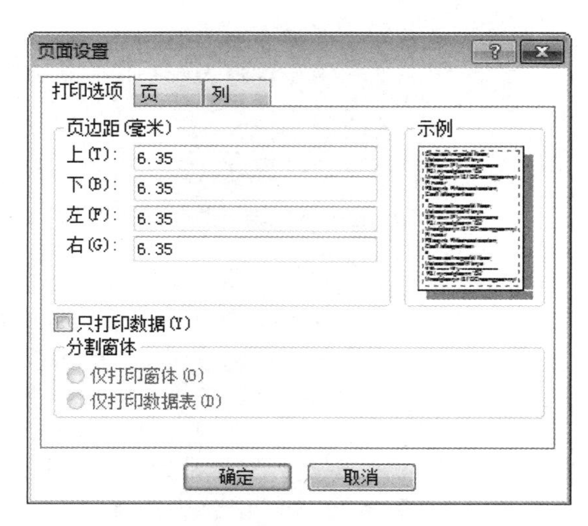

图 5-42　“页面设置”对话框

（2）“页面设置”对话框中的有关设置如下。

① 打印选项：设置打印页边距以及是否只打印数据。页边距是指上、下、左、右距离页边缘的距离，设置好后会在“示例”中给出示

意图。“只打印数据”是指只打印绑定型控件中来自于表或查询中字段的数据。

② 页：设置打印方向、页面大小和打印机型号。

③ 列：设置报表的列数、列宽以及高度和列的布局，只有当“列数”为两列以上时，才可选用“列布局”选项组中的“先列后行”或“先行后列”。

（3）单击“确定”按钮，完成页面设置。通过打印预览，预览页面设置的效果。

5.7.2 打印报表

1．打印预览

打印报表之前，可以先对报表进行预览。预览报表是将要打印的报表以打印时的布局格式完全显示出来，这样可以快速查看整个报表打印的页面布局，也可以查看数据的准确性。操作方法是单击“设计”选项卡“视图”选项组中的“打印预览”按钮，预览该报表。

2．打印报表

当对报表预览，感觉无误后就可以对报表进行打印了。首次打印报表时，Access 将检查页边距、列和其他页面设置选项，以保证打印的正确性。

（1）在 Access 窗口中选择要打印的报表，或在设计视图、布局视图中打开相应的报表。

（2）单击“文件”选项卡中的“打印”按钮，弹出如图 5-43 所示的“打印”对话框。

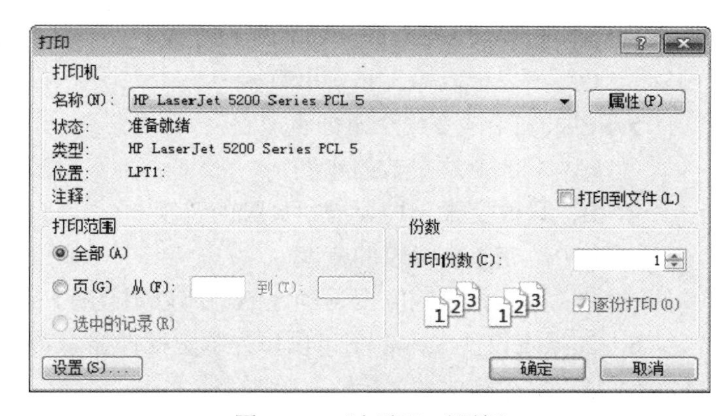

图 5-43 “打印”对话框

（3）如果连接了多台打印机，可在打印机“名称”下拉列表中选择要使用的打印机型号。单击“属性”按钮，还可对纸张的大小和方向等进行重新设置。在“打印范围”选项组中可设置打印所有页或者要打印的页数。在“份数”选项组中指定要打印的份数，并设置是否逐份打印。如果还需对“页面设置”进行重新设置，则可以单击“设置”按钮进行设置。

（4）单击“确定”按钮，开始打印报表。

习题 5

一、填空题

1．使用报表向导创建报表时，对记录进行排序，最多可以设置按______个字段排序。

2．报表设计视图在默认方式下由_________、_________和_________3 个节组成，可以添

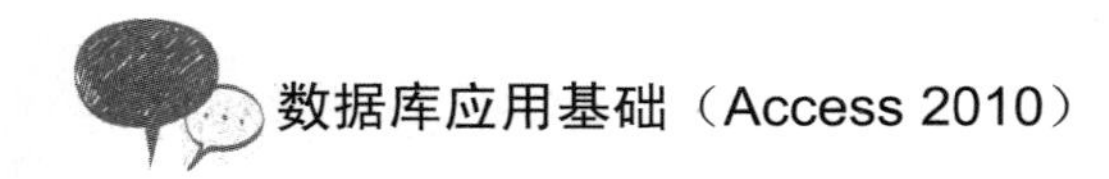

加________和________两个节。在分组报表时，还可以增加相应的________和________。

3．报表通过________可以实现同组数据的汇总和显示输出。

4．要设计出带表格线的报表，需要向报表中添加________控件。

5．报表“页面设置”对话框中包括________、________和________3 个选项卡。

6．在打印报表之前，通常要进行页面设置和________，然后对报表进行打印。

二、选择题

1．下列不属于报表视图模式的是（　　）。

A．设计视图　　B．打印预览

C．打印报表　　D．布局视图

2．下列不属于报表节名称的是（　　）。

A．主体　　B．组页眉　　C．表头　　D．报表页脚

3．报表页眉的作用是（　　）。

A．显示报表的标题、图形或说明性文字

B．显示整个报表的汇总说明

C．显示报表中的字段名称或记录的分组名称

D．打印表或查询中的记录

4．下面关于报表对数据处理的叙述中正确的是（　　）。

A．报表只能输入数据　　B．报表只能输出数据

C．报表可以输入和输出数据　　D．报表不能输入和输出数据

5．在报表中改变一个节的宽度将（　　）。

A．只改变这个节的宽度

B．只改变报表的页眉、页脚的宽度

C．改变整个报表的宽度

D．因为报表的宽度是确定的，所以不会有任何改变

6．在报表设计中，以下可以作为绑定控件显示普通字段数据的是（　　）。

A．文本框　　B．标签　　C．命令按钮　　D．矩形

7．报表设计视图中，在页面页眉节中添加日期时，以下函数格式中正确的是（　　）。

A．="Date"　　B．="Date()"　　C．=Date()　　D．=Date

8．用于显示整个报表的计算汇总或其他统计数字信息的节是（　　）。

A．报表页脚节　　B．页面页脚节

C．主体节　　D．页面页眉节

三、操作题

1．在“图书订单”数据库中，使用报表工具创建一个以“图书”表为数据源的报表。

2．使用报表向导创建一个基于“订单”表的报表，按“订单 ID”字段进行分组，按“图书 ID”字段升序排序，并对册数进行汇总，报表样式为“原点”，如图 5-44 所示。

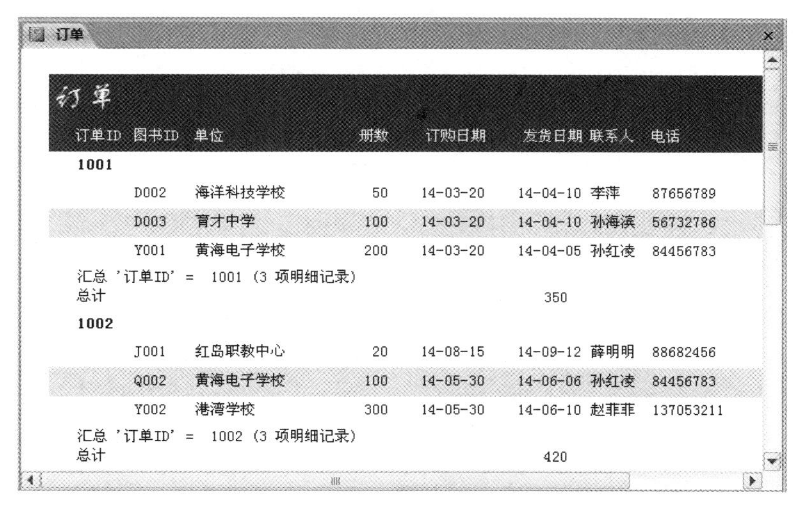

图 5-44 “订单”报表视图

3．以“订单”表和“图书”表为数据源，设计一个单位订购信息报表，并按“单位”字段进行分组，对每个单位订购图书的金额（= [册数]*[定价]）进行汇总，报表视图如图 5-45 所示，其设计视图如图 5-46 所示。

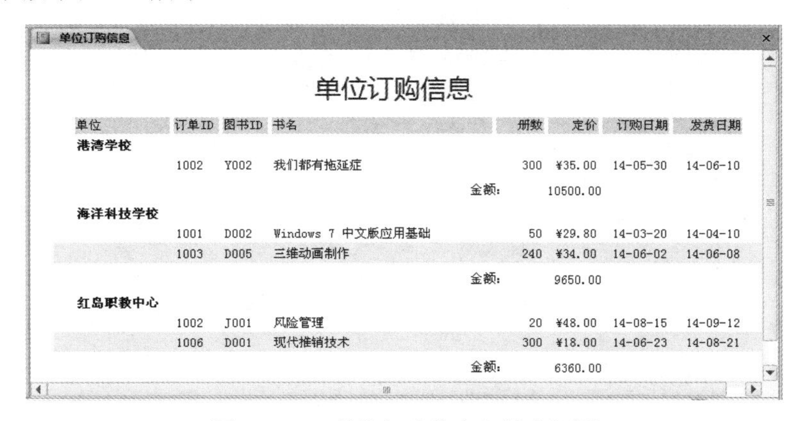

图 5-45 “单位订购信息”报表视图

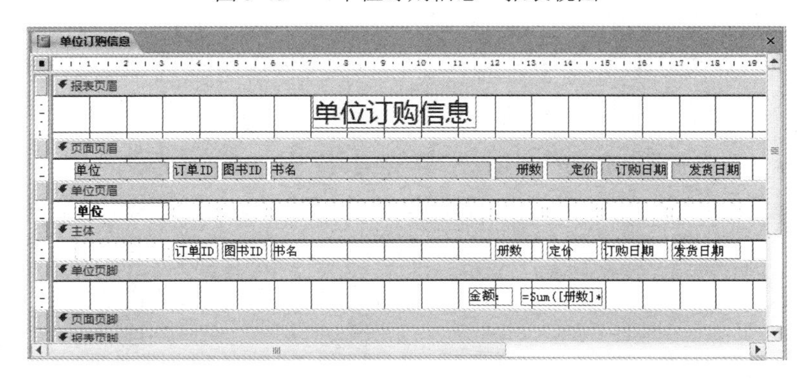

图 5-46 “单位订购信息”设计视图

4．创建一个以“图书”表为数据源的主报表“图书”，再创建一个基于“订单”表的子报表“订购明细”。在主报表中每显示一本图书记录，在子报表中就可以观察到该图书的订购情

况了，报表视图如图 5-47 所示，设计视图如图 5-48 所示。

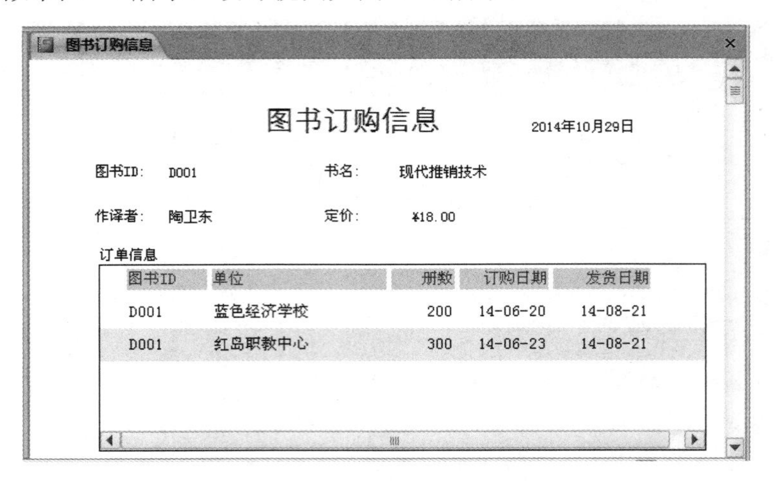

图 5-47 “图书订购信息”主/子报表视图

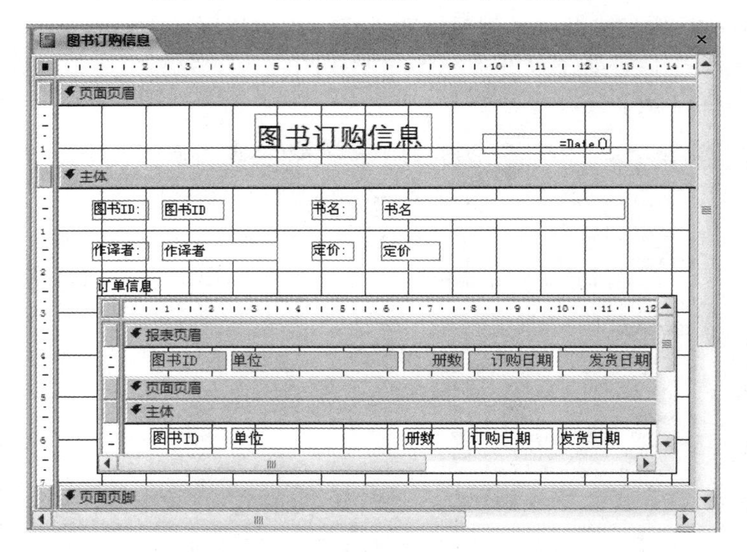

图 5-48 “图书订购信息”主/子报表设计视图

5．创建“图书查询窗体”，如图 5-49 所示，通过窗体输入图书 ID，然后单击“预览报表”按钮，运行第 4 题创建的“图书订购信息”报表，预览该图书的基本信息和订购信息。

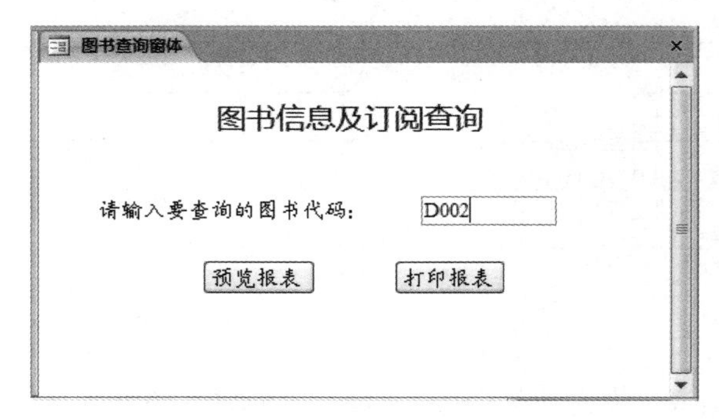

图 5-49 “图书查询窗体”视图

注意

（1）新建"图书查询窗体"，在窗体中分别添加标签、文本框和命令按钮控件。

（2）创建"图书查询"设计器，以"图书"表为记录源，设计视图如图 5-50 所示。

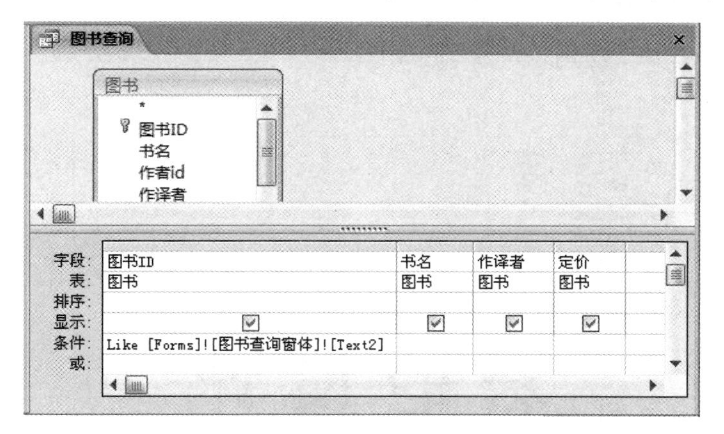

图 5-50 "图书查询"设计视图

（3）修改第 4 题创建的"图书订购信息"报表数据源为"图书查询"。

（4）添加"预览报表"和"打印报表"，分别通过向导添加命令按钮，预览和打印"图书订购信息"报表。

（5）打开"图书查询窗体"，输入图书 ID，如"D002"，单击"预览报表"按钮，此时会显示该图书的基本信息及订购信息，如图 5-51 所示。

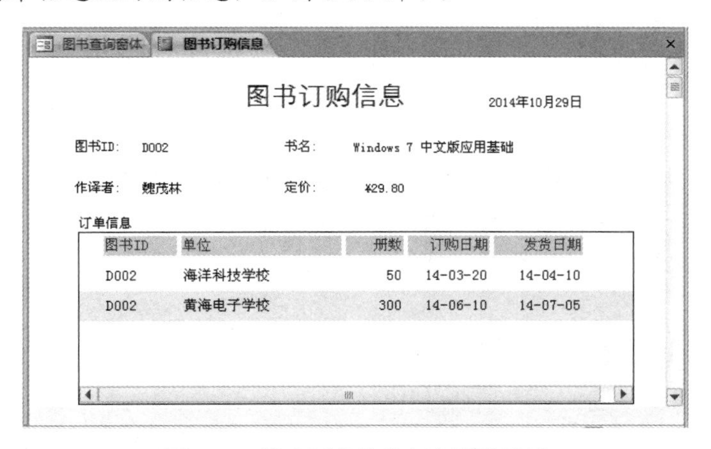

图 5-51 指定图书信息打印预览结果

宏的设计

学习目标

- 能创建 Access 数据库宏
- 能对宏进行一般编辑
- 能调用不同的宏
- 能创建有条件的宏
- 能创建宏组及其子宏
- 会自定义常用的宏键

宏是 Access 数据库中执行特定任务的操作或操作集合，其中每个操作能够实现特定的功能。例如，可以建立一个宏，通过宏可以打开某个窗体，打印某份报表等。宏可以包含一个或多个宏命令，也可以是由几个宏组成的宏组。

6.1 宏的创建

在 Access 数据库中用户使用宏是很方便的，不需要记住各种语法，也不需要编程，使用几个简单的宏操作就可以将已经创建的数据库对象联系在一起，实现特定的功能。Access 数据库定义了许多宏操作，这些宏操作可以完成以下功能。

（1）打开、关闭数据表、报表，打印报表，执行查询。

（2）筛选、查找记录。

（3）模拟键盘动作，为对话框或等待输入的任务提供字符串输入。

（4）显示警告信息框，响铃警告。

（5）移动窗口，改变窗口大小。

（6）实现数据的导入、导出。

（7）定制菜单。

（8）设置控件的属性等。

宏可以分为宏、宏组和条件宏。宏是操作序列的集合；宏组是宏的集合；条件宏是带有条件的操作序列，这些宏中所包含的操作序列只会在条件成立时才执行。

6.1.1 创建宏

创建宏的过程主要是在宏生成器中完成的。不管是创建单个宏还是宏组，各种宏操作都是从 Access 中提供的宏操作中选取的，并不是用户编写代码自己来定义的。

任务 6.1 创建一个名为“浏览学生表”的宏，运行该宏时，以只读方式打开“学生”表。

任务分析

创建宏的操作是在宏生成器中完成的，创建宏的主要操作包括确定宏名、添加宏操作和设置宏操作参数等。

任务操作

（1）打开“成绩管理”数据库，单击“创建”选项卡“宏与代码”选项组中的“宏”按钮，打开宏生成器，如图 6-1 所示。

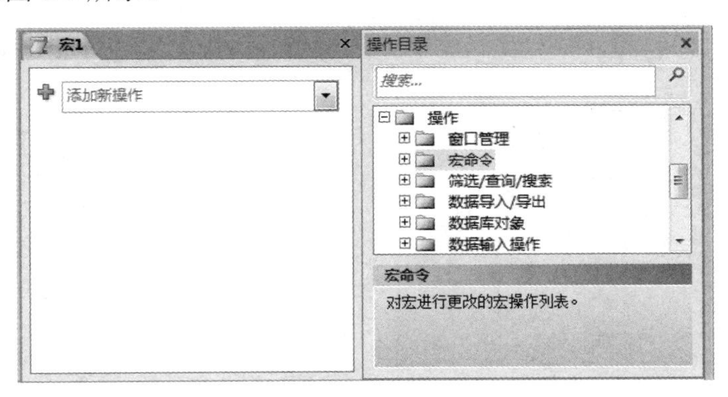

图 6-1 宏生成器

（2）单击“添加新操作”右侧的下拉按钮，在下拉列表中选择宏操作“OpenTable”选项，表示打开表操作，如图 6-2 所示。也可以在“操作目录”中“操作”列表框中选择“数据库对象”选项，再选择“OpenTable”选项。

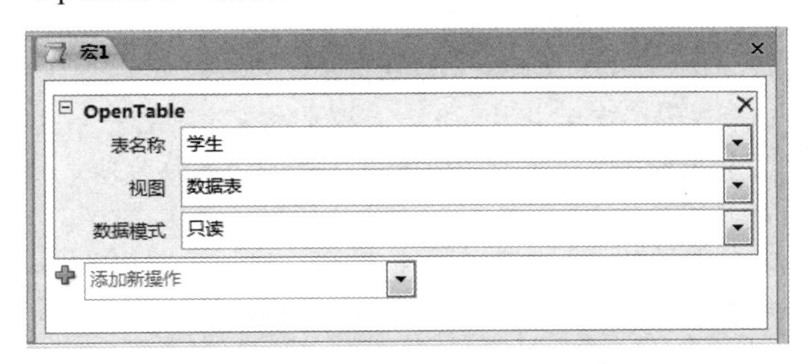

图 6-2 设置宏操作

在“表名称”下拉列表中选择“学生”表；“视图”下拉列表中有“数据表”、“设计”、“打印预览”、“数据透视表”及“数据透视图”5 种方式，选择“数据表”选项；“数据模式”下拉列表中有“增加”、“编辑”和“只读”3 种方式，这里选择“只读”模式。

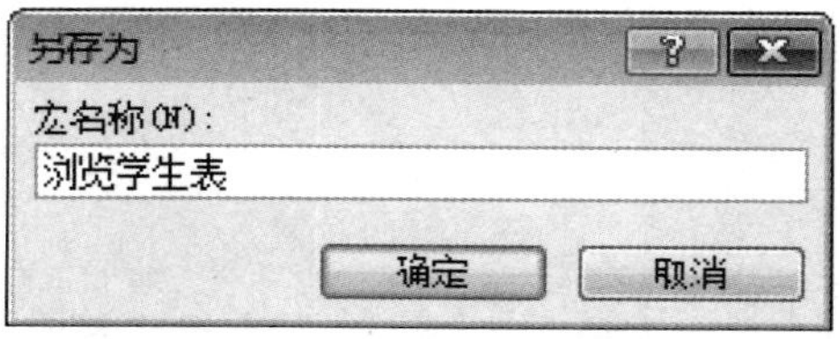

图 6-3　“另存为”对话框

（3）单击快速访问工具栏中的“保存”按钮，弹出“另存为”对话框，如图 6-3 所示。在该对话框中输入宏名为“浏览学生表”，然后单击“确定”按钮，保存所创建的宏。

（4）单击“设计”选项卡“工具”选项组中的“运行”按钮，运行该宏，以只读方式打开“学生”表。

提示

通过向宏设计视图中拖动数据库对象的方法，可以快速创建一个宏。例如，在“窗体”对象窗口中选择“信息管理”窗体，并将它拖动到设计视图“添加新操作”下拉列表中，这时自动添加“OpenForm”，“窗体名称”下拉列表中自动设置了“信息管理”窗体，如图 6-4 所示。如果将宏拖动到宏设计视图“信息管理”窗体中，则将自动添加一个运行该宏的操作“RunMacro”。

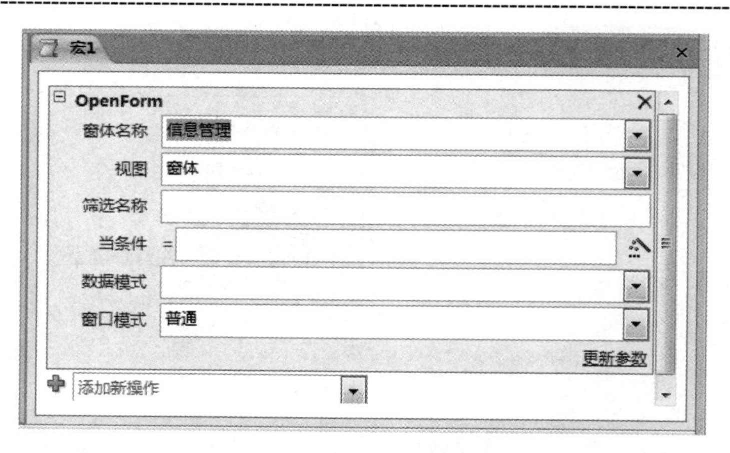

图 6-4　宏设计视图

相关知识

Access 2010 宏生成器

Access 2010 有一个改进的宏生成器，用户可以创建宏来执行一系列待定的操作，还可以创建宏组来执行一系列相关的操作。宏可以包含在宏对象（亦称为独立的宏）中，也可以嵌入到窗体、报表或控件的时间属性中。

新建宏时，在“宏工具”的“设计”选项卡中有“工具”、“折叠/展开”和“显示/隐藏”3 个选项组。宏生成器的中间部分是宏操作的主要区域。在此区域，可以进行宏操作的创建与编辑。宏生成器的最右侧是宏的“操作目录”窗格。“操作目录”窗格中给出了所有的宏操作，其中包括“程序流程”和“操作”两个选项。“操作”选项中包含了“窗口管理”、“宏命令”、“筛选/查询/搜索”、“数据导入/导出”、“数据库对象”、“数据输入操作”、“系统命令”和“用户界面命令”子选项，通过使用这些宏操作即可完成宏的创建。

6.1.2 编辑宏

在创建一个宏之后，往往还需要对它进行修改，如添加新的操作或重新设置操作参数等。

任务 6.2 修改任务 6.1 中创建的“浏览学生表”宏，在打开“学生”表操作前添加一条宏操作“MessageBox”。

任务分析

修改宏也是在宏设计视图中进行的，MessageBox 宏操作的功能是给出操作提示信息。

任务操作

（1）在“学生管理”数据库右侧窗格中右击“浏览学生表”宏，在弹出的快捷菜单中选择“设计视图”选项，切换到“浏览学生表”宏设计视图，如图 6-5 所示。

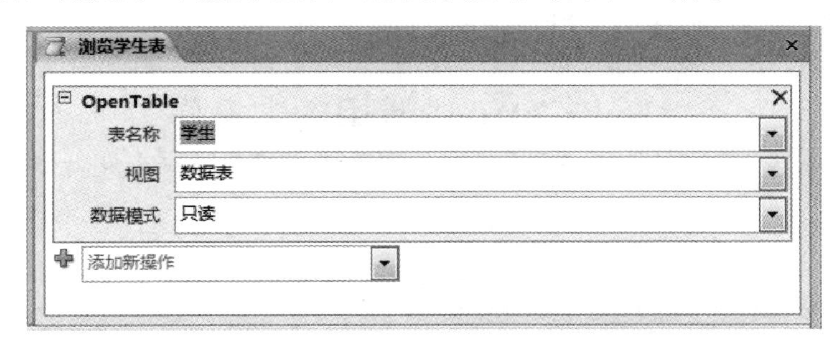

图 6-5 “浏览学生表”宏设计视图

（2）在“添加新操作”下拉列表中选择“MessageBox”选项，切换到其设计视图，在“消息”文本框中输入“浏览‘学生’表”；在“发嘟嘟声”下拉列表中选择“是”；在“类型”下拉列表中从“无”、“重要”、“警告？”、“警告！”和“信息”5 种选项中选择“信息”；在“标题”文本框中输入“学生表”，如图 6-6 所示。

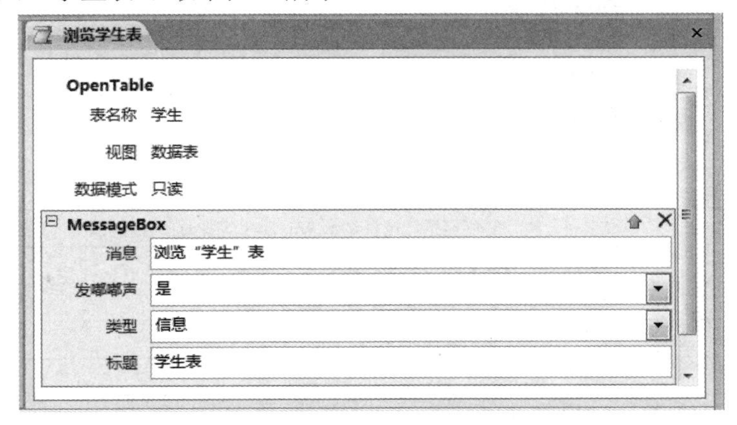

图 6-6 添加“MessageBox”命令后的宏设计视图

（3）单击“MessageBox”命令行右侧的“上移”按钮，将该宏命令上移到“OpenTable”命令之前。

（4）单击“设计”选项卡“工具”选项组中的“运行”按钮，运行该宏，先弹出信息提示框，如图6-7所示，再继续执行后面的宏操作，以只读方式打开“学生”表。

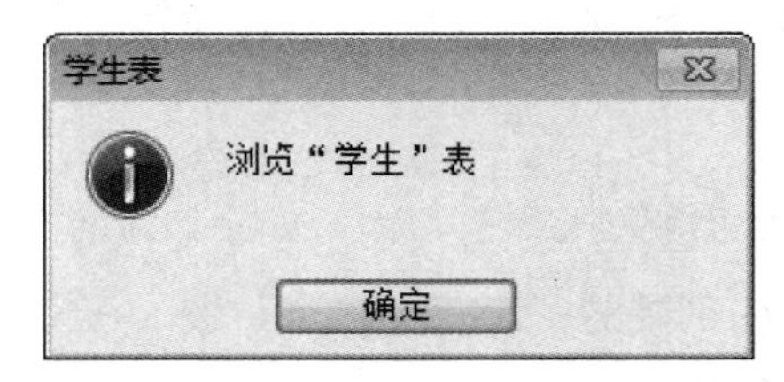

图6-7　信息提示框

提示

如果要删除某个宏操作，则可在宏设计视图中选择该命令行，单击命令行右侧的“删除”按钮，或单击“设计”选项卡“记录”选项组中的“删除”按钮，删除当前宏操作命令。

相关知识

Access 2010 中常用的宏操作

Access 2010提供了很多宏操作命令，表6-1列出了常用的宏命令及功能，便于用户查询和使用。

表6-1　常用的宏操作及其功能

宏　操　作	功　　能
Submacro	只允许在由RunMacro或OnError宏操作调用的宏中执行一组已命名的宏操作
AddMenu	将一个菜单项添加到窗体或报表的自定义菜单栏中，每一个菜单项都需要一个独立的AddMenu操作
ApplyFilter	筛选表、窗体或报表中的记录
Beep	产生蜂鸣声
CancelEvent	删除当前事件
CloseWindow	关闭指定窗口
FindRecord	在表中查找第一条符合准则的记录
GoToControl	将光标移动到指定的对象上
GoToPage	将光标翻到窗体中指定页的第一个控件位置
GoToRecord	将光标移动到指定记录上
DisplayHourglassWindow	设定在宏执行时鼠标指针是否显示Windows等待时的操作光标
MaximizeWindow	将当前活动窗口最大化以充满整个Access窗口
MinimizeWindow	将当前活动窗口最小化成任务栏中的一个按钮
MoveAndSizeWindow	调整当前窗口的位置和大小
MessageBox	显示一个消息框
OpenForm	打开指定的窗体

续表

宏 操 作	功 能
OpenQuery	打开指定的查询
OpenReport	打开指定的报表
OpenTable	打开指定的表
OutputTo	将指定的 Access 对象中的数据传输到其他格式（如.XLS、.TXT、.DBF 等）的文件中
QuitAccess	执行该宏将退出 Access
RepaintObject	刷新对象的屏幕显示
Requery	让指定控件重新从数据源中读取数据
RestoreWindow	将最大化的窗体恢复到最大化前的状态
RunCode	执行指定的 Access 函数
RunCommand	执行指定的 Access 命令
RunMacro	执行指定的宏
SelectObject	选择指定的对象
SendObject	将指定的 Access 对象作为电子邮件发送给收件人
SetMenuItem	设置自定义菜单中命令的状态
ShowAllRecords	关闭所有查询，显示所有的记录
StopAllMacros	终止所有正在运行的宏的运行
StopMacro	终止当前正在运行的宏的运行

思考与练习

1. 创建一个名为“MXS”的宏，功能是打开“学生信息”窗体。

2. 修改“MXS”宏，在“OpenForm”宏操作后分别添加“CloseWindow”和“OpenTable”宏操作，其中“OpenTable”对应的宏操作为打开“成绩”表。

6.2 运行宏

运行宏时，系统将从宏的起始点开始，执行宏中所有操作，直到到达另一个宏或到达宏的结束点为止。通过宏命令直接执行宏，也可以将执行宏作为对窗体、报表控件中发生的事件做出的响应。

1．直接运行宏

在 Access 数据库导航窗格中选择宏对象，双击要运行的宏名即可直接运行该宏。

通常情况下，直接执行宏只是对宏进行测试。在确保宏的设计正确无误后，可以将宏附加到窗体、报表中的控件上，以对事件做出响应，或者创建一个执行宏的自定义菜单。

2．通过命令按钮运行宏

通过窗体、报表中的命令按钮来运行宏，只需在窗体或报表的设计视图中，打开相应控件的“属性”对话框，选择“事件”选项卡，单击相应事件属性下拉按钮，在下拉列表中选择相应的宏，当该事件发生时，系统将自动运行该宏。

任务 6.3 创建一个窗体，在窗体中添加一个命令按钮，单击该按钮时运行“浏览学生表”宏。

任务分析

在窗体中通过单击命令按钮来运行一个宏，使宏成为某些基本操作中所包含的操作，使得操作更为集成，能够实现更多的功能。添加命令按钮时，对应的操作可以使用命令按钮向导来完成。

任务操作

（1）使用窗体设计视图新建一个空白窗体，在窗体“主体”节中添加一个命令按钮，弹出“命令按钮向导”对话框，选择命令按钮对应的操作，如图 6-8 所示。

（2）单击“下一步”按钮，确定命令按钮运行的宏，如选择“浏览学生表”宏，如图 6-9 所示。

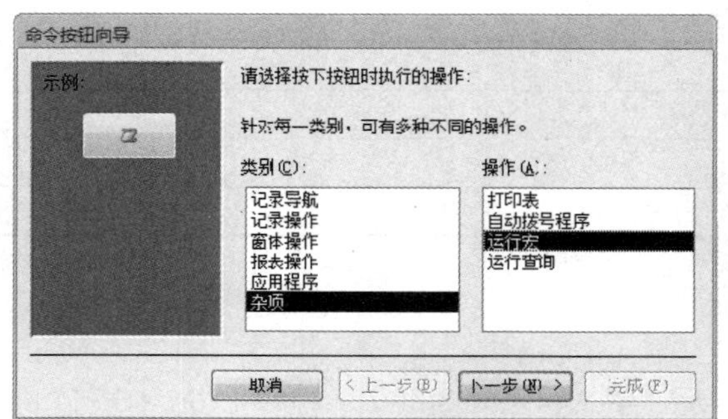

图 6-8 “命令按钮向导”对话框

图 6-9 确定命令按钮运行的宏

（3）单击“下一步”按钮，确定命令按钮上的文本，如选中“文本”单选按钮，并输入文本“浏览学生表记录”，如图 6-10 所示。

（4）单击“下一步”按钮，完成设置，单击“完成”按钮，则在窗体中添加了一个命令按钮，如图 6-11 所示。

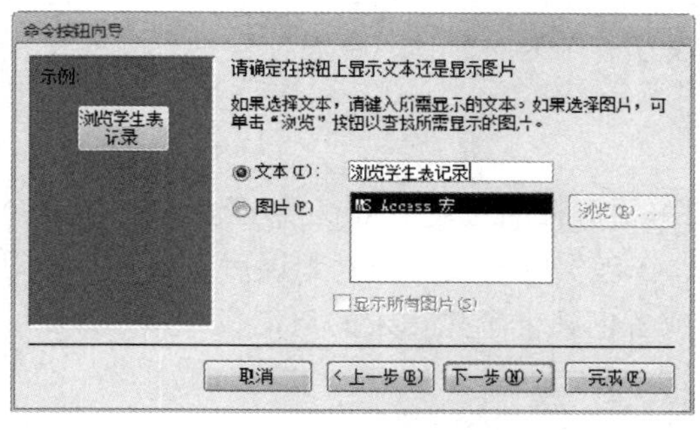

图 6-10 确定命令按钮上的文本

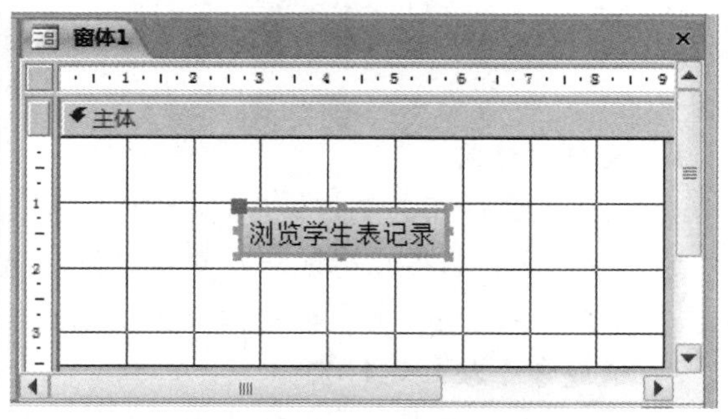

图 6-11 添加的命令按钮

（5）保存窗体“学生 2”，打开该窗体视图，单击“浏览学生表记录”命令按钮，系统自动运行“浏览学生表”宏，并打开“学生”表。

如果在窗体中添加命令按钮时不使用“控件向导”进行设置操作，则添加命令按钮后，可以通过设置“属性表”面板中的“单击”属性，设置单击按钮时所要运行的宏名，如图 6-12 所示。

图 6-12 设置命令按钮的“单击”属性

3．自动运行宏

在 Access 2010 中，如果每次打开数据库，都直接显示一个主界面，然后需要根据主界面的提示进行操作，则需要创建一个自动运行的名为“AutoExec”的宏。

在 Access 2010 数据库中创建一个名为“AutoExec”的宏后，以后每次打开数据库后，都会自动扫描该数据库中是否有该宏，如果有则自动运行。图 6-13 所示为一个自动运行“AutoExec”的宏设计视图，每次打开该宏所在的数据库后会打开“学生基本信息”窗体视图。

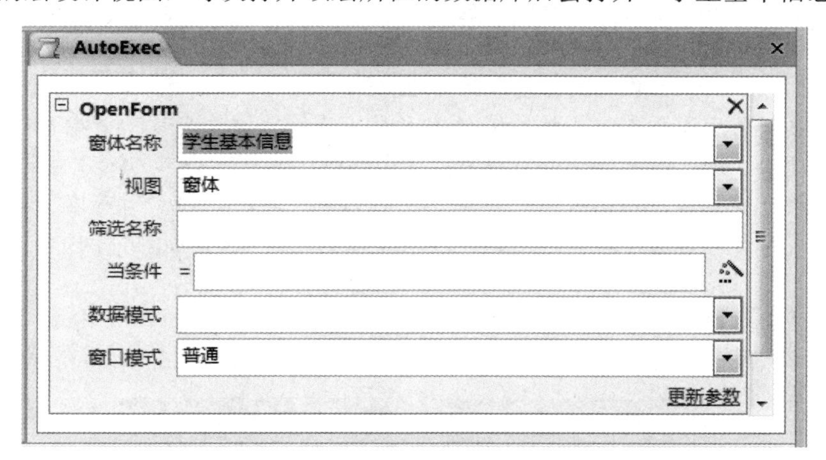

图 6-13 “AutoExec”宏设计视图

4．宏嵌套调用

宏的嵌套调用是指使用宏操作中的“RunMarco”命令，在一个宏中调用另一个宏。

任务 6.4 创建一个名为“MDY”的宏，在该宏中调用宏名为“浏览学生表”的宏。

任务分析

宏之间的调用通过“RunMarco”命令来实现。

任务操作

（1）新建一个宏，在“添加新操作”下拉列表中选择“RunMacro”选项，在宏设计视图的“宏名称”下拉列表中选择“浏览学生表”选项，如图 6-14 所示。

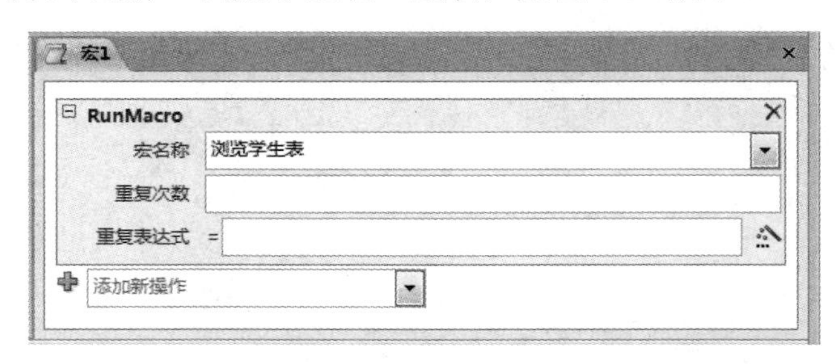

图 6-14 调用宏设计视图

（2）以宏名为“MDY”保存该宏，然后运行该宏，观察运行结果。

相关知识

宏的调试

在设计宏时，一般需要对宏进行调试，排除导致错误或非预期结果的操作。Access 2010 为调试宏提供了一个单步执行宏的方法，即每次只执行宏中的一个操作。使用单步执行宏可以观察到宏的流程和每一个操作的结果，并且可以排除导致错误或产生非预期结果的操作。例如，在宏的设计视图中打开“MDY”宏时，可单击“设计”选项卡“工具”选项组中的“单步”按钮，启动但不调试；再单击“运行”按钮，系统以单步的形式开始运行宏操作，并弹出如图 6-15 所示的“单步执行宏”对话框。

在该对话框中显示了当前单步执行宏的宏名称、条件、操作名称和该操作的参数信息，还包括“单步执行”、“停止所有宏”和“继续”3 个按钮。单击“单步执行”按钮，执行显示在该对话框中的第一步操作，并弹出下一步操作的对话框。单击“停止所有宏”按钮，将终止当前宏的运行，返回当前的操作窗口。单击“继续”按钮，将关闭单步执行状态，并运行该宏后面的操作。

如果宏中存在问题，将弹出错误信息提示对话框，如图 6-16 所示。根据对话框的提示，可以了解出错的原因，以便进行修改和调试。该提示可能是“成绩 11”表操作错误或没有该表。

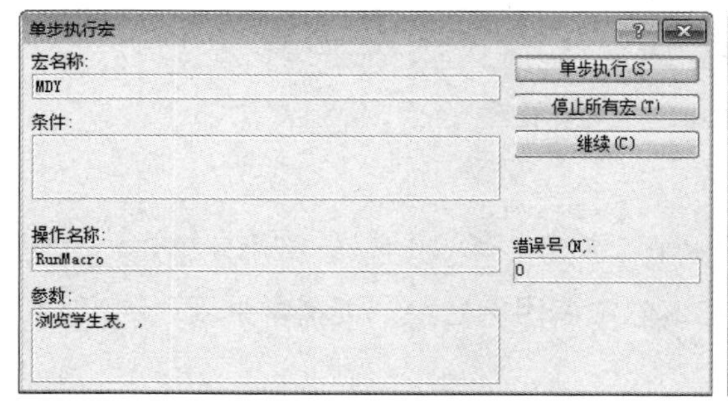

图 6-15 “单步执行宏”对话框

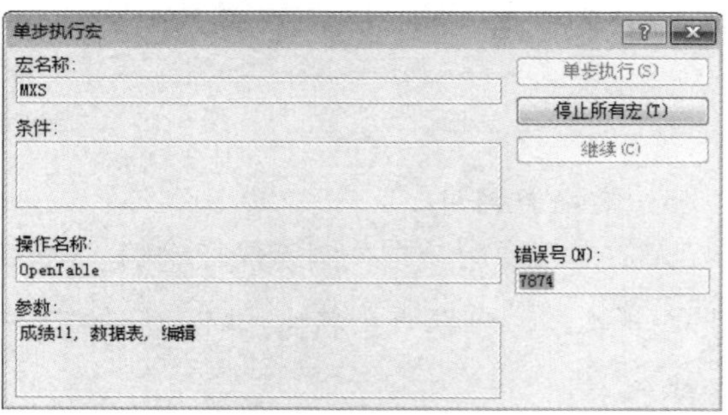

图 6-16 执行宏出现错误时的提示对话框

思考与练习

1. 分别定义“学生信息”和“学生成绩”两个宏，运行时分别打开“学生信息”报表和“学生成绩”报表。

2. 新建一个“信息查询”窗体，在该窗体中添加两个命令按钮，单击命令按钮时分别打开第1题定义的宏，并完成相应的功能，如图6-17所示。

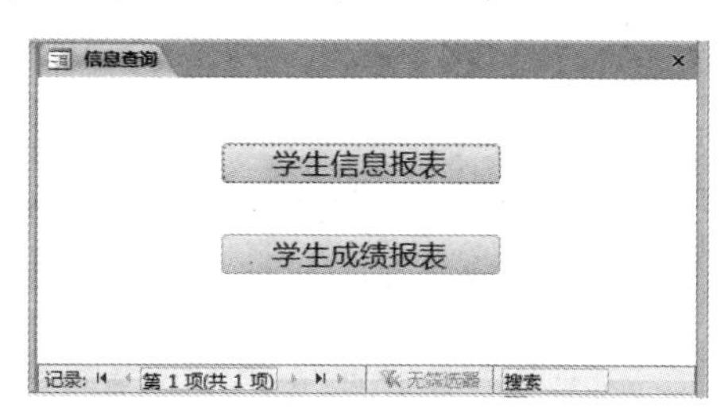

图6-17 “信息查询”窗体视图

3. 创建一个名为AutoExec的宏，每当启动Access时，自动打开“学生信息”窗体。

6.3 创建条件宏和宏组

通常情况下，宏的执行顺序是从第一个宏操作依次向下执行到最后一个宏操作的。但有时可能要求宏按照一定的条件去执行某些操作，这时就需要在宏中设置条件来控制宏的执行流程。

6.3.1 创建条件宏

条件宏通过If和Else语句来设置，系统根据对条件表达式的判断执行宏操作。如果没有条件限制，那么系统将直接执行该行的宏操作。如果有条件限制，那么系统将先计算条件表达式的逻辑值，当逻辑值为True时，系统执行该条件块中的所有的宏操作，直到下一个条件表达式、宏名或停止宏为止。当逻辑值为False时，系统将忽略该条件块中的所有的宏操作，并自动转到下一个条件表达式或者空条件进行相应的操作。

任务6.5 创建一个“计算”窗体，当在文本框中输入一个数值时，单击“确定”按钮，调用宏，判断输入的数值是否为算式的值，结果分别如图6-18和图6-19所示。

图6-18 正确计算结果

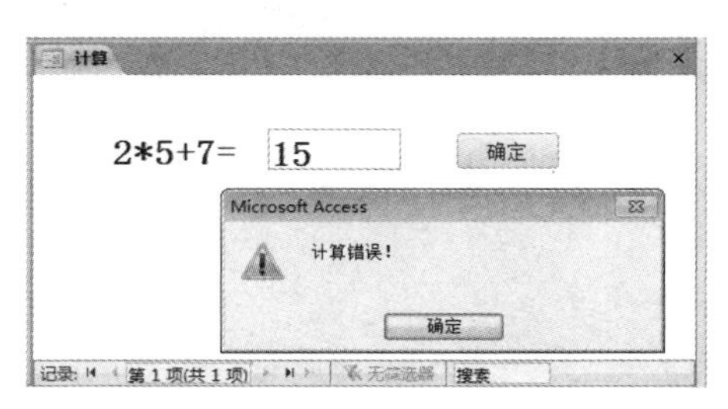

图6-19 错误计算结果

任务分析

窗体命令按钮中用到了带条件的宏，该宏的结构是 If…Else…End If 句式，当输入的数值为算式的计算结果时，执行 If 语句块，给出计算正确时的提示信息；否则执行 Else 语句块，给出错误时的提示信息。窗体中的算式用标签来显示，通过文本框来输入数值。

任务操作

（1）新建一个名为“计算”的窗体，添加标签、文本框和命令按钮，输入标签标题、命令按钮标题，如图 6-20 所示。

图 6-20　“计算”窗体设计视图

（2）右击“确定”按钮，在弹出的快捷菜单中选择“事件生成器”选项，再选择“宏生成器”选项，切换到宏设计视图，如图 6-21 所示。

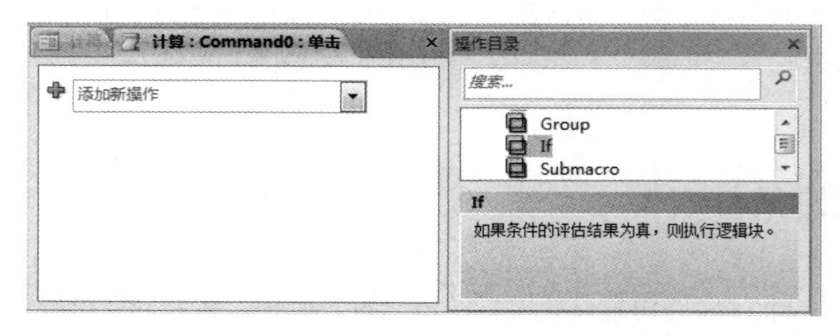

图 6-21　“单击”按钮的宏设计视图

（3）双击“程序流程”中的 If，添加 If 块，添加条件表达式“[Text1]=17”，再添加 MessageBox 宏操作，在“消息”文本框中输入“计算正确！”，在“类型”下拉列表中选择“信息”选项，如图 6-22 所示。

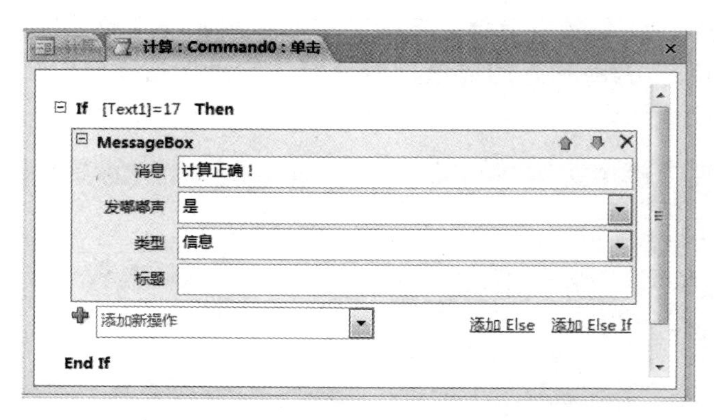

图 6-22　添加 If 块

（4）单击宏设计视图中的“添加 Else”链接，添加 Else 块，再添加 MessageBox 宏操作，在“消息”文本框中输入“计算错误！”，在“类型”下拉列表中选择“警告”选项，如图 6-23 所示。

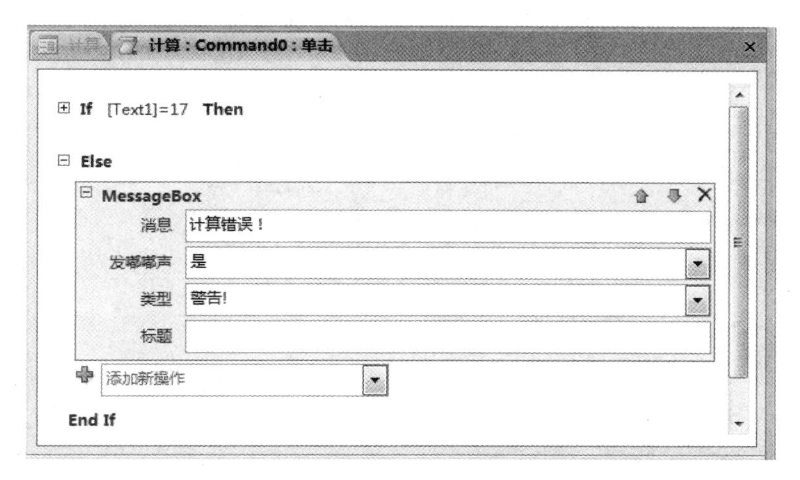

图 6-23 添加 Else 块

（5）保存并关闭宏，切换到窗体视图，输入一个数值，单击“确定”按钮，系统会给出相应的信息。

这样就创建了一个判断计算数值正误的窗体，在此窗体中运用了条件宏。

6.3.2 创建宏组

1. 创建子宏

在 Access 中可以将几个功能相关或相近的宏组织到一起构成宏组。宏组就是一组宏的集合。宏组中的每个宏都有其名称，以便于分别调用。为管理和维护方便，可将这些宏放在一个宏组中。创建宏组的方法与创建宏的方法基本相同，只需要添加 Submacro 宏操作，即可在此宏操作中创建子宏，在子宏中可以创建除 Submacro 宏操作以外的宏操作。通过此方法创建多个子宏，这样即可创建宏组。

任务 6.6 创建一个名为“信息查询”的宏组，该宏组由“浏览表”、“运行查询”、“打开窗体”和“预览报表”4 个宏组成。

任务分析

要创建的“信息查询”宏组中包含 4 个宏，“浏览表”宏的功能是打开“学生”表；“运行查询”宏的功能是执行“学生成绩查询”；“打开窗体”宏的功能是打开“学生信息”窗体；“预览报表”宏的功能是预览“学生成绩”报表。

任务操作

（1）新建一个宏，在宏生成器中单击“添加新操作”下拉按钮，在下拉列表中选择 Submacro 宏操作，切换到子宏 Sub1 设计视图，如图 6-24 所示。

（2）将默认子宏名 Sub1 修改为“浏览表”，在其“添加新操作”下拉列表中添加 OpenTable

命令，在“表名称”下拉列表中选择“学生”表，“数据模式”选择“只读”，如图 6-25 所示。

图 6-24　子宏设计视图

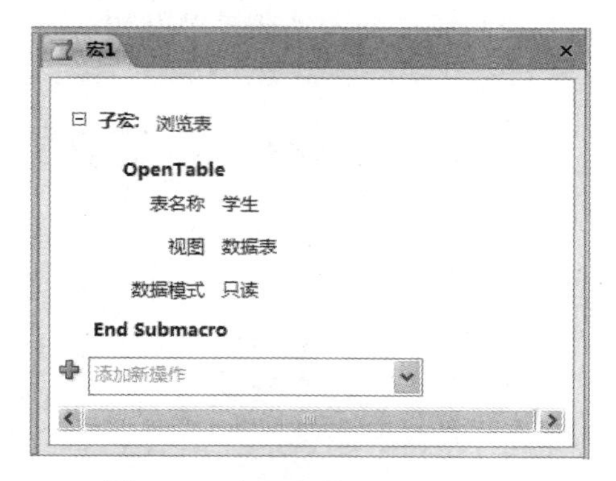

图 6-25　宏组中的“浏览表”宏

（3）单击第 1 个子宏之后的“添加新操作”下拉按钮，在下拉列表中选择 Submacro 宏操作，再添加一个子宏，设置子宏名为“运行查询”，添加宏操作为 OpenQuery，“查询名称”为“学生成绩查询”，如图 6-26 所示。

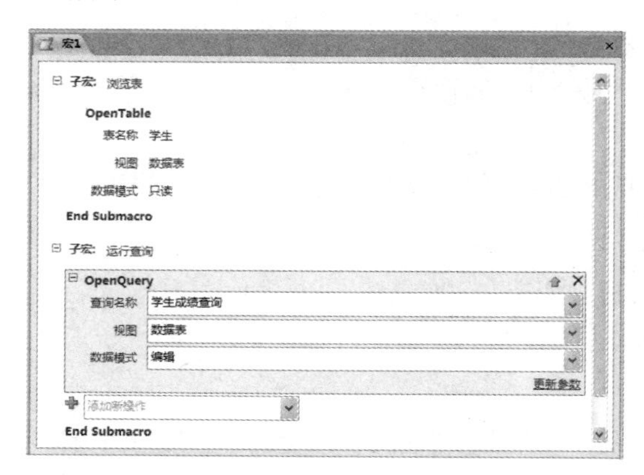

图 6-26　添加子宏“运行查询”

（4）以同样的方法，再分别添加第 3 个、第 4 个子宏，子宏名分别为“打开窗体”、“预览报表”，操作对象分别是“学生信息”窗体、“学生成绩”报表，如图 6-27 和图 6-28 所示。

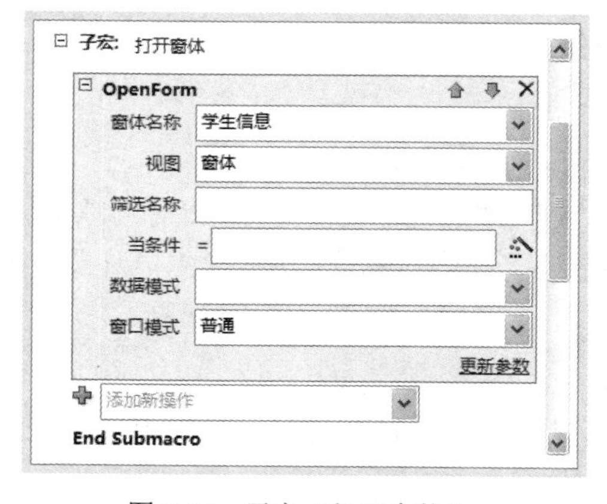

图 6-27　子宏“打开窗体”

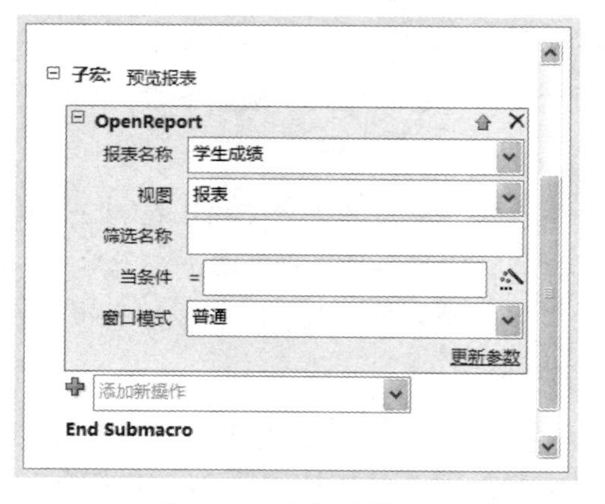

图 6-28　子宏“预览报表”

（5）保存该宏组，宏组名为“学生信息”。

2．调用子宏

宏组的运行与宏的运行有所不同，如果在宏设计视图或数据库窗口中直接运行宏组，则只有第一个宏可以被运行，当该宏运行结束而遇到一个新的宏名时，系统将立即停止运行，这是因为无法指明该宏组中各宏的名称。

要运行宏组中的子宏，必须指明宏组名和所要执行的宏名，格式为“宏组名.子宏名”。运行宏组的一般方法是将其与其他对象（如窗体、报表或菜单等）结合起来，达到运行的目的。

任务 6.7 创建一个名为“主控”的窗体，在窗体中添加 4 个命令按钮，如图 6–29 所示，分别单击这 4 个按钮，执行“信息查询”宏组中的子宏，分别完成相应的功能。

任务分析

在“主控”窗体中分别添加 4 个命令按钮，单击按钮时，分别执行“学生信息”宏组中的“浏览表”、“运行查询”、“打开窗体”和“预览报表”子宏，调用子宏格式为“宏组名.子宏名”。

任务操作

（1）新建一个名为“主控”的窗体。在窗体设计视图中添加 4 个命令按钮，其标题分别为“浏览学生表”、“成绩查询”、“学生窗体”和“成绩报表”，如图 6-30 所示。

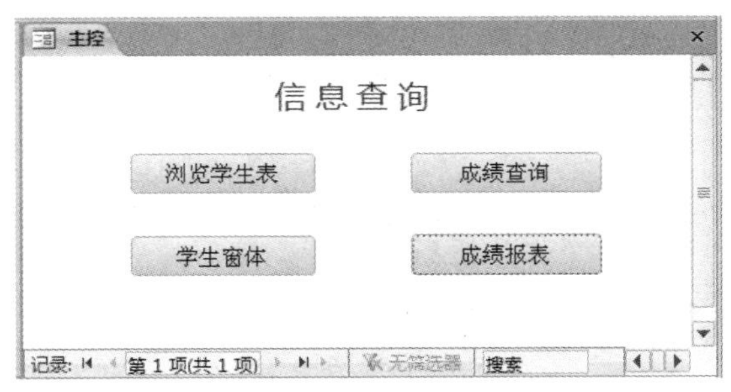

图 6-29 “主控”窗体视图

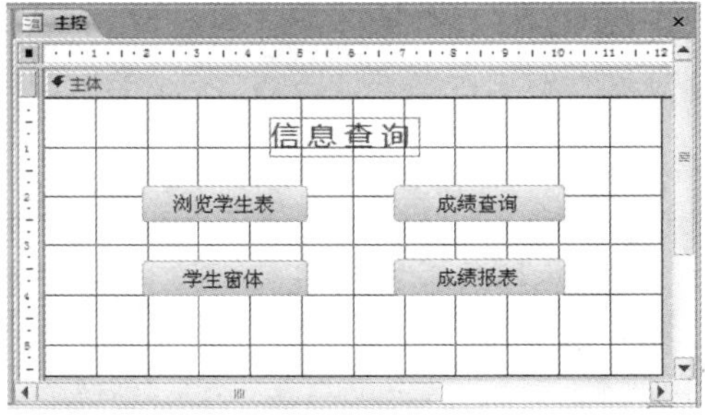

图 6-30 窗体设计视图

（2）打开“浏览学生表”命令按钮的“属性表”面板，在“事件”选项卡的“单击”下拉列表中，选择运行宏组中的子宏“信息查询.浏览表”，如图 6-31 所示。

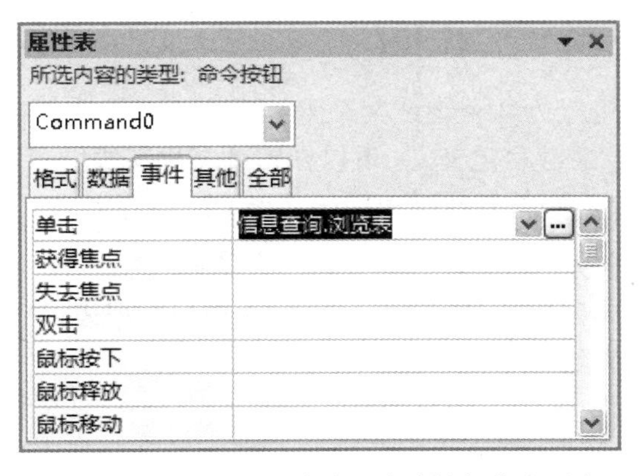

图 6-31 为“浏览学生表”命令按钮指定子宏

（3）以同样的方法，分别为“成绩查询”、“学生窗体”和“成绩报表”命令按钮设置要运行的子宏“信息查询.运行查询”、“信息查询.打开窗体”和“信息查询.预览报表”。

（4）保存上述创建的窗体，切换到窗体视图，单击不同的命令按钮，观察运行结果。

思考与练习

1. 新建一个名为“奇数”的窗体，当输入一个整数后，单击“确定”按钮，判断该数值是否为一个奇数，如图 6-32 所示。

注意

（1）设计一个窗体，如图 6-32 所示。

（2）设计条件宏，如图 6-33 所示。

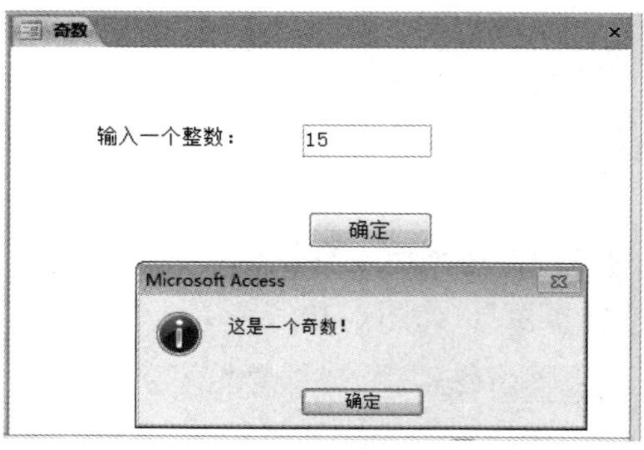

图 6-32 “奇数”窗体设计视图

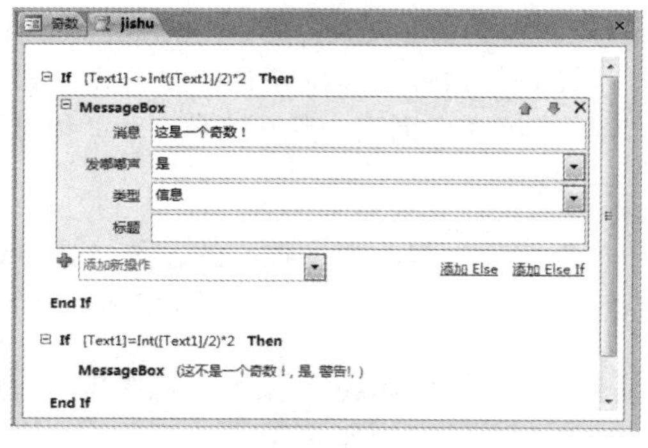

图 6-33 条件宏设计视图

（3）设置窗体中的“确定”命令按钮的“单击”事件为运行“jishu”宏。

2. 创建一个名为“TD”的窗体，当在窗体中输入一个数值时，判断并显示该数是正数、零还是负数。

3. 设计一个宏组，包括 3 个宏，分别打开一个表、窗体、报表，然后创建一个窗体，添加 3 个按钮，当单击不同的命令按钮时，分别打开相应宏组中的子宏。

6.4 定义宏键

为了方便使用宏，还可以为某个键或某个组合键指定一个宏，被指定宏的键称之为宏键，又称之为快捷键。通过创建宏键和定义宏，可以在窗体或报表视图中通过宏键调用宏并执行它。例如，可以定义 F3 键的作用为打开数据表、组合键 Ctrl+P 的作用为预览报表等。

任务 6.8 创建一个名为 AutoKeys 的宏组，定义 F2 快捷键用于切换到“学生信息”窗体视图，Ctrl+P 组合键用于预览“学生成绩”报表，Shift+F3 组合键给出提示信息“祝贺你即将学完本课程！”。

任务分析

宏键应根据宏键的语法规则来定义，如表 6-2 所示，F2 快捷键宏名为“{F2}”，Ctrl+P 组合键的宏名为“^P”，Shift+F3 组合键的宏名为“+{F3}”，创建名为 AutoKeys 宏组与创建其他宏组的方法类似。

任务操作

（1）新建一个宏，在宏生成器中单击“添加新操作”下拉按钮，在下拉列表中选择 Submacro 宏操作，切换到子宏 Sub1 设计视图，定义子宏名为“{F2}”，在“添加新操作”下拉列表中选择“OpenForm”宏命令，在“窗体名称”下拉列表中选择“学生信息”窗体，如图 6-34 所示。

（2）参照上述方法，单击子宏“{F2}”后的“添加新操作”下拉按钮，定义一个名为“^P”的子宏，如图 6-35 所示。

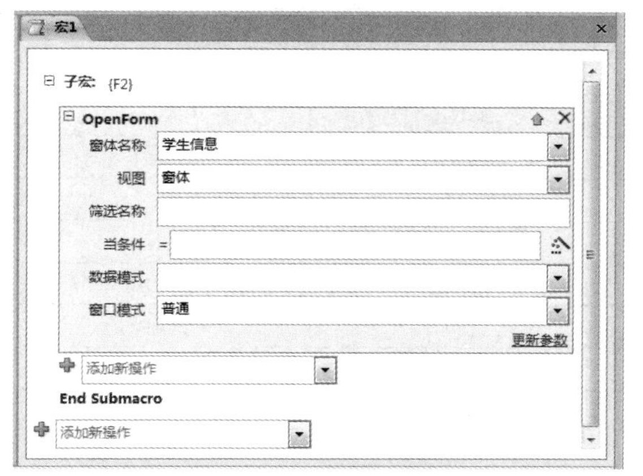

图 6-34 定义子宏{F2}

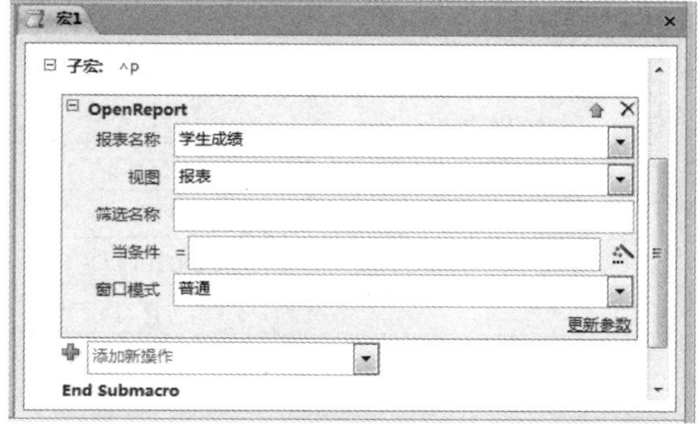

图 6-35 定义子宏^P

（3）以同样的方法，定义子宏“+{F3}”，最后以 AutoKeys 为宏组名保存该宏组，如图 6-36 所示。

保存该宏组后，在 Access 任意一个对象窗口中按 F2 键，系统会自动打开“学生信息”窗体；按 Ctrl+P 组合键可预览“学生成绩”报表；按 Shift+F3 组合键则给出提示信息“祝贺你即将学完本课程!”，如图 6-37 所示。

图 6-36 创建的 AutoKeys 宏组

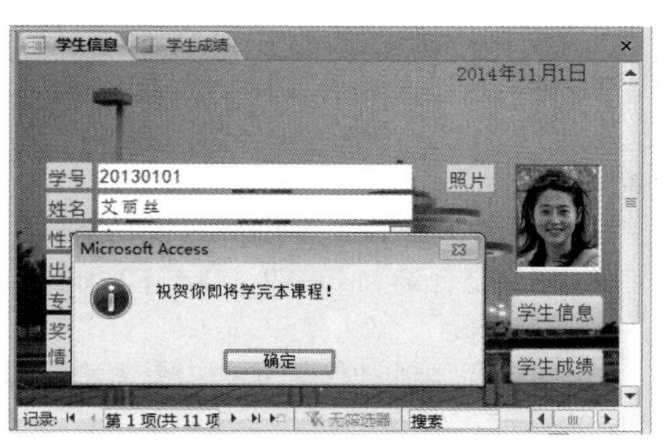

图 6-37 提示信息

相关知识

Access 宏键语法规则

AutoKeys 是一个特殊的宏组名。每次启动 Access 数据库时，AutoKeys 宏组中所设置的宏键会自动生效。当用户自定义的 AutoKeys 宏键在 Access 数据库系统中另有定义时，AutoKeys

宏键中定义的操作将取代 Access 中的定义。

定义 AutoKeys 宏组中的子宏时，其子宏名必须符合宏键的语法规则。表 6-2 列出了一些定义宏键的语法规则。

表 6-2　宏键的语法规则

宏　键	语　法	宏　键	语　法
Backspace	{KBSP}	Ctrl+P	^P
CapsLock	{CAPSLOCK}	Ctrl+F6	^{F6}
Enter	{ENTER}	Ctrl+2	^2
Insert	{INSERT}	Ctrl+A	^A
Home	{HOME}	Shift+F5	+{F5}
PgDn	{PGDN}	Shift+Delete	+{DEL}
Esc	{ESC}	Shift+End	+{END}
PrintScreen	{PRTSC}	Alt+F10	%{F10}
Scroll Lock	{SCROLLLOCK}	Tab	{TAB}
F2	{F2}	Shift+AB	+{AB}

习题 6

一、填空题

1．建立一个宏，当该宏运行时先打开一个表，然后打开一个窗体，那么在该宏中应使用 OpenTable 和_________宏命令。

2．OpenTable 宏操作对应的 3 个操作参数分别是_________、_________和_________，其中在_________的下拉列表中可以设置表模式为“增加”、“编辑”或“只读”。

3．每次打开 Access 2010 数据库时能自动运行的宏是_________。

4．创建包含一组宏键的宏组名是_________，每次打开该宏所在的 Access 数据库时，该设置自动生效。

5．宏命令 MaximizeWindows 的功能是__________________。

6．定义组合键 Shift+F2、Ctrl+F2 为宏键，子宏名应分别是_________和_________。

二、选择题

1．如果要限制宏命令的操作范围，则可以在创建宏时定义（　　）。

A．宏操作对象　　B．宏条件表达式

C．窗体或报表控件属性　　D．宏操作目标

2．宏可以单独运行，但大部分情况下与（　　）控件绑定在一起使用。

A．命令按钮　　B．文本框　　C．组合框　　D．列表框

3．打开指定报表的宏命令是（　　）。

A．OpenTable　　B．OpenQuery　　C．OpenForm　　D．OpenReport

4．宏组中子宏的调用格式是（　　）。

A．宏组名.子宏名　　B．宏组名!子宏名

C．宏组名[子宏名]　　　　　　　　D．宏组名（子宏名）

5．在 AutoKeys 宏组中定义组合键 Shift+F2 时对应的宏名语法是（　　）。

A．{F2}　　　　B．^{F2}　　　　C．+{F2}　　　　D．%{F2}

6．关于 AutoExec 宏的说法正确的是（　　）。

A．每次打开其所在的 Access 数据库时，都会自动运行该宏

B．每次启动 Access 时，都会自动运行该宏

C．每次重新启动 Windows 时，都会自动启动该宏

D．以上说法都正确

三、操作题

1．在“图书订购”数据库中创建一个名为“浏览图书表”的宏，运行该宏时，以只读方式打开“图书”表。

2．修改第 1 题创建的宏，添加一条宏操作“MessageBox”。

3．新建一个窗体，在该窗体中添加“浏览图书表”和“订单窗体”两个命令按钮，单击其中一个命令按钮时执行相应的宏操作。

4．新建一个宏，运行该宏时显示一个信息框并调用另一个宏。

5．创建一个名为“HZ”的宏组，该宏组由“H1”、“H2”和“H3”3 个子宏组成，其中子宏“H1”的功能是打开“按单位分组”查询；子宏“H2”的功能是打开“图书管理”窗体；子宏“H3”的功能是预览“订单信息”报表；每个子宏运行后都会给提示信息。

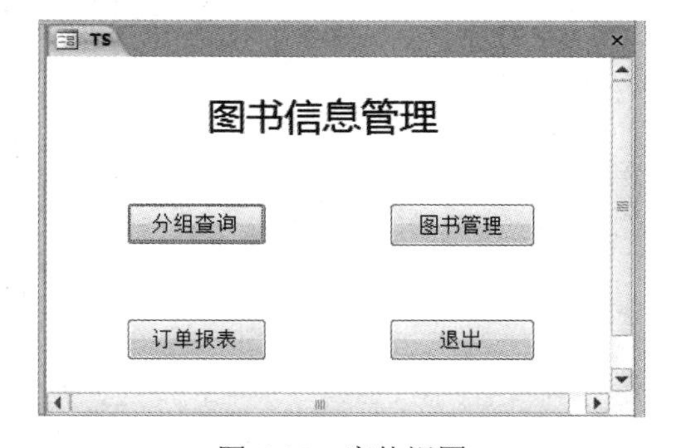

图 6-38　窗体视图

6．创建一个窗体，如图 6-38 所示，在窗体中添加 4 个命令按钮，单击这 4 个按钮，分别执行宏组“HZ”中的子宏“H1”、“H2”、“H3”和“退出”操作。

7．新建一个窗体，如图 6-39 所示，当输入一个数值后，单击“确定”按钮，判断该数值是否为一个偶数。

（a）数字是偶数

（b）数字是非偶数

图 6-39　判断数字是否为偶数窗体

数据库维护管理

学习目标

- 能将表格式的外部数据导入到 Access 数据库中
- 能将表格式的外部数据链接到 Access 数据库中
- 能将 Access 数据库中的数据导出为 Excel 等格式
- 能对 Access 数据库表进行优化分析
- 能对 Access 数据库进行性能分析
- 能对 Access 数据库进行压缩和修复

随着信息技术应用的飞速发展，数据库的应用越来越广泛，科学有效地管理与维护数据库系统，保证数据的安全性、完整性和有效性，已经成为现代信息系统建设过程中的关键环节。

7.1 数据导入和导出

Access 作为一种典型的开放型数据库，支持与其他类型的数据库文件进行数据交换和共享，也支持与其他 Windows 程序创建的数据文件进行数据交换。当数据进行交换时，就需要进行数据的导入、导出操作。

7.1.1 数据导入

Access 数据库获得数据的方法主要有两种：一种是在数据表或窗体中直接输入数据；另一种是利用 Access 的数据导入功能，将外部数据导入到当前使用的数据库中。

任务 7.1 将一个 Excel 电子表格“2014 级成绩表”导入到“成绩管理”数据库中。

任务分析

Access 允许将多种外部数据文件导入到 Access 数据库中，数据的导入操作是在“外部数据”选项卡的“导入并链接”选项组中实现的。

任务操作

（1）打开“成绩管理”数据库，单击“外部数据”选项卡“导入并链接”选项组中的“Excel”按钮，弹出“获取外部数据-Excel 电子表格”对话框，如图 7-1 所示。

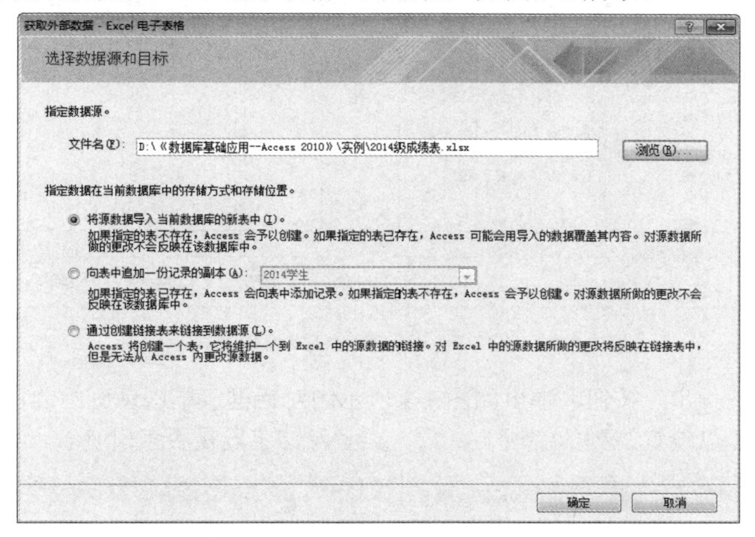

图 7-1 “获取外部数据-Excel 电子表格”对话框

在“文件名”文本框中键入源 Excel 电子表格文件名，或单击“浏览”按钮，弹出“打开”对话框，选择要导入的“2014 级成绩表”电子表格。

（2）选中“将源数据导入当前数据库的新表中”单选按钮，单击“确定”按钮，选择工作表或区域，如图 7-2 所示。选中“显示工作表”单选按钮，并选择默认的 Sheet1 工作表，显示该工作表中的示例数据。

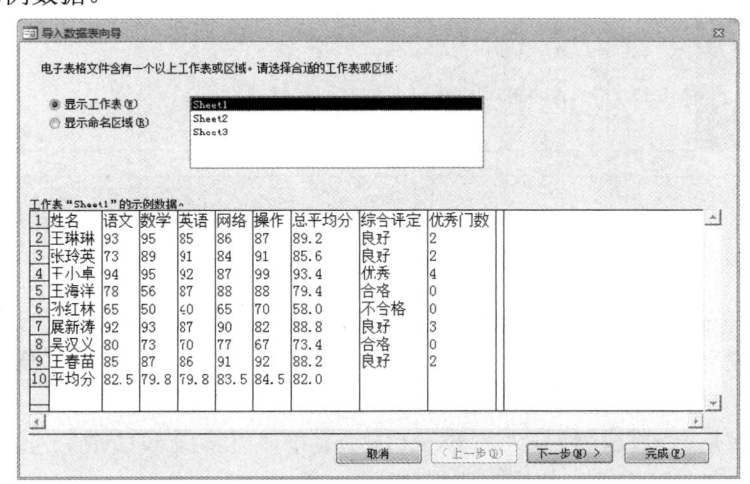

图 7-2 选择工作表或区域

（3）单击“下一步”按钮，弹出如图 7-3 所示的对话框，选中“第一行包含列标题”复选框，将数据中的第一行作为表的字段名。

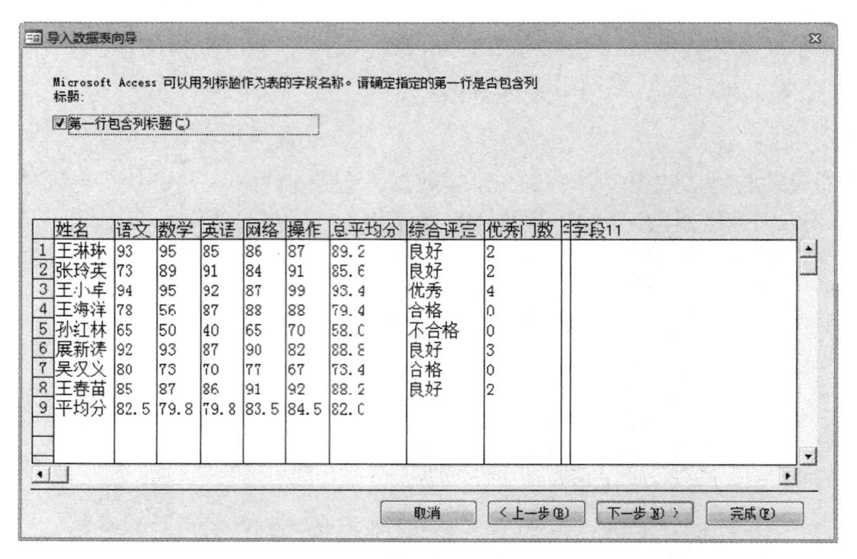

图 7-3　确定表的字段名称

（4）单击“下一步”按钮，弹出如图 7-4 所示的对话框，单击示例中的每一列，在“字段选项”选项组中可以设置该列的字段名、数据类型及该字段是否索引等。

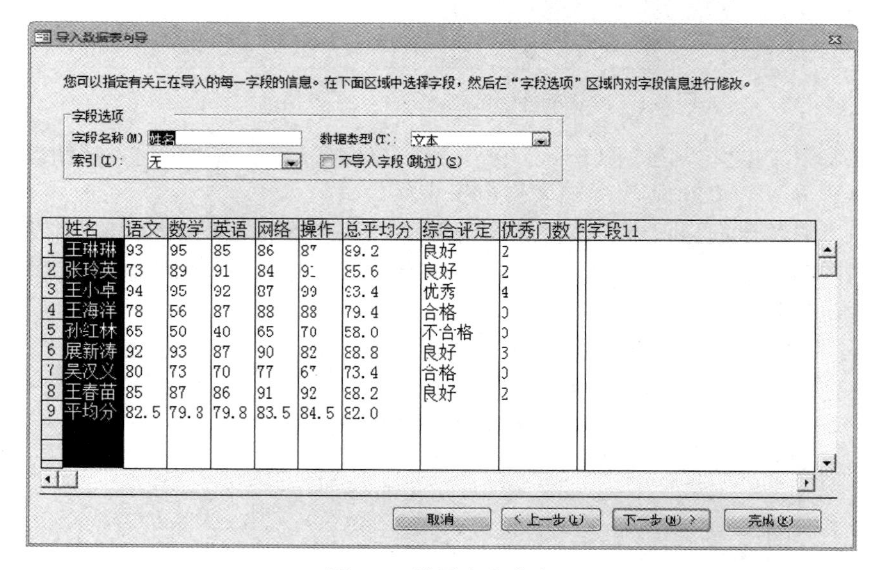

图 7-4　设置字段信息

（5）单击“下一步”按钮，弹出定义主键对话框，选择“不要主键”选项。单击“下一步”按钮，弹出指定表名对话框，输入导入到数据库中的表的名称，如“2014 级成绩”，单击“完成”按钮。

完成以上操作后，Access 将导入的 Excel 电子表格以“2014 级成绩”为名保存在“成绩管理”数据库中。“2014 级成绩”数据表视图如图 7-5 所示。

2014级成绩

姓名	语文	数学	英语	网络	操作	总平均	综合评定	优秀门数
王琳琳	93	95	85	86	87	89.2	良好	2
张玲英	73	89	91	84	91	85.6	良好	2
王小卓	94	95	92	87	99	93.4	优秀	4
王海洋	78	56	87	88	88	79.4	合格	0
孙红林	65	50	40	65	70	58.0	不合格	0
展新涛	92	93	87	90	82	88.8	良好	3
吴汉义	80	73	70	77	67	73.4	合格	0
王春苗	85	87	86	91	92	88.2	良好	2
平均分	82.5	79.75	79.75	83.5	84.5	82.0		

记录：第 1 项(共 9 项)　无筛选器　搜索

图 7-5　“2014 级成绩”数据表视图

7.1.2　数据导出

导出操作就是将 Access 数据库中的数据生成其他格式的文件，便于其他应用程序使用。Access 数据库中的数据可以导出到其他数据库、电子表格、文本文件和其他应用程序中。

任务 7.2　将“成绩管理”数据库中的“学生”表导出为 Excel 电子表格。

任务分析

Access 2010 的数据导出操作是在“外部数据”选项卡的“导出”选项组中完成的。

任务操作

（1）打开“成绩管理”数据库，在左侧导航窗格中选择“学生”表，单击“外部数据”选项卡“导出”选项组中的“Excel”按钮，弹出“导出-Excel 电子表格”对话框，如图 7-6 所示。在“文件名”文本框中键入导出对象的存储位置和文件名。

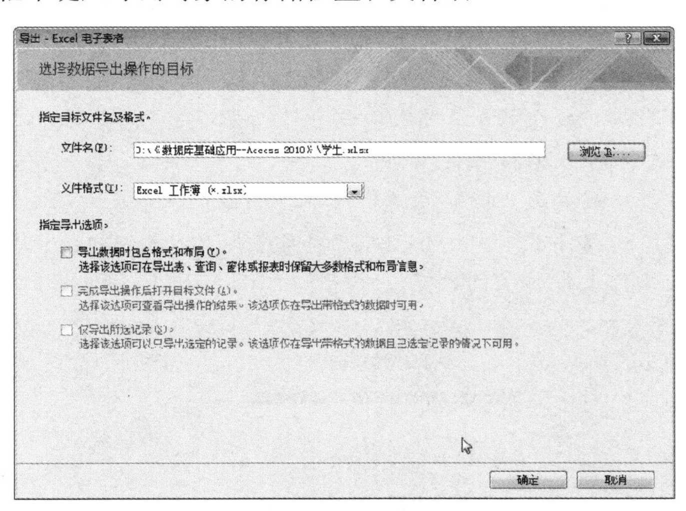

图 7-6　“导出-Excel 电子表格”对话框

（2）单击“确定”按钮，即可完成导出操作。

经过上述操作，Access 已经把“学生”表导出并生成一个 Excel 格式的文件。打开“学生.xlsx”文件，可以观察数据导出的结果。

提示

将表导出为 Excel 工作表的另一种简单的方法如下：在数据库左侧窗格中右击要导出的表

（如“教师”表），在弹出的快捷菜单中选择“复制”选项。启动 Excel，单击工具栏中的“粘贴”按钮，将“教师”表中的记录复制为 Excel 工作表，如图 7-7 所示。

	A	B	C	D
1	教师编号	姓名	任教课程	业绩
2	D001	纪海洋	德育	1
3	D002	孙　兰	德育	0
4	E001	韩晓丽	英语	0
5	E002	王怡卓	英语	0
6	J001	周大将	计算机	0
7	S001	赵明理	数学	0
8	S002	朱传贵	数学	0
9	S003	王志坚	数学	0
10	Y001	王爱荣	语文	0
11	Y002	孙前进	语文	0
12	Y003	李亚军	语文	0
13	Z001	于晓燕	动漫	0

图 7-7　复制得到的 Excel 工作表

相关知识

链接表操作

链接表不需要把其他外部数据源链接到当前数据库中。链接可以节省空间，减少数据冗余，还可以保证访问的数据始终是当前信息。链接的对象也可能会发生存储位置的变化，这样就有可能断开链接。

例如，对于“2014 亚运奖牌”Excel 工作表，想继续在工作表中保留数据，但想使用 Access 强大的查询和报表功能，此时就可以将电子表格文件链接到 Access 数据库中。

（1）打开“成绩管理”数据库，单击“外部数据”选项卡“导入并链接”选项组中的“Excel”按钮弹出“获取外部数据-Excel 电子表格”对话框，如图 7-1 所示。在“文件名”文本框中键入源 Excel 电子表格文件名“2014 亚运奖牌”。

（2）选中“通过创建链接表来链接到源数据”单选按钮，单击“确定”按钮，弹出“链接数据表向导”对话框，如图 7-8 所示。选中“显示工作表”单选按钮，并选择默认的 Sheet1 工作表，此时会显示该工作表中的示例数据。

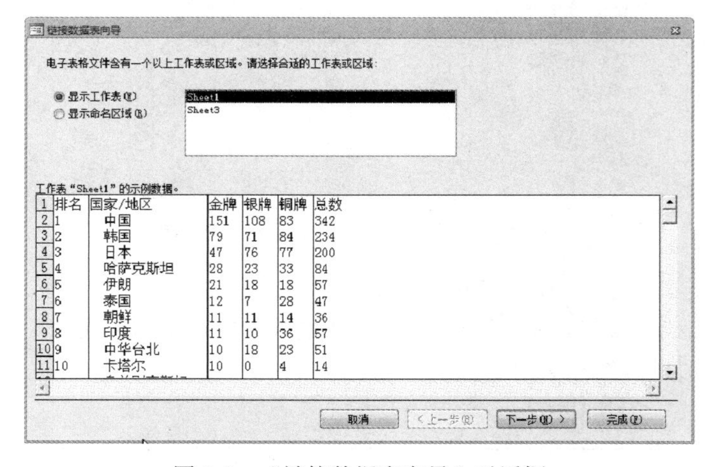

图 7-8　“链接数据表向导”对话框

（3）单击“下一步”按钮，以下各步操作与导入数据操作相同，完成链接操作后，在数据库中打开该电子表格文件，即可对数据进行操作。

链接的数据表不能更改链接表中各字段的数据类型或大小。

思考与练习

1. 新建一个“成绩”数据库，将任务 7.1 中的“2014 级成绩”Excel 电子表格导入到该数据库中，表名为“2014 级”。
2. 试将具有表格格式的文本文件导入到当前数据库中。
3. 将一个电子表格文件链接到 Access 数据库中，然后在数据库中打开该链接表。
4. 将 Access 数据库中的“成绩”表分别导出为 Excel 电子表格和文本文件。
5. 将 Access 数据库中的一个表导出到另一个 Access 数据库中。

7.2 数据库性能分析

Access 2010 的“数据库工具”选项卡“分析”选项组中提供了“表分析器向导”、“性能分析器”和“文档管理器”3 个数据库优化分析工具，可以更好地帮助用户了解所创建的数据库及各个数据库对象在性能上是否为最优。

7.2.1 表优化分析

任务 7.3 试对“成绩管理”数据库中的“教师”表进行优化分析。

任务分析

优化分析 Access 2010 数据库中的表，可以使用“表分析器向导”进行分析。

任务操作

（1）打开“成绩管理”数据库，单击“数据库工具”选项卡“分析”选项组中的“分析表”按钮，弹出如图 7-9 所示的“表分析器向导”对话框。提示表中可能多次存储了相同的信息，而且重复的信息将会带来很多问题。

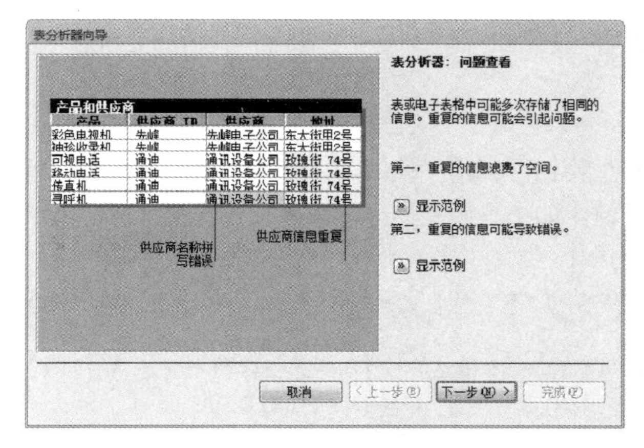

图 7-9 问题查看

（2）单击“下一步”按钮，分析器提示怎样解决第一步中遇到的问题。解决的办法是将原来的表拆分成几个新的表，使新表中的数据只被存储一次，如图 7-10 所示。

（3）单击“下一步”按钮，弹出如图 7-11 所示的对话框，选择需要分析的“教师”表。如有需要，可以对所有的表都做一个全面的分析。

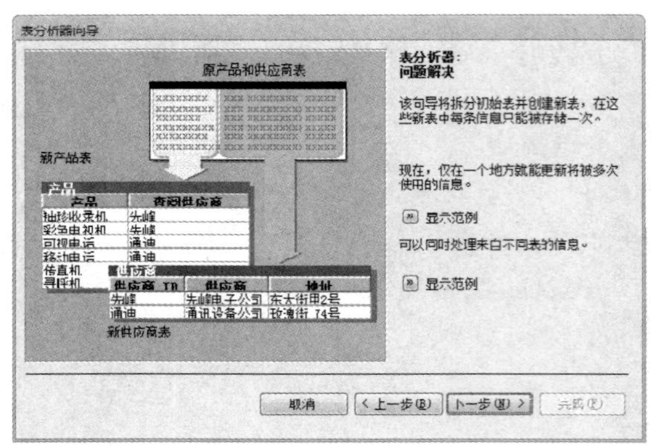

图 7-10　问题解决

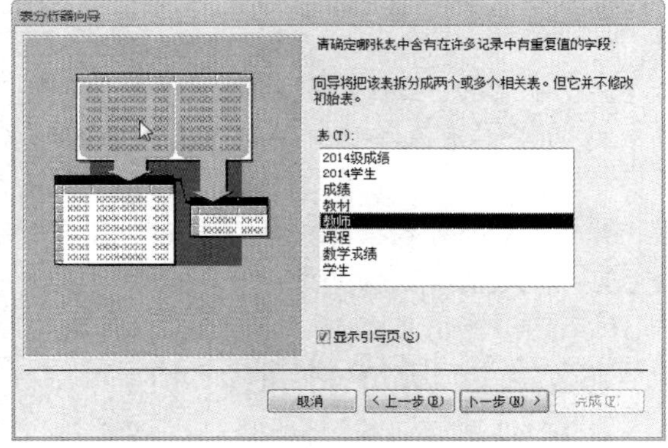

图 7-11　选择要分析的表

（4）单击“下一步”按钮，弹出如图 7-12 所示的对话框，确定是由向导还是自行决定拆分数据表，如选中“是，由向导决定”单选按钮。

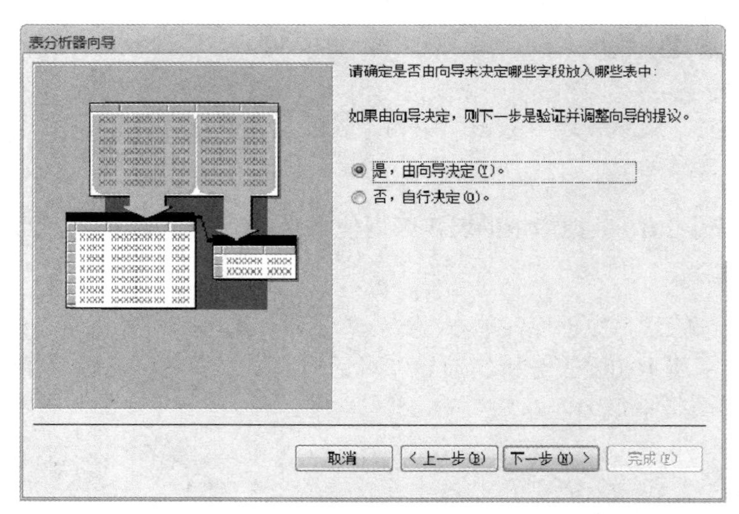

图 7-12　选择分析选项

（5）单击“下一步”按钮，弹出如图 7-13 所示的提示对话框。提示所选的表是否需要进行拆分以达到优化的目的。如果不需要拆分，则单击“取消”按钮，退出分析向导，表示该表已是最优，不用再进行优化。

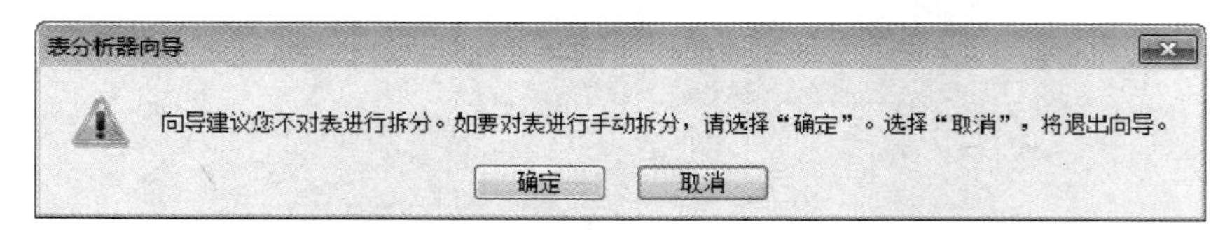

图 7-13　提示对话框

如果单击“下一步”按钮后，则不会弹出此对话框，而是弹出了另外一个对话框，说明所建立的表需要拆分才能将这些数据进行合理的存储。例如，对“成绩”表进行分析，表分析向导将表拆分成 3 个表，并且在各个表之间建立起了关系，如图 7-14 所示。重新命名这 3 个表，将鼠标指针移动到一个表的字段列表框上，双击标题栏，这时在屏幕上会弹出一个对话框，在这个对话框中输入表的名称，输入完以后，单击“确定”按钮。

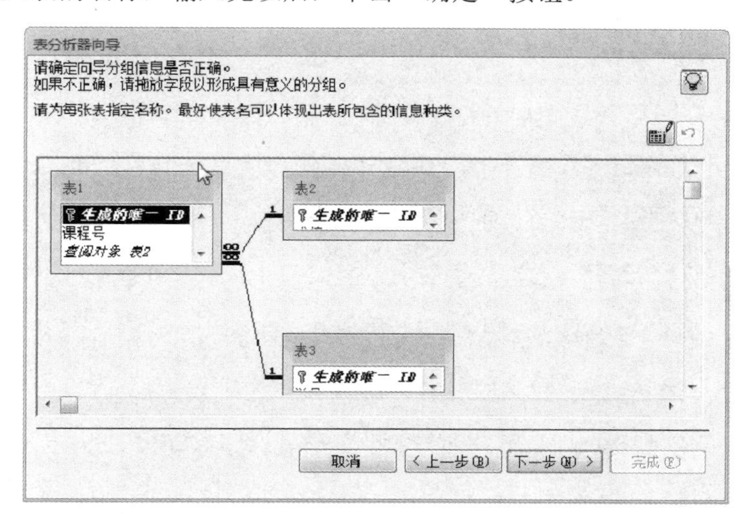

图 7-14　拆分表

单击“下一步”按钮，向导询问是否自动创建一个具有原来表名称的新查询，并且将原来的表重命名。这样可以使基于初始表的窗体、报表继续工作，还能优化初始表，不会使原来所做的工作因为初始表的变更而作废。所以通常选择“是，创建查询”。单击“完成”按钮，这样一个表的优化分析即可完成。

7.2.2　数据库性能分析

任务 7.4　试对“成绩管理”数据库中的窗体进行性能分析。

任务分析

对 Access 数据库中的对象进行性能分析，可以使用“性能分析器”，以查看各对象的性能是否为最优。

任务操作

（1）打开“成绩管理”数据库，单击“数据库工具”选项卡“分析”选项组中的“分析性能”按钮，弹出“性能分析器”对话框，选择“窗体”选项卡，单击选项卡中的“全选”按钮，选择全部窗体，如图 7-15 所示。

（2）单击“确定”按钮，系统开始为数据库中的窗体进行优化分析，分析结果如图 7-16 所示。

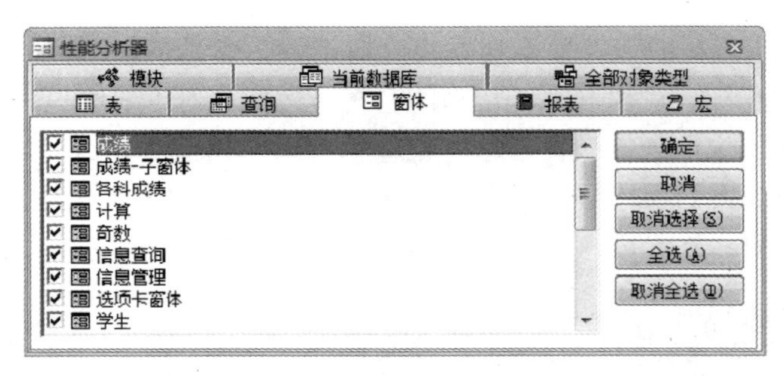

图 7-15 “性能分析器”对话框

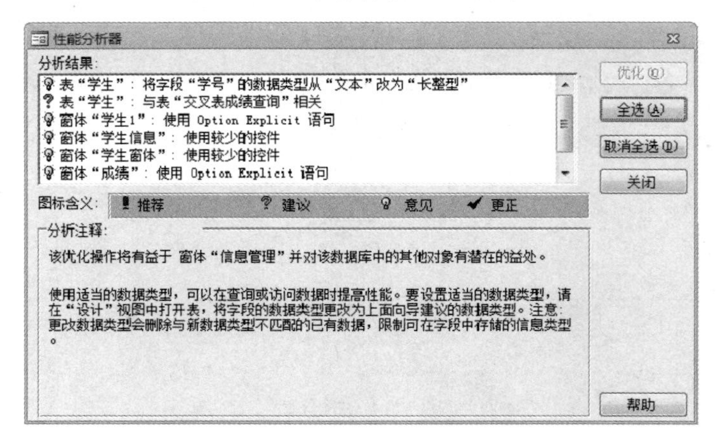

图 7-16 窗体性能分析结果

（3）在“分析结果”列表框中每一项前面都有一个符号，每个符号代表一个含义。根据分析结果，选择要优化的选项，单击“优化”按钮后，对窗体进行优化，或根据建议自行优化处理。操作结束后单击“关闭”按钮。

7.2.3 文档管理器

使用 Access 2010 文档管理器，可以对数据库对象进行全面分析，例如，对表的属性、关系、字段的数据类型、长度、属性、索引字段进行分析。下面简要介绍文档管理器的使用方法。

（1）单击“数据库工具”选项卡“分析”选项组中的“数据库文档管理器”按钮，弹出“文档管理器”对话框，如图 7-17 所示。

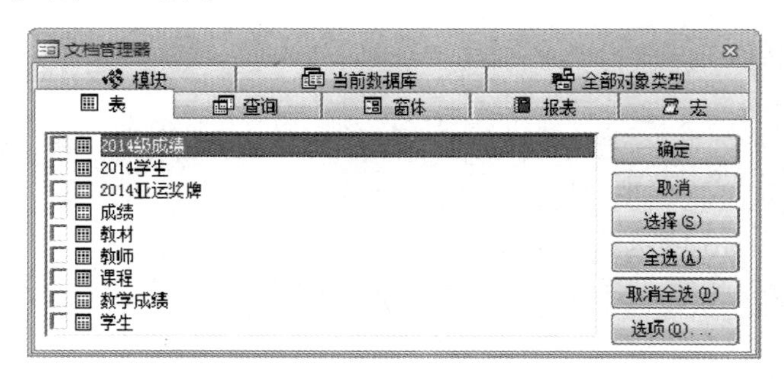

图 7-17 “文档管理器”对话框

（2）如果要对该数据库中的表进行分析，则选择要分析的表后，单击该对话框中的“选项”按钮，弹出“打印表定义”对话框，确定要分析的选项，如图 7-18 所示。

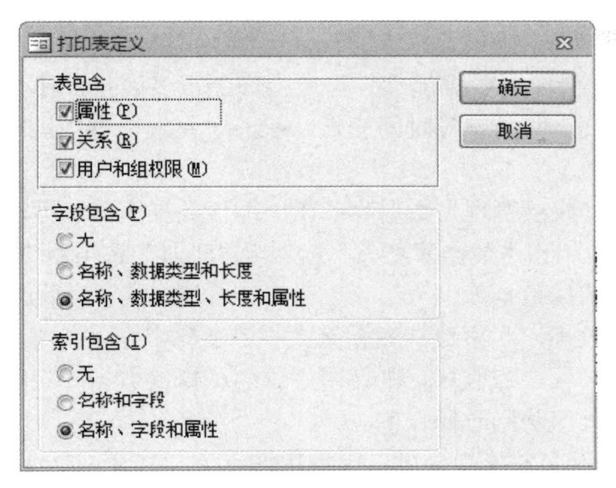

图 7-18 “打印表定义”对话框

（3）该对话框中包含“表包含”、“字段包含”、“索引包含”3 个选项组，选择要分析的选项，系统会对分析表按选项逐个进行分析，形成打印报告。

例如，使用“文档管理器”对“学生成绩查询”进行分析，系统给出打印预览的分析结果如图 7-19 所示。

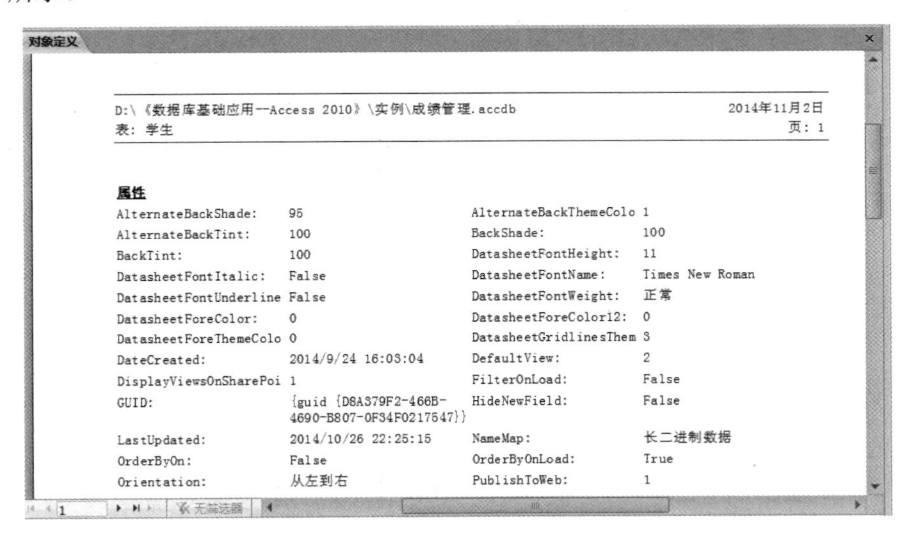

图 7-19 打印预览分析结果

可以从打印出的信息资料上分析所建立的数据库是否存在问题。

思考与练习

1. 对“成绩管理”数据库中的“学生”表进行优化分析。
2. 使用性能分析器对“成绩管理”数据库中的全部表进行性能分析。
3. 使用文档管理器对“成绩管理”数据库中的全部报表进行分析。

7.3　压缩和修复数据库

数据库在创建以后，为了确保数据库的正常运行，需要经常对数据库进行维护。如在删除或修改 Access 中的表记录时，数据库文件可能会产生很多碎片，使数据库在硬盘上占用比其所需空间更大的磁盘空间，并且响应时间变长。Access 系统提供了压缩数据库的功能，可以实现数据库文件的高效存放。

例如，如果要压缩“成绩管理”数据库，在压缩该数据库前，可以先查看当前数据库的大小，然后打开该数据库，单击“数据库工具”选项卡“工具”选项组中的“压缩和修复数据库”按钮，系统自动压缩当前的数据库。

再次查看数据库的大小，观察数据库存储大小的变化。

如果数据库在操作过程中被破坏，则使用“压缩和修复数据库”功能后，系统会自动完成修复工作，这和压缩数据库是同时操作的。

为防止 Access 数据库文件受损，可以设置定期压缩和修复数据库。其方法是单击“文件”选项卡中的“Access 选项”按钮，弹出“Access 选项”对话框，选择“当前数据库”选项卡，选中“关闭时压缩”复选框，如图 7-20 所示。

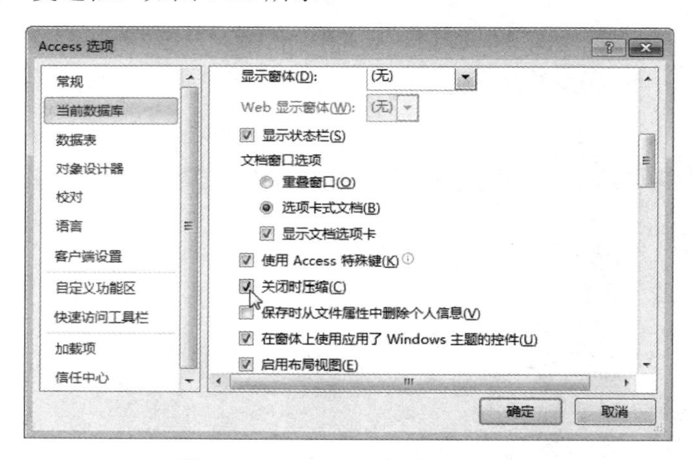

图 7-20　“Access 选项”对话框

思考与练习

1. 查看“成绩管理”数据库所占用的存储空间。
2. 对数据库进行压缩，查看压缩后的数据库所占用的存储空间。

习题 7

一、填空题

1. 指定 Excel 电子表格在当前数据库的存储方式有________________、________________以及通过创建链接来链接到该电子表格中。

2. 链接表不需要把其他外部数据源导入到________中即可使用。

3. 导出操作就是将____________生成为其他格式的文件。

4. 对 Access 数据库进行优化分析，可以使用“数据库工具”选项卡“分析”选项组中的____________、____________和____________3 个数据库优化分析工具。

5. 使用“性能分析器”对 Access 数据库进行性能分析，可以分析的对象包括_________、_________、_________、_________、宏、模块及当前数据库。

6. 长时间使用 Access 数据库后，数据库文件可能会产生很多碎片，占用大量的磁盘空间，并且使响应时间变长，使用 Access 系统提供的__________功能，可以实现数据库文件的高效存放。

二、选择题

1. Access 可以导入或链接的数据源是（　　）。

A. Access　　B. ODBC 数据库　　C. Excel　　D. 以上都是

2. 只建立一个指向源文件的关系，磁盘中不会存储另外一个副本，这样比较节省空间，该操作是（　　）。

A. 导入　　B. 链接　　C. 导出　　D. 排序

3. Access 无法将数据导出为（　　）。

A. PowerPoint 演示文稿　　B. Excel 电子表格

C. PDF 文档　　D. 文本文件

4. 只能对 Access 数据库表进行优化分析的工具是（　　）。

A. 表分析器向导　　B. 性能分析器

C. 文档管理器　　D. 压缩数据库

三、操作题

1. 将一个 Excel 电子表格导入到 Access“图书订购”数据库中，然后在数据库中浏览导入的数据。

2. 将一个 Excel 文件链接到“图书订购”数据库中，然后在数据库中浏览该数据。

3. 将“图书订购”数据库中的“图书”表导出为 Excel 电子表格。

4. 将“图书订购”数据库中的“订单”表导出到 Access 数据库 DD 中（如果没有 DD.accdb 数据库，则自行建立该数据库）。

5. 对“图书订购”数据库中的“图书”表进行优化分析。

6. 对“图书订购”数据库进行性能分析。

7. 使用文档管理器对“图书订购”数据库中的“图书”表进行分析。

8. 压缩“图书管理”数据库，对比压缩前后该数据库所占用的字节。

成绩管理系统实例

学习目标

- 了解应用程序开发数据库的需求分析
- 根据实际需要进行简单数据库的设计
- 能对数据库应用程序进行界面设计
- 能设计数据库应用程序菜单
- 会调试数据库应用程序

本章以模拟学校成绩管理为例，综合应用 Access 2010 的知识和功能，介绍数据库应用程序的一般开发过程，这不但是对前面学到的知识进行系统而全面的巩固，而且是对数据库应用能力的提升。

8.1 数据库需求分析

1．需求分析

需求分析是指在系统开发之前必须准确了解用户的需求，这是数据库设计的基础，它包括数据和处理两个方面。做好了需求分析，可以使数据库的开发高效且合乎设计标准。学校成绩管理系统主要是为了满足学生成绩管理人员的工作需求而设计的，主要包括学生基本信息管理、学生成绩管理等，利用计算机进行数据记录的添加、修改、删除、查询、报表打印等功能，完全替代手工操作，以提高工作效率。

2．功能模块

本系统的应用程序界面包括菜单和特定的窗体操作，通过菜单打开窗体进行数据管理。因此，根据成绩管理系统实现的功能给出了简要的系统功能模块，如图 8-1 所示。

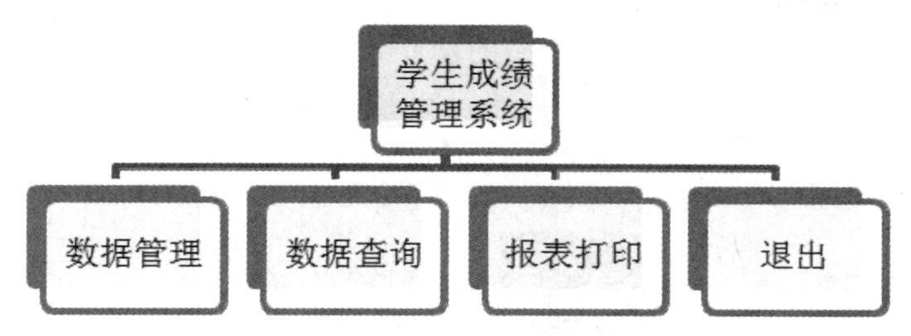

图 8-1 成绩管理系统功能模块

（1）数据管理：对“学生”表和“成绩”表中的记录进行浏览、添加、保存、修改、删除等。

（2）数据查询：包括学生基本信息查询和学生成绩查询。

（3）报表打印：包括学生基本信息报表打印和学生成绩报表打印。

（4）退出：退出管理程序。

3．系统设计

根据需求分析，本系统至少应含有“学生”表、“成绩”表、“课程”表、“教师”表和“教材”表等，这 5 个表包含在“成绩管理”数据库中。

“学生”表字段包括学号、姓名、性别、出生日期、团员、身高、专业、技能证书、家庭住址子、照片和奖惩情况；“成绩”表字段包括学号、课程号和成绩；“课程”表字段包括课程号、课程名和教师编号；“教师”表字段包括教师编号、姓名和任教课程；“教材”表字段包括教材编号、教材名称。

“成绩管理”数据库中各表之间的关系如图 8-2 所示，各表的结构、字段属性及记录可参考前面章节的内容自行建立。

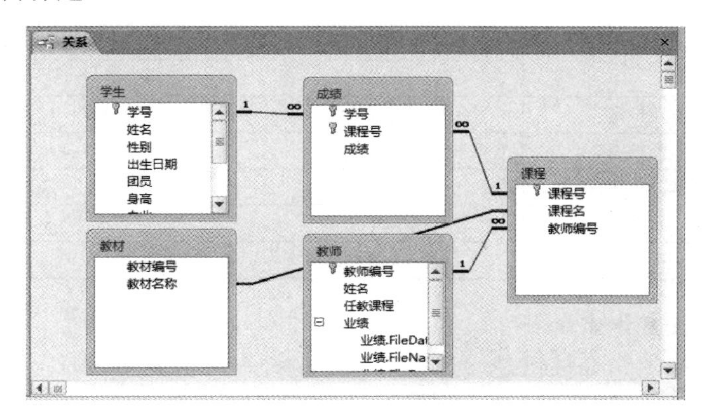

图 8-2 各表之间的关系

8.2 功能模块设计

8.2.1 主控面板窗体设计

1．设计主控面板窗体

主控面板窗体是运行成绩管理系统的入口，显示了系统的功能，该窗体通过在窗体中添加命令按钮，单击相应的命令按钮来完成相应的功能。创建的“S_主控”窗体如图 8-3 所示。

图 8-3　“S_主控”窗体视图

表 8-1 列出了“S_主控”窗体中各控件部分属性的设置。

表 8-1　“S_主控”窗体部分控件的属性设置

控　件	属　性	属 性 值
窗体	默认视图	单个窗体
	记录选择器	否
	导航按钮	否
	分隔线	否
学生成绩管理系统（标签）	字体名称	华文细黑
	字体大小	22
数据管理、数据查询、报表打印、退出系统（标签）	字体名称	幼圆
	字体大小	12
图像	图片	F0.jpg
	图片类型	嵌入
	缩放模式	缩放
“数据管理”文本及按钮	单击	宏组“S_主控.数据管理”
“数据查询”文本及按钮	单击	宏组“S_主控.数据查询”
“报表打印”文本及按钮	单击	宏组“S_主控.报表打印”
“退出系统”文本及按钮	单击	宏组“S_主控.退出系统”
矩形	特殊效果	蚀刻

2．设计主控面板窗体宏组

“S_主控”窗体中的命令按钮是通过宏组“S_主控”来实现的。表 8-2 列出了宏组“S_主控”中各子宏对应的操作及属性。

表 8-2　宏组“S_主控”中各子宏对应的操作及属性

宏　名	操　作	属　性	属 性 值
数据管理	OpenForm	窗体名称	S_数据管理
		视图	窗体
数据查询	OpenForm	窗体名称	S_数据查询
		视图	窗体
报表打印	OpenForm	窗体名称	S_报表打印
		视图	窗体
退出系统	Close	对象类型	窗体
		对象名称	S_主控

其中，宏组“S_主控”中的子宏“数据管理”与“数据查询”、“报表打印”与“退出系统”的设计视图分别如图 8-4 和图 8-5 所示。

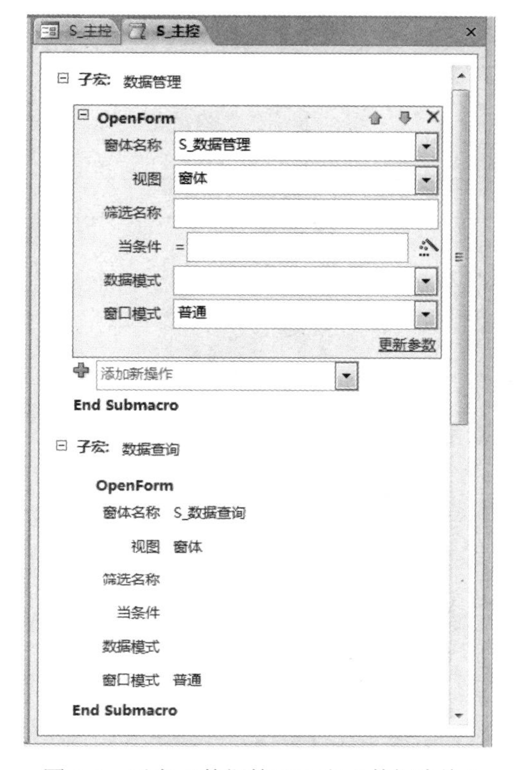

图 8-4 子宏“数据管理”和“数据查询”

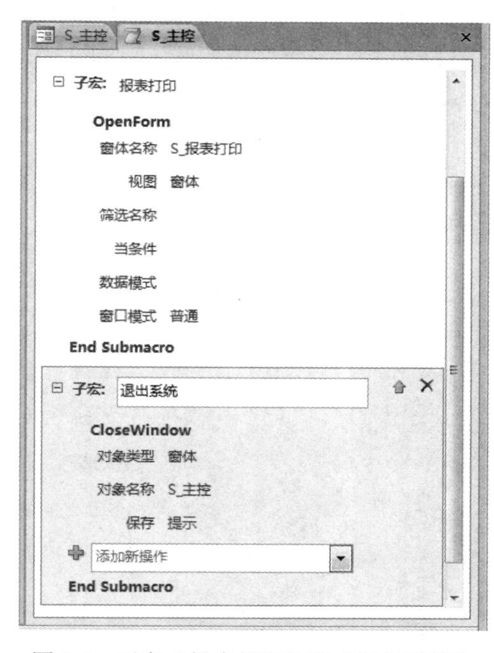

图 8-5 子宏“报表打印”和“退出系统”

8.2.2 数据管理窗体设计

1. 设计数据管理窗体

单击“S_主控面板”窗体中的“数据管理”按钮，打开“S_数据管理”窗体，如图 8-6 所示。该窗体包含“学生信息”、“学生成绩”和“返回”3 个命令按钮。

图 8-6 “S_数据管理”窗体视图

“S_数据管理”窗体及部分控件属性设置可参考表 8-2，表 8-3 列出了窗体命令按钮控件的部分属性设置。

表 8-3　“S_数据管理”窗体命令按钮控件部分属性

控　件	属　性	属 性 值
“学生信息”文本及按钮	单击	宏组“S_数据管理.学生信息”
“学生成绩”文本及按钮	单击	宏组“S_数据管理.学生成绩”
“返回”文本及按钮	单击	宏组“S_数据管理.返回”

当单击“S_数据管理”窗体中的“学生信息”按钮时，打开如图 8-7 所示的“S_学生信息”窗体。

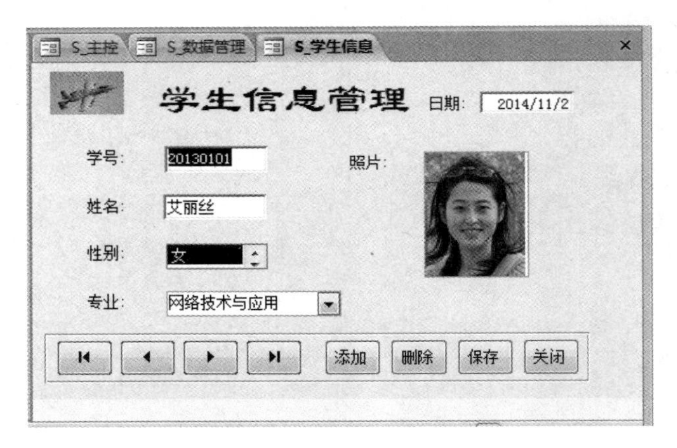

图 8-7　“S_学生信息”窗体

在该窗体中通过记录导航按钮可以浏览记录。通过“添加”、“删除”、“保存”、“关闭”按钮可以分别添加、删除、保存和关闭窗体。

当单击“S_数据管理”窗体中的“学生成绩”按钮时，打开如图 8-8 所示的“S_学生成绩”窗体，通过该窗体可以浏览和修改数据，其设计视图如图 8-8 所示。

图 8-8　“S_学生成绩”窗体

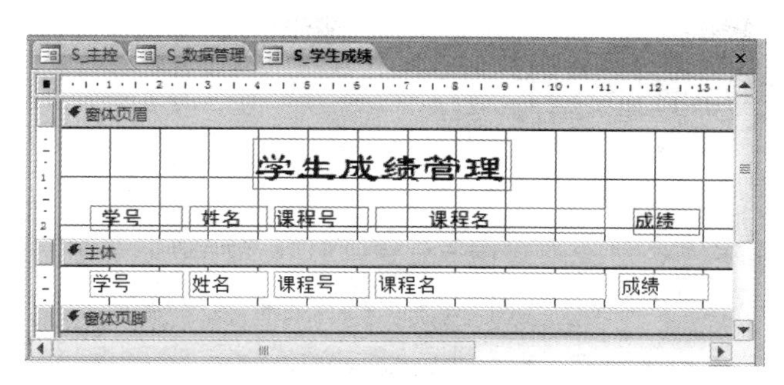

图 8-9　“S_学生成绩”设计视图

当单击“S_数据管理”窗体中的“返回”按钮时，关闭该窗体，返回到如图 8-3 所示的“S_主控”窗体中。

2．设计数据管理宏组

“S_数据管理”窗体中的命令按钮通过宏组“S_数据管理”来实现，表 8-4 列出了宏组“S_数据管理”中各子宏对应的操作及属性。

表 8-4　宏组“S_数据管理”中各子宏对应的操作及属性

宏　名	操　作	属　性	属 性 值
学生信息	OpenForm	窗体名称	S_学生信息
		视图	窗体
学生成绩	OpenForm	窗体名称	S_学生成绩
		视图	窗体
返回	Close	对象类型	窗体
		对象名称	S_数据管理

宏组“S_数据管理”中的各子宏设计视图如图 8-10 所示。

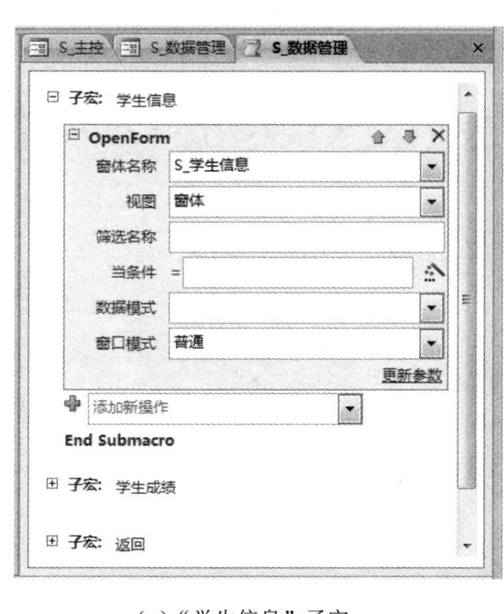

（a）“学生信息”子宏

（b）“学生成绩”子宏

图 8-10　宏组“S_数据管理”设计视图

8.2.3 数据查询窗体设计

1．设计数据查询窗体和查询

单击“S_主控”窗体中的“数据查询”按钮，打开“S_数据查询”窗体，如图 8-11 所示，该窗体包含“学生查询”、“成绩查询”和“返回”3 个命令按钮。

图 8-11　“数据查询”窗体

表 8-5 列出了“S_数据查询”窗体中命令按钮控件部分属性的设置。

表 8-5　“S_数据查询”窗体命令按钮控件部分属性

控　　件	属　　性	属　性　值
“学生查询”文本及按钮	单击	宏组“S_数据查询.学生查询”
“成绩查询”文本按钮	单击	宏组“S_数据查询.成绩查询”
“返回”文本及按钮	单击	宏组“S_数据查询.返回”

当单击“S_数据查询”窗体中的“学生查询”按钮时，弹出如图 8-12 所示的“输入参数值”对话框，这里按姓名进行查询，输入要查询的学生姓名，单击“确定”按钮，显示查询结果如图 8-13 所示。

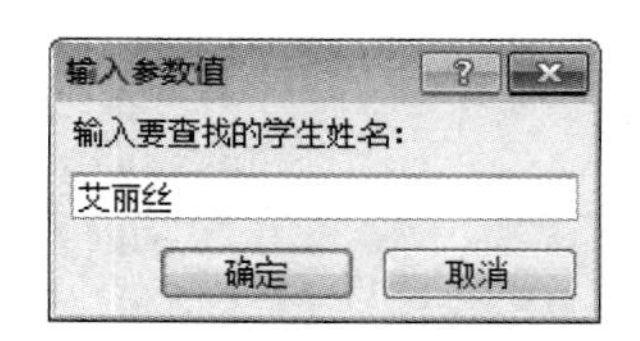

图 8-12　“输入参数值”对话框

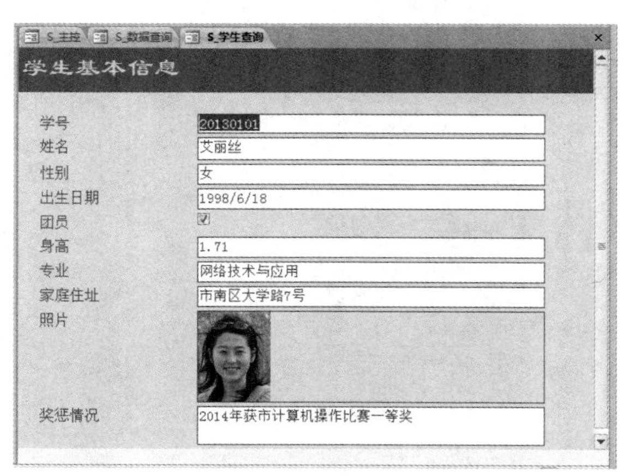

图 8-13　学生查询结果

“S_学生查询”窗体数据源设计视图如图 8-14 所示。

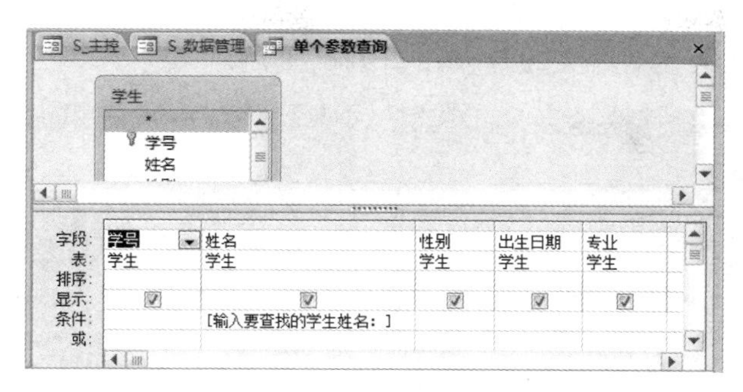

图 8-14 “S_学生查询”窗体数据源设计视图

当单击“S_数据查询”窗体中的“成绩查询”按钮时，弹出如图 8-15 所示的“输入参数值”对话框，输入要查询的学号，单击“确定”按钮，给出查询结果，如图 8-16 所示。

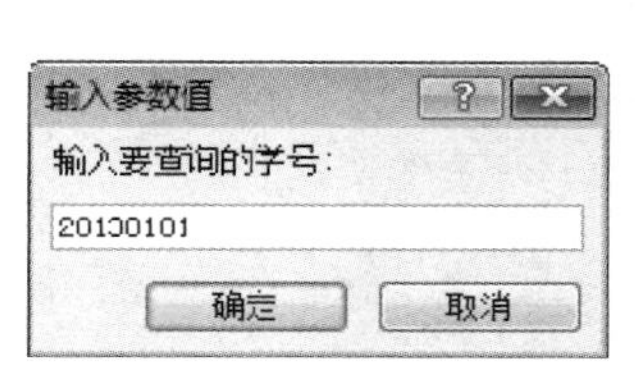

图 8-15 学生学号查询

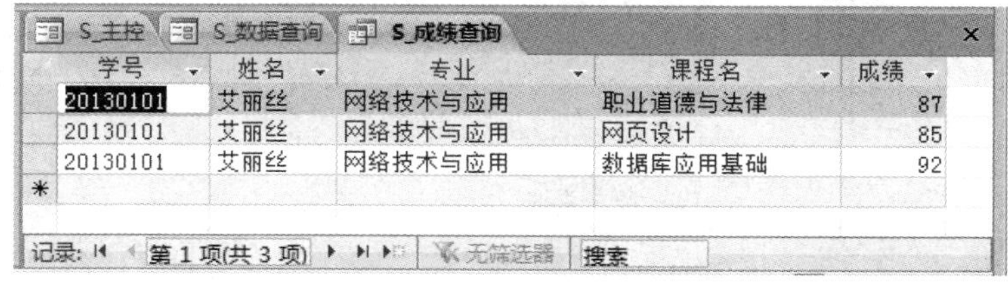

图 8-16 学生成绩查询结果

“S_成绩查询”设计视图如图 8-17 所示。

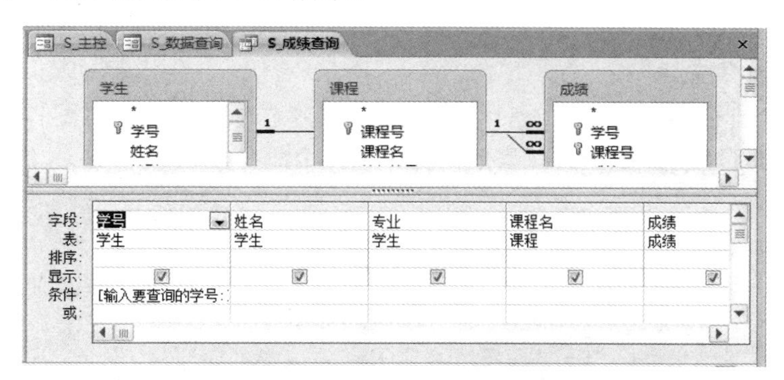

图 8-17 “S_成绩查询”设计视图

2．设计数据查询宏组

“S_数据查询”窗体中的命令按钮是通过宏组“S_数据查询”来实现的，表 8-6 列出了宏组“S_数据查询”中各子宏对应的操作及属性。

表 8-6 宏组“S_数据查询”中各子宏对应的操作及属性

宏　名	操　作	属　性	属 性 值
学生查询	OpenForm	窗体名称	S_学生查询
		视图	窗体
成绩查询	OpenQuery	查询名称	S_成绩查询
		视图	窗体
返回	Close	对象类型	窗体
		对象名称	S_数据查询

宏组“S_数据查询”的各子宏设计视图如图 8-18 所示。

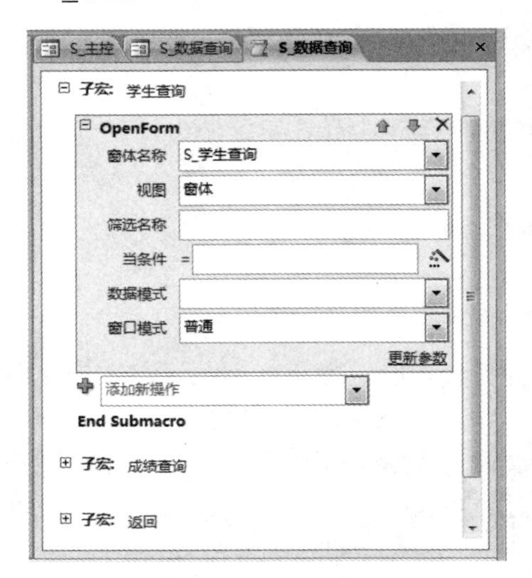

（a）“学生查询”子宏

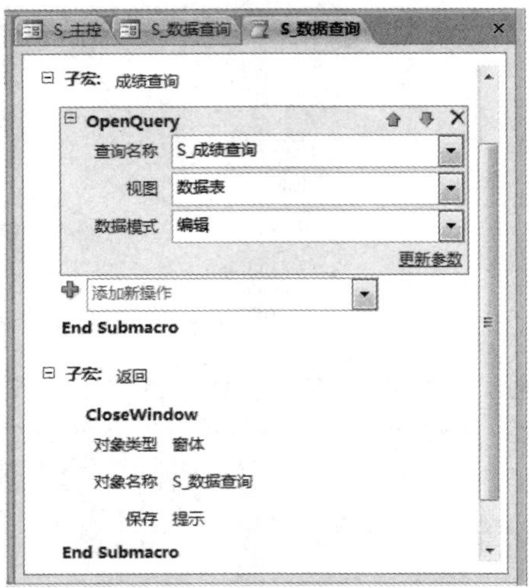

（b）“成绩查询”子宏

图 8-18　宏组“S_数据查询”设计视图

8.2.4　报表打印设计

1．设计报表打印窗体

单击“S_主控”窗体中的“报表打印”按钮，打开“S_报表打印”窗体，如图 8-19 所示。该窗体包含“信息打印”、“成绩打印”和“返回”3 个命令按钮。

图 8-19　“S_报表打印”窗体

表 8-7 列出了“S_报表打印”窗体中命令按钮控件部分属性的设置。

表 8-7　“S_报表打印”窗体中命令按钮控件部分属性

控　　件	属　性	属 性 值
“信息打印”文本及按钮	单击	宏组“S_报表打印.学生信息”
“成绩打印”文本及按钮	单击	宏组“S_报表打印.学生成绩”
“返回”文本及按钮	单击	宏组“S_报表打印.返回”

当单击“S_报表打印”窗体中的“信息打印”命令按钮时，打印预览学生基本信息报表，

如图 8-20 所示，其设计视图如图 8-21 所示。

图 8-20 学生基本信息报表打印预览结果

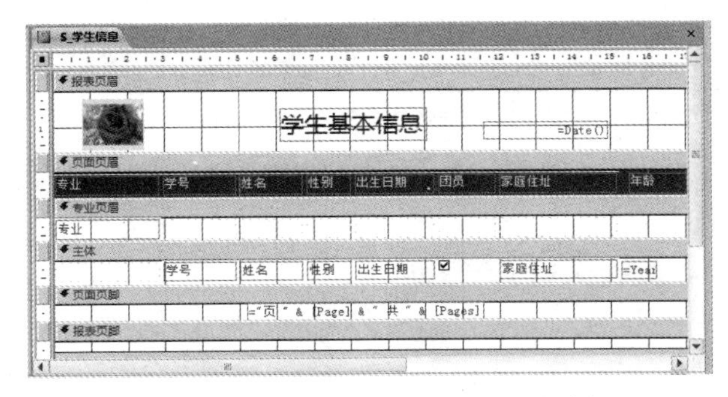

图 8-21 学生基本信息报表设计视图

当单击“S_报表打印”窗体中的“学生成绩”命令按钮时，打印预览学生成绩报表，结果如图 8-22 所示，其设计视图如图 8-23 所示。

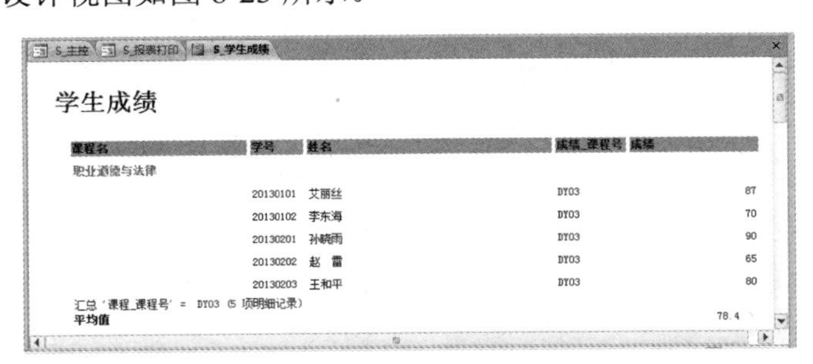

图 8-22 学生成绩报表打印预览结果

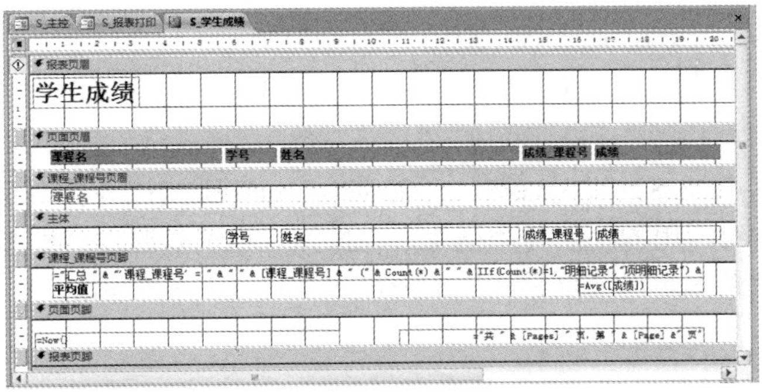

图 8-23 学生成绩报表设计视图

2．设计报表打印宏组

“S_报表打印”窗体中的命令按钮是通过宏组“S_报表打印”来实现的，表 8-8 列出了宏组“S_报表打印”中各子宏对应的操作及属性。

表 8-8　宏组“S_报表打印”中各子宏对应的操作及属性

宏　名	操　作	属　性	属 性 值
信息打印	OpenReport	报表名称	S_学生信息
		视图	打印预览
成绩打印	OpenReport	报表名称	S_学生成绩
		视图	打印预览
返回	Close	对象类型	窗体
		对象名称	S_报表打印

宏组“S_报表打印”的各子宏设计视图如图 8-24 所示。

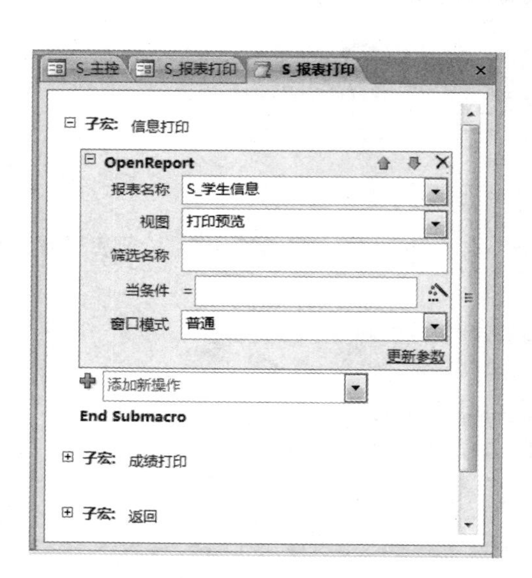

(a)“信息打印”子宏

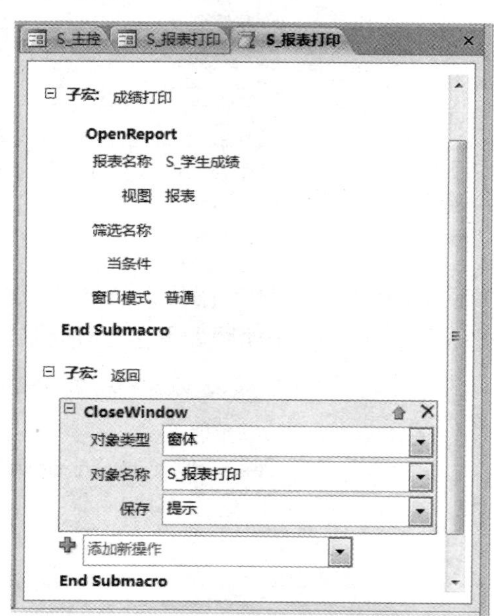

(b)“成绩打印”子宏

图 8-24　宏组“S_报表打印”设计视图

8.3　菜单设计

一个完整的数据库管理系统应该有一个菜单栏，以将数据库的各个对象连接起来。这样，用户既可以通过窗体对应用程序的各个模块进行操作，也可以通过菜单进行操作。

创建应用程序的菜单可以通过创建宏的方法来实现。表 8-9 列出了学生成绩管理系统的菜单栏及菜单项。

表 8-9 菜单栏及菜单项

菜单栏名称（宏组）	菜单项（宏名）	宏 操 作	对 象 名 称	对 象
数据管理	学生信息	OpenForm	S_学生信息	窗体
	学生成绩	OpenForm	S_学生成绩	窗体
	返回	Close	S_数据管理	窗体
数据查询	学生查询	OpenForm	S_学生查询	窗体
	成绩查询	OpenQuery	S_成绩查询	查询
	返回	Close	S_数据查询	窗体
报表打印	信息打印	OpenReport	S_学生信息	报表
	成绩打印	OpenReport	S_学生成绩	报表
	返回	Close	S_报表打印	窗体
退出系统	退出系统	Quit		

根据表 8-9 列出的菜单栏及菜单项，创建一个名为“S_主菜单”的宏，宏操作为“AddMenu”，“菜单名称”为“主控面板”，“菜单宏名称”为“S_主控”，包括“S_数据管理”、“S_数据查询”、“S_报表打印”和“退出系统”子宏，在前面已经创建，其设计视图如图 8-25 所示。

设计好主菜单后，还需要把主菜单连接到“S_主控”窗体中，当打开“S_主控”窗体时激活主菜单。打开“S_主控”窗体的“属性表”面板，在“菜单栏”下拉列表中输入作为窗体菜单的菜单名，如图 8-26 所示。

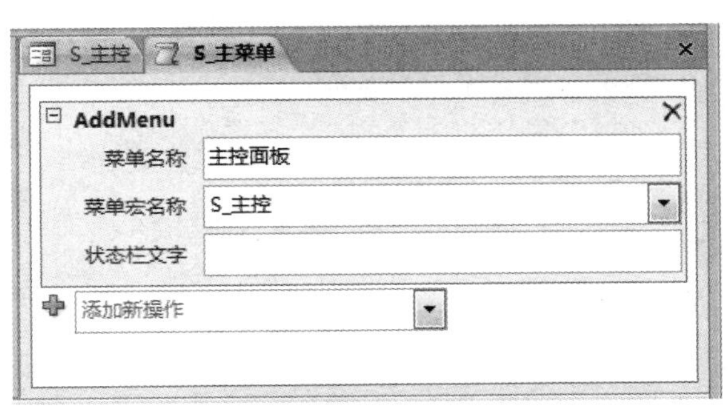

图 8-25 宏“S_主菜单”设计视图

图 8-26 “菜单栏”属性设置

至此，已经建立了学生成绩管理系统的主菜单，每当打开学生成绩管理系统的“S_主控”窗体时，会同时显示该系统的主菜单，如图 8-27 所示。这时可以通过“加载项”选项卡“主控面板”菜单中的菜单项进行操作。

以同样的方法，可以为窗体定义快捷菜单。例如，给“S_主控”窗体添加快捷菜单时，可在该窗体的“属性表”面板中的“快捷菜单栏”选项中输入快捷菜单名，如图 8-26 所示。

在窗体中打开“S_主控”窗体并右击，可弹出自定义快捷菜单，如图 8-28 所示。

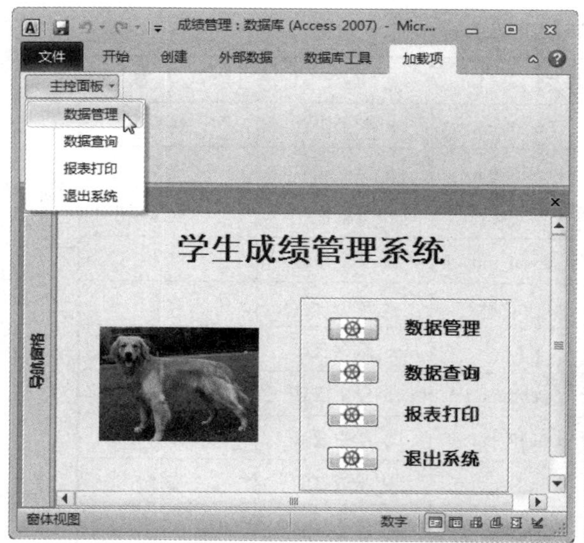

图 8-27　给“主控面板”添加的菜单

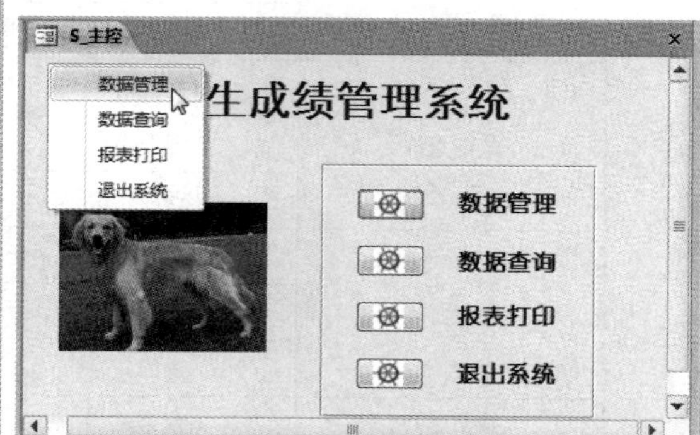

图 8-28　查看“S_主控”窗体快捷菜单

以同样的方法，在其他窗体或报表中定义快捷菜单。

8.4　启动项设置

每当打开 Access 2010 数据库时，系统会自动进入应用程序的启动界面，此时可以通过自动运行宏 AutoExec 来实现，如图 8-29 所示。

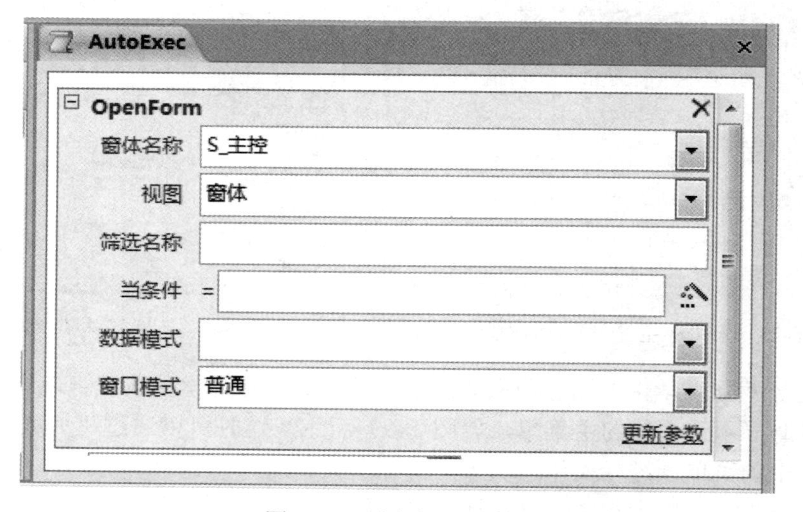

图 8-29　创建自动运行宏

设置自动运行宏后，每当打开“成绩管理”数据库时，系统首先检查数据库中是否存在名为 AutoExec 的宏，如果存在，则首先执行这个宏，打开学生成绩管理系统的“S_主控”窗体，根据菜单进行相应的操作。

习题 8

一、选择题

1．关于表的说法正确的是（　　）。

A．表是数据库中实际存储数据的地方

B．一般在表中一次最多只能显示一个表记录

C．在表中可以直接显示图形记录

D．表中的数据不可以建立超链接

2．关于表的索引说法正确的是（　　）。

A．可以为索引指定任何有效的对象名，只要不在给定的表中使用两次即可

B．在一个表中不可以建立多个索引

C．表中的主关键字段不可以用于创建表的索引

D．表中的主关键字段一定是表的索引

3．在查询的设计网格中，如果用户要做一个按照日期顺序排列记录的查询，则可以对日期字段做的属性设置是（　　）。

A．排序　　B．显示

C．设置准则为>Date()　　D．设置准则为<Date()

4．在表的设计视图中，可以进行的操作有（　　）。

A．排序　　B．筛选　　C．查找和替换　　D．设置字段属性

5．窗体是 Access 数据库中的一种对象，通过窗体能完成的功能有（　　）。

A．输入数据　　B．修改数据

C．删除数据　　D．显示和查询表中的数据

6．以下关于报表组成的叙述中正确的是（　　）。

A．打印在每页的底部，用来显示本页的汇总说明的是页面页脚

B．用来显示整份报表的汇总说明，所有记录都被处理后，只打印在报表结束处的是报表页脚

C．报表显示数据的主要区域称为主体

D．用来显示报表中的字段名称或对记录的分组名称的是报表页眉

二、操作题

1．调试并完善学生成绩管理系统。

2．结合本校的实际情况，使用 Access 设计并开发一个学校图书管理系统，实现学校对图书的借阅管理。

反侵权盗版声明